中等职业教育国家规划教材
全国中等职业教育教材审定委员会审定
中等职业教育农业农村部"十三五"规划教材

牛的生产与经营

（第三版）

肖西山　刘召乾　主编

中国农业出版社

北　京

内容简介

本教材依据中等职业教育特点和我国养牛产业发展现状，将牛的生产与经营分为牛场规划与设计、牛的特性及饲料加工、牛的繁殖技术、奶牛养殖技术、肉牛养殖技术、牛场的管理与经营六个项目进行编写，同时针对我国养牛业集约化、规模化的特点，收集了现有养牛生产中的新技术和成熟成果，在编写中注重技术的能用、够用和实用性，采用图、表等多种直观形式展示出来，使学生在学习时一目了然。

第三版编审人员

主　　编　肖西山（北京农业职业学院）

　　　　　刘召乾（济宁市高级职业学校）

副 主 编　王旭贞（山西省畜牧兽医学校）

　　　　　冯会中（辽宁省朝阳工程技术学校）

编　　者（以姓氏笔画为序）

　　　　　王旭贞（山西省畜牧兽医学校）

　　　　　冯会中（辽宁省朝阳工程技术学校）

　　　　　刘召乾（山东省济宁市高级职业学校）

　　　　　孙　银（山西省忻州市原平农业学校）

　　　　　肖西山（北京农业职业学院）

　　　　　陈　剑（淮安生物工程高等职业学校）

　　　　　陈　琛（北京市延庆区畜牧推广站）

　　　　　雷永鹏（平凉职业技术学院）

第一版编审人员

主　编　张申贵（甘肃省畜牧学校）

参　编　刘宝德（北华大学农业技术学院）

　　　　彭　措（青海省湟源畜牧学校）

　　　　孙连科（兰州市花庄奶牛繁殖场）

　　　　顾剑新（上海市农业学校）

审　稿　章桂武（江苏畜牧兽医职业技术学院）

第二版编审人员

主　编　张申贵（甘肃农业职业技术学院）

副主编　卢明军（河北省邢台市农业学校）

　　　　冯会中（辽宁省朝阳工程技术学校）

编　者　（按姓氏笔画为序）

　　　　王旭贞（山西省畜牧兽医学校）

　　　　冯会中（辽宁省朝阳工程技术学校）

　　　　卢明军（河北省邢台市农业学校）

　　　　刘召乾（山东省济宁农业学校）

　　　　李　明（内蒙古扎兰屯农牧学校）

　　　　张申贵（甘肃农业职业技术学院）

审　稿　张兆旺（甘肃农业大学）

中等职业教育国家规划教材出版说明

为了贯彻《中共中央国务院关于深化教育改革全面推进素质教育的决定》精神，落实《面向 21 世纪教育振兴行动计划》中提出的职业教育课程改革和教材建设规划，根据教育部关于《中等职业教育国家规划教材申报、立项及管理意见》（教职成〔2001〕1 号）的精神，我们组织力量对实现中等职业教育培养目标和保证基本教学规格起保障作用的德育课程、文化基础课程、专业技术基础课程和 80 个重点建设专业主干课程的教材进行了规划和编写，从 2001 年秋季开学起，国家规划教材将陆续提供给各类中等职业学校选用。

国家规划教材是根据教育部最新颁布的德育课程、文化基础课程、专业技术基础课程和 80 个重点建设专业主干课程的教学大纲（课程教学基本要求）编写，并经全国中等职业教育教材审定委员会审定。新教材全面贯彻素质教育思想，从社会发展对高素质劳动者和中初级专门人才需要的实际出发，注重对学生的创新精神和实践能力的培养。新教材在理论体系、组织结构和阐述方法等方面均作了一些新的尝试。新教材实行一纲多本，努力为教材选用提供比较和选择，满足不同学制、不同专业和不同办学条件的教学需要。

希望各地、各部门积极推广和选用国家规划教材，并在使用过程中，注意总结经验，及时提出修改意见和建议，使之不断完善和提高。

教育部职业教育与成人教育司

2001 年 10 月

第三版前言

FOREWORD

我国是一个农业大国，养牛历史悠久。随着养牛业规模化、产业化、现代化的发展，养牛生产水平不断提高，技术水平快速提升，对人才培养也提出新的要求，培养大批既懂现代养牛科学知识又掌握实践技术操作的技能型人才，成为职业教育的目标。本教材由长期从事养牛职业教育、研究、技术推广，在养牛教学、生产上具有丰富经验的农业职业院校的教师以及畜牧技术推广部门的专业人员编写。

本教材针对当前养牛业发展的现状和问题，结合职业教育人才培养的要求和特点，在广泛吸收了当代养牛领域的新成果、新技术和新经验的基础上，注重培养学生在生产中的实际动手能力，既具科学性、先进性，又具有实用性和可操作性。

教材结合企业的工作岗位设计教学项目和任务，将养牛生产中的主要技术环节融入其中。教材共分为牛场规划与设计、牛的特性及饲料加工、牛的繁殖技术、奶牛养殖技术、肉牛养殖技术、牛场的管理与经营六个项目，此外将养牛生产中的新技术和相关知识内容放到知识拓展之中，以便读者学习和在实践操作中查阅。具体编写分工如下：肖西山编写牛场规划与设计，雷永鹏编写牛的特性及饲料加工，王旭贞编写牛的繁殖技术，冯会中编写奶牛养殖技术，刘召乾编写肉牛养殖技术，陈剑编写牛场的管理与经营，孙银编写知识拓展，陈琛提供部分图片，肖西山、刘召乾统稿。

由于编者水平所限，教材难免有遗漏、不妥之处，敬请广大读者和同行不吝指正。

编　者

2020 年 12 月

第一版前言
FOREWORD

本教材依据国家教育部颁布的《牛的生产与经营》教学大纲而编写，供全国各类中等农业职业学校养殖专业使用。

教材在编写中遵照教育部关于"培养与社会主义现代化建设要求相适应，德智体美等全面发展，具有综合职业能力，在生产、服务、技术和管理第一线工作的应用型专门人才和劳动者"的培养目标准确定位。为了注重学生知识、能力和素质的全面发展，突出能力培养，教材采用模块式结构编排，以"课题"为知识点和技能点单位，各课题以"目标、资料单、技能单、评估单"的形式展开，将知识与技能和学生自我评价融为一体，突出针对性、实用性和技能训练。

本教材共分5个单元，即牛的解剖生理特点、乳用牛生产技术、肉用牛生产技术、主要牛病防治、养牛场的经营与管理。第1单元和第5单元由刘宝德编写；第2单元第1～3分单元由彭措编写；第4分单元由孙连科编写；第3单元由张申贵编写；第4单元由顾剑新编写；最后由张申贵进行全书的统稿。教材尽量吸收了养牛科研新成果和生产新技术，力求内容先进实用，既立足当前，又兼顾长远，并充分考虑到全国各地的实际情况和不同需要，以尽可能使教材适用。

教材编写过程中编写组认真学习有关教改文件，领会教改精神，经充分讨论编写提纲，统一编写思想后分工编写。初稿完成后通过初审、复审，最后由教育部教材审定委员会终审。

编写时参阅了国内许多专家的著作，并承蒙江苏畜牧兽医职业技术学院章桂武先生审稿，提出了宝贵的修改意见，北京农业职业学院张金柱先生给予了热情的指导，同时得到了甘肃省畜牧学校领导和康程周、王治仓、张进隆、杨孝列等同志的热情帮助，在此一并表示衷心感谢。

由于时间仓促，编者水平所限，教材中肯定有不少错误之处，恳请广大师生批评指正。

编　者

2001 年 7 月

第二版前言
FOREWORD

本教材是中等职业教育国家规划教材。第一版自2001年12月出版以来，经多次印刷，已连续使用9年，在教学上起到了一定的积极作用。但随着我国养牛业快速发展，一些新技术、新方法不断涌现，第一版教材内容已难以适应当前养牛业技术进步和无公害生产条件下的教学需要。中国农业出版社会同有关专家确定的编写组根据2009年10月中国农业出版社组织召开的中等职业教育教材编写会议精神，对第一版教材进行了修订。

为了适应现代职业教育以应用为目的，以能力为本位的教学要求，本教材第二版仍以模块形式编写，以"课题"为知识点和技能点单位。编写中对第一版内容编排作了适当调整，并吸收了适合我国国情、可引导养牛业发展方向的新技术和新方法，使之更符合职教特色和教学实际，有利于学生认知规律和教师灵活组织教学活动。教材内容紧紧围绕"培养具有一定文化基础知识和综合职业能力，在生产、服务、技术和管理第一线工作的高素质劳动者和中初级专门人才"的中等职业教育培养目标，从职业分析入手，以养牛工作项目为导向，以理论知识够用、实践技能过硬为原则构建运用知识的体系，把握教材深度，充分体现实用性、针对性、先进性、新颖性和简约性。各"课题"均有**目标要求**，并按内容需要和实际可行性列有**复习与思考**和**技能训练**，使"课题"成为一个相对完整的教学单元，旨在谋求学生知识、能力和素质的全面发展。

本教材共有绪论和牛的外貌选择与品种资源利用、牛的繁殖技术、牛的营养与饲料、乳牛生产技术、肉用牛生产技术、现代牛场建设与生产经营6个模块。绪论和模块五由张申贵编写，模块一由冯会中编写，模块二和模块四的第一单元由王旭贞编写，模块三由李明编写，模块四的第二、三单元由卢明军编写，模块六由刘召乾编写。全书初稿由张申贵统稿，进行了必要的修改与增删。最后经各编者互审、校对后形成送审稿。

本教材承蒙甘肃农业大学张兆旺教授审稿，对教材初稿提出了宝贵意见，谨此致以衷心感谢！

编写过程中编者参考了许多其他教材和专著，在此对其作者以及给予教材编写大力支持的甘肃农业职业技术学院和给予了热情帮助的宋世斌老师、巩国兴老师一并致以诚挚的感谢!

限于编者水平,书中难免缺点和缺陷,恳请读者批评指正。

编　者

2010 年 5 月

目 录
C O N T E N T S

第三版前言

第一版前言

第二版前言

项目一　牛场规划与设计 ……………………………………………………… 1

　　任务一　牛场规划与布局 …………………………………………………… 1

　　任务二　牛场建筑 …………………………………………………………… 7

　　任务三　牛场的生产设施 …………………………………………………… 14

　　任务四　牛场环境控制 ……………………………………………………… 17

项目二　牛的特性及饲料加工 ………………………………………………… 24

　　任务一　牛的特性 …………………………………………………………… 24

　　任务二　牛的饲料及加工 …………………………………………………… 30

　　任务三　牛的日粮配制 ……………………………………………………… 45

　　知识拓展　牛的饲养标准与营养需要 …………………………………… 51

项目三　牛的繁殖技术 ………………………………………………………… 56

　　任务一　牛的繁殖规律 ……………………………………………………… 56

　　任务二　牛的人工授精 ……………………………………………………… 62

　　任务三　牛的妊娠与分娩 …………………………………………………… 70

　　知识拓展　牛繁殖新技术及其应用 ……………………………………… 76

项目四　奶牛养殖技术 ………………………………………………………… 79

　　任务一　奶牛品种选择 ……………………………………………………… 79

　　任务二　奶牛饲养管理 ……………………………………………………… 84

　　任务三　奶牛评定 …………………………………………………………… 107

　　知识拓展　奶牛生产性能（DHI）测定 ………………………………… 116

项目五　肉牛养殖技术 ·· 119

任务一　肉牛品种介绍 ·· 119
任务二　肉牛饲养管理 ·· 130
任务三　肉牛育肥技术 ·· 137
知识拓展　美国架子牛的等级评定标准 ···················· 146
知识拓展　肉牛的补偿生长现象 ······························· 148
知识拓展　提高肉牛育肥效益的技术措施 ·················· 155
任务四　肉牛产肉性能测定 ·· 156
知识拓展　牛胴体的分割与等级 ································· 159

项目六　牛场的管理与经营 ·· 164

任务一　牛场管理与组织制度 ····································· 164
任务二　管理生产定额 ·· 167
任务三　管理生产计划 ·· 169
任务四　牛场的经营 ··· 174

参考文献 ··· 176

牛场规划与设计

学习目标

1. 了解牛场的合理布局。
2. 熟悉牛场常用的设施。
3. 熟悉目前牛场粪污治理的主要模式。
4. 能对牛场进行规划布局。
5. 能确定牛舍类型。
6. 会选择牛场设施设备。

任务一　牛场规划与布局

任务导入

近年来，养牛效益不菲，一头奶牛平均一年可产净利润 3 000～4 000 元，养殖规模 500 头的奶牛场年净收入可达 100 万～200 万元。有从事其他行业的老板也想要投资养牛场，一位做工程的老板征地约 2 万 m² 修建奶牛场，该老板对奶牛场规划设计的专业技术性认识不足，认为自己是做工程的，只要参观过奶牛场的建筑，就可以建好一座奶牛场，于是在考察几个奶牛场后，工程建设便开始了，经过半年建设，建筑基本完成。牛场大门朝南，进入大门后便是办公区、生活区，向北依次是生产区、粪污区。很快牛也被全部引进牛场，牛场正式运营后人们发现办公区、生活区常被臭味笼罩，夏季气温高、雨水多时牛的肢蹄病、乳腺炎发病率很高，养殖效益与其他牛场比较相差很多，于是请专家诊断解疑，专家考察牛场后指出，牛场规划设计不正确，牛场的办公区、生活区、生产区、粪污区正好与该地主风向相反；牛舍、运动场排水设计不合理，雨后运动场积水较多，导致牛相应疾病的发病率增大。老板听后感慨道："养牛需要专业知识，随心所欲要吃亏。"请问如何对牛场进行规划布局？

牛场的规划与设计

任务实施

一、牛场规模与资金投入

（一）牛场规模

随着我国畜牧业的快速发展，养殖技术、管理水平以及牧场现代化程度的不断提高，畜牧业已经开始由原来的小而散、传统养殖向专业化、规模化、现代化方向发展，养殖主体也由原来的一家一户发展到集团、上市公司等。随着企业进入养牛行业，养牛场规模越来越大，原来存栏几千头牛就是大牛场的时代已经过去，目前万头牛场的数量越来越多。我国牛场规模不等，大到万头以上、小到几十头。

1. 大型牛场　大型牛场的优势如下：

（1）机械化程度高，生产效率高。大型牛场属于高投入高产出型养殖场，牛场在建场伊始由专业化公司规划、设计，建设中采用了当今先进的设备和技术。这些先进技术的应用使牛场用工显著减少，一个万头奶牛场需要员工200多名，一个千头奶牛场需要员工30~40名；同时降低了劳动强度，大大提高了劳动生产率和管理水平。

（2）技术力量强大。多数大型牛场资金实力雄厚，重视技术团队组建和人才引进，并建设有专门的化验室，购买测定设备及牛场管理软件；重视科学养殖，牛的日粮配制满足牛生长、生产的营养需要，畜产品质量高。

（3）畜产品生产量大，在市场交易上具有话语权和一定的价格决定权。大型牛场生产的肉奶畜产品数量大、质量好，在与畜产品加工企业交易谈判中具有话语权和一定的价格决定权，可为牛场的畜产品争取到更大利润。

大型牛场也存在一定问题，一是牛存栏数量大，粪尿排泄量多，一头成年奶牛每天排粪30~40kg，万头牛场每天排粪达300~400t，粪污治理难度大；二是饲养密度大，疫病预防难度增加，养殖风险较大。

2. 小规模牛场　小规模牛场主要为种养结合的养殖模式，这种养殖模式的优势主要有：

（1）饲草料资源可以自给自足或部分自足。小规模牛场采用种养结合的养殖模式，种植的作物可基本满足牛场对优质粗饲料的需要，实现粗饲料自给自足、精饲料部分自给，降低养殖成本。

（2）可以使牛场的粪污还田，不污染环境或减轻牛场排泄物对环境的污染，使养殖业可持续发展，人、畜和谐生存。

（3）生产的畜产品、植物产品绿色、优质。小规模牛场的牛粪作为有机肥用于种植业，减少或不使用化肥，生产的植物产品安全、绿色，而这种植物产品作为牛养殖的饲料，使牛场生产的畜产品也安全、绿色。

小规模牛场也有其劣势，由于管理、技术水平有限，养殖先进设施、硬软件投资不足，生产效率较低；畜产品数量少，在产品交易中没有话语权，产品价格低于大型牛场，养殖利润降低。

3. 牛场规模的确定　牛场规模大小的确定应关注以下几方面：

（1）饲草料资源。牛场规模大小要视当地饲草料资源的情况而定，草料资源丰富，养殖规模可以大，饲草资源匮乏，养殖规模应小。牛是草食动物，日采食量很大，一头日产乳量30kg的奶牛每日需要青饲料、青贮饲料20~25kg，干草4.0kg以上，多汁类饲料3~5kg，精饲料7~8kg。如果饲草料资源不足或缺乏，大量饲草料需要购买，增加运输费用，养殖成本增加，效益降低。

（2）畜产品加工厂。牛的畜产品主要是牛乳和牛肉，养牛场生产的是原料乳（生鲜乳）和育肥牛（活牛）。如果牛场周边少有畜产品加工厂或畜产品加工能力小，养殖规模不宜大。目前一些大型企业除有规模较大的牛场外，还拥有配套的畜产品加工厂（乳品加工厂、屠宰场等），这样的牛场规模可大。

（3）粪污的治理能力。牛场每天都会产生大量的粪便、污水，牛场规模越大，粪污量也越多，对周边环境会构成一定影响。随着城市的不断扩展，养殖场已与住宅小区越来越近，甚至在住宅小区旁边。目前养殖场粪污治理越来越受到环保部门、农业主管部门的重视，部分城市降低养殖规模，不再新建、扩建养殖场。种养结合的养殖模式是根据种植耕地面积消纳牛粪的量确定牛场养殖规模。这样牛场的粪污就可以作为有机肥用于种植业，既降低环境污染，又减少种植业对化肥的依赖。而对于千头牛场、万头牛场的养殖规模，养殖的高成本、高污染问题不可避免。大规模养殖场的粪污处理已经成为乳业发展过程中最为棘手的问题，是困扰我国规模化牛场发展的瓶颈问题。一个存栏 3 000 头的牛场每天排放的牛粪可达90～120t，若不妥善处理，对环境、奶牛自身以及人体健康都会带来负面影响。因此并非牛场规模越大越好。

（4）技术力量。牛场规模大，需要专业人员管理和经营，同时需要一个技术团队从牛的选配、繁殖、饲料配制以及疾病的预防、治疗等方面给予技术支持。目前我国的大型牛场都有专门的畜牧技术和兽医技术团队，畜牧技术主要负责牛的繁殖、饲料配制，兽医技术主要负责牛场疫病的预防和疾病的治疗。对于中小型牛场，有些牛场只有 1 名技术人员，畜牧兽医全负责；有些牛场没有技术人员，遇到问题临时请技术人员解决。

（二）牛场资金投入

规模牛场建设所需资金投入根据生产规模、管理水平和地区等条件不同而变化，资金投入主要包括四方面：土地、牛场基础设施建设（包括机械设施）、购牛和流动周转。

1. 土地　不同地域土地租金差别很大，正常情况下，城郊大于农区，农区大于牧区。

2. 牛场基础设施建设　不同地区建筑成本不同，同一地区现代化、机械化程度越高，基础设施建设投资越大。

3. 购牛　牛的品种不同，价格差异很大。同一品种内不同生长阶段的牛价格不同，同一品种同一生长阶段的种用牛价格明显高于商品生产牛价格。

4. 流动周转　流动资金是企业在生产过程和流通过程中使用的周转金。主要包括：饲料、燃料、药品、人员工资、水电暖费用及办公经费等。牛场规模、机械化程度、管理水平、饲草料供应等均与流动资金的多少有关。

📝 案例一

新建规模 500 头的奶牛场，总投资 550 万～800 万元

1. 基础建设

（1）牛舍总面积 4 800m²。

（2）牛运动场面积 10 000m²。

（3）挤乳厅（包括待挤间、贮乳间）面积 450m²。

（4）饲料库及饲料加工间面积 300m²。

（5）干草棚面积 500m²。

（6）青贮窖面积 5 000m²。

（7）宿舍、消毒间总面积 300m²。

（8）硬化场地面积 5 000m²。

（9）硬化场区路面面积 16 000m²。

（10）粪污处理设施场地面积 1 500m²。

2. 牛场主要设施 挤乳设备一套，全混合日粮（TMR）饲喂车 1 台，运奶车 1 台，铲车 1 台，清粪车 4 台，牛舍内部设施，诊疗、繁育及化验设备，牛场管理系统，粪污处理系统，办公设备。

3. 奶牛 购买奶牛 300 头。

4. 流动资金 主要包括饲料费、防疫治疗费、工人工资、固定资产机械维修费、水电费等费用，约占牛场总投资的 50%。

案例二

新建规模 5 000 头的肉牛场，需要投资约 5 160 万元

1. 场地占地面积

（1）牛场养殖场占地面积 58 750m²。

（2）粪便污水处理占地面积 9 400m²。

（3）有机肥生产场地占地面积 13 340m²。

（4）办公、有机种植场地占地面积自定。

2. 投资明细

（1）养殖场基地投入 1 600 万元。

（2）水电费投入 460 万元。

（3）养殖设备，饲料加工设备投入 400 万元。

（4）粪便处理、污水处理投入 400 万元。

（5）有机肥生产设备投入 200 万元。

3. 购买肉牛 2 100 万元。

4. 流动资金 约占牛场总投资的 50%。

二、场址的选择

牛场建设首先是场址的选择。场址选择是否合理不仅直接影响到牛的生长、生产效率，影响牛场防疫、牛群健康及畜产品安全，而且与人们日常生活息息相关。

（一）牛场选址要求

1. 地势、地形 牛场最好选择在地势较高、地形平坦、利于污水排出、干燥、向阳避风的地方。地势低洼，排水不畅，每年雨季恰逢炎热季节，雨水滞留，雨水、粪尿混合，潮湿、闷热，通风不良，蚊虫、微生物容易滋生，炎热季节牛喜欢在水中趴窝休息，这样就导致牛容易感染疾病，尤其是奶牛乳腺炎、子宫内膜炎、蹄病等疾病的发生。冬季潮湿阴冷，地面结冰，易造成牛滑倒摔伤。

2. 土壤 牛场的土壤要求通透性好，雨后不积水、不泥泞。因此沙壤土最适宜，其次

为沙土。黏土通透性差，容易造成牛场地面积水、潮湿泥泞、微生物和寄生虫滋生，不利于牛体健康。

此外，土壤中的化学成分可通过水和植物进入牛体内，土壤中某些矿物质元素过量或缺乏会导致牛发生疾病，如氟中毒表现为牙齿参差不齐、缺损，骨质硬化，关节肿大、跛行，采食量下降、生长缓慢，繁殖率下降；而硒缺乏则表现为白肌病等。

3. 水源　牛场用水量大，因此应该保证水量充足、水质良好，便于取用和进行卫生防护。

目前，牛场的水源一般来源于地表水和地下水。地表水是指江、河、湖、水塘、水库中的水，使用方便、省事，但由于水面暴露，污染机会多，因此在选用地表水作为牛场水源时一定要对水源附近的情况进行综合调查，确保水质状况良好。地下水是指从地下采集的井水和泉水，地下水一般水质清洁、安全可靠。不管使用哪种水源都必须符合我国饮用水标准。

4. 交通　牛场选址虽然要求远离城镇、住宅区和居民点，但同时还要考虑交通便利，因为牛场饲草料的购进、畜产品的外运均需要便捷的交通运输条件，运输距离短、快捷会降低运输成本和减少产品损耗。

5. 电力配套　现在的牛场都需要电力配套，牛场规模越大、机械化程度越高对电力配套的依赖越强。为了保证牧场内的电力供应，减少供电投资，选址时牧场要靠近输电线路，以缩短新线路的铺设距离。大型奶牛场应备有独立发电设备，以供断电时使用。

（二）禁止建设养牛场的区域

牛场选址必须符合国家颁布实施的《畜禽规模养殖污染防治条例》之规定，该条例第十一条明确禁止在下列区域内建设畜禽养殖场、养殖小区：饮用水水源保护区，风景名胜区；自然保护区的核心区和缓冲区；城镇居民区、文化教育科学研究区等人口集中区域；法律、法规规定的其他禁止养殖区域。

三、牛场规划与布局

（一）牛场规划与布局的总体要求

牛场地址选好后，要根据场地的地势、地形特点，结合当地主风向，科学规划牛场内的各功能区及其配套设施。

根据规划方案和牛场工艺设计要求，合理布局每栋建筑物的位置及朝向，使其在生产过程中方便、省事。牛场规划布局示意见图1-1。

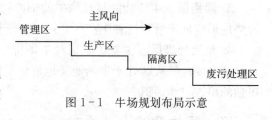

图1-1　牛场规划布局示意

（二）牛场规划与布局的原则

1. 节约土地资源　土地是不可再生的资源，我国人均土地面积少，尤其是耕地面积少，牛场在满足生产工艺要求的前提下，建筑物布局尽可能集中，少占土地，节约土地资源。

2. 方便生产、便于防疫 牛场各功能区功能明确、界限清晰、便于防疫。各功能区符合牛场生产工艺要求，同时在生产上更方便，如牛的转群、挤乳等。

3. 符合环保要求 随着环境保护意识不断加强，保护和改善环境是每个行业应尽的责任。牛场废弃物处理好后可以变废为宝。

（三）牛场各区域的划分及功能

牛场通常可分为管理区（办公区、生活区）、生产区（主生产区、辅助生产区）、隔离区和废污处理区四大区域，见图1-2。

图1-2　牛场各功能区示意

1. 管理区 主要功能是牛场生产和经营的管理。其分为办公区和生活区。办公区主要包括办公室、技术资料室、实验室、会议室、门卫室等。生活区主要包括食堂、职工宿舍。管理区应紧邻大门内侧，在规划布局上除考虑地势、地形、主风向外，还应考虑出入便利、与外界联系方便。

2. 生产区 主要功能是牛群的饲养、管理和畜产品的生产。其可分为主生产区和辅助生产区。主生产区为牛群生活的场所，是牛场的核心区域，主要包括牛舍、饲料加工间、贮存间、畜产品生产车间（挤乳车间）等。辅助生产区主要包括供电、供水、机械维修车间等，辅助生产区位于管理区与主生产区之间。

3. 隔离区 主要功能是对病牛的饲养管理和治疗。主要包括病牛饲养舍、兽医治疗室。地势地形应低于管理区和生产区，同时处于管理区和生产区的下风向。

4. 废污处理区 主要功能是对牛场排出的粪尿、污水进行综合治理，对死畜开展无害化处理。废污处理区处于牛场地势地形最低、下风向位置，该区域尽可能与外界隔离，具有单独的出入口和通道。

四、奶牛舍的设计要求

奶牛场的产品是鲜牛乳，因此奶牛场应设计一个效率高的挤乳车间（厅）。每头泌乳牛每天挤乳2～3次，往返牛舍和挤乳车间4～6次，因此泌乳牛舍与挤乳车间相邻，减少奶牛行走距离，同时设计一条牛行走的通道，这样可以使奶牛在牛舍与挤乳车间行走过程中不会四处乱跑，减少赶牛工人数量和降低劳动强度，提高工作效率。

奶牛产犊后母牛和犊牛就分开饲养管理,犊牛的哺乳饲养由人工完成,新生犊牛的生理特点与成年牛相差较大,因此犊牛舍要求保暖、舒适,初生犊牛单圈饲养,舍内要有干净、柔软的垫料。目前多数牛场常使用犊牛岛。4月龄后的犊牛开始小群饲养。

奶牛在由犊牛到成年牛生长过程中经历不同生长阶段,成年牛也分为泌乳牛、干乳牛。泌乳牛分为高产牛、中产牛和低产牛等。不同牛在不同的牛舍饲养管理,且它们都是在不断变化的,即处于动态,每过一段时间,需要对发生变化的牛进行调整、转圈,因此牛舍的排列要符合转圈规律,各牛舍以下列顺序连接:产房—犊牛岛—犊牛舍—育成牛舍—青年牛舍—泌乳牛舍(高产、中产、低产)—干乳牛舍,这样方便转圈。

五、肉牛舍的设计要求

肉牛和奶牛体型外貌特征有区别,肉牛颈部粗短,食槽设计建造不同于奶牛,肉牛常采用高槽食槽,食槽高度40cm,槽内深20cm,育肥牛食槽和水槽通用。

成年母肉牛产犊后进入哺乳期,不同于奶牛母子分开饲养管理,而是母牛与犊牛一起饲养管理,并不分开,直到断乳才分开,犊牛进入犊牛舍,因此肉牛场不设计、建设犊牛岛。肉牛场需要设计建设哺乳牛舍、育肥牛舍,而育肥牛舍常采用拴系式模式,这样育肥牛活动量小、育肥效果好。另外,肉牛生产的产品是牛肉,不生产牛乳,不需要建造挤乳车间。

■ 任务测试

1. 新建牛场应该考虑的主要因素有哪些?
2. 如何选择适宜的牛场地址?
3. 奶牛场与肉牛场有哪些异同?

任务二　牛场建筑

■ 任务导入

某牛场在牛舍建设时没有预留犊牛岛位置,奶牛分娩时在产房前后安置犊牛岛,其他牛舍遮挡了犊牛岛阳光,冬季犊牛岛得不到阳光照射,犊牛岛变得阴冷,犊牛伤亡率高。因此为提高犊牛成活率,犊牛岛要坐北朝南,不能有其他建筑遮挡阳光,冬季犊牛在这样的犊牛岛环境下生活才温暖。请问在牛舍建设时还有哪些方面需要注意?

■ 任务实施

一、牛舍

牛舍是牛采食、休息的地方。牛舍要保持干燥,牛舍地面要具有一定坡度。每头牛所占用牛舍的面积与牛的饲养方式和牛舍类型有关。

(一)饲养方式

1. 拴系式饲养法　每头牛都有固定的牛床,用绳索将牛拴在固定的位置,限制牛的运动，见图1-3。这种饲养方式每头牛所需要的牛舍面积约8m²，两头牛之间的距离（或颈枷间距）为1.1~1.4m。该饲养方式有利于牛的生长和生产，多在小型牛场或肉牛育肥中后期使用。

2. 散栏式饲养法 所谓散栏式饲养就是牛在无固定床位的牛舍（棚）中自由采食、饮水和运动。这种饲养方法增加了牛的运动量，有助于提高牛自身抵抗力。大型规模化、机械化牛场多采用这种饲养方式。散栏式饲养法每头牛所需要的牛舍面积约12m²，采食时颈枷宽度为60~100cm。

图1-3 肉牛拴系式饲养

（二）牛舍类型

1. 根据牛舍四周围墙特点分

（1）全开放式牛舍。四周没有墙体结构的牛舍。这种牛舍只能克服或缓解某些不良环境因素，如遮挡雨雪、阳光等，其结构简单、施工方便、相对造价低廉。我国南方、中原一带的奶牛场多采用这种牛舍，见图1-4。

（2）半开放式牛舍。单侧或三侧有封闭墙体结构，墙上加装窗户。这种牛舍可以遮阳、挡雨、避风，夏季打开窗户具有很好的通风效果，冬季关闭窗户可起到一定的防风、保温作用。我国南方地区的肉牛场常采用这种牛舍，见图1-5。

图1-4 全开放式牛舍

图1-5 半开放式牛舍

（3）全封闭式牛舍。四面都有封闭的墙体结构，墙上安装门、窗户。这种牛舍保温性能较好，在我国寒冷的西北、东北地区的牛场使用，见图1-6。

2. 根据牛舍屋顶造型分 常分为单坡式、双坡式和钟楼式三种。

（1）单坡式。牛舍屋顶单边朝向。优点是牛舍跨度小，利于采光，结构简单、投资小；缺点是不利于机械化设备的操作与应用。小规模牛场常采用这种牛舍。

（2）双坡式。牛舍屋顶呈楔形，双边朝向。优

图1-6 全封闭式牛舍

点是跨度大，若是封闭式建筑，有利于牛舍小气候控制，在冬季寒冷地区，防风保温效果好，方便机械化设备的操作与应用；缺点是采光、通风换气效果较单坡差（图1-7）。

（3）钟楼式。在双坡式屋顶之上设置贯通屋脊的天窗。优点是天窗可增加牛舍内光照系数，有利于牛舍内空气流动，防暑降温效果较好；缺点是不利于冬季防寒保温，屋顶建筑结构复杂，建筑材料用量大，造价高（图1-8）。

 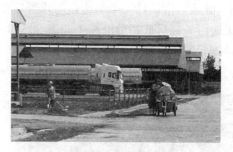

图1-7　双坡式牛舍　　　　　　　　　　　图1-8　钟楼式牛舍

3. 根据牛采食位的列数分　可分为单列式和双列式两种。

（1）单列式。牛舍内只有一排采食位。单坡式牛舍内一般为单列式。

（2）双列式。牛舍内有两排采食位。依据牛采食时的相对位置又分为头对头式和尾对尾式两种，见图1-9、图1-10。目前大型现代化牛场多采用头对头式，便于机械化饲喂作业。

图1-9　双列式头对头牛舍　　　　　　　　图1-10　双列式尾对尾牛舍

二、牛颈枷

牛颈枷（图1-11）是牛舍内不可缺少的建筑。牛颈枷将牛床和食槽隔开，防止牛在采食时践踏饲料，造成饲料浪费。颈枷必须能枷住奶牛且奶牛能舒适地自由采食。当奶牛头通过颈枷低头采食时导致颈枷锁定，便于对牛进行防疫注射、直肠检查、人工授精、妊娠检查及疾病治疗等处理。当转动把手，颈枷打开，将牛从颈枷中释放出来。牛颈枷之间的距离根据牛的不同生理阶段有所不同，青年牛颈枷间距一般为60cm，成年母牛颈枷间距为75cm，干乳牛颈枷间距为100cm。

图1-11　牛颈枷

三、卧床

卧床是牛休息的地方，牛在卧床上休息时既要舒服，又不能将粪便排在卧床上，牛在卧床上休息时，臀部正好落在卧床外，粪便排在粪道内。牛的不同生理阶段、个体大小不同，其卧床的大小稍有不同，体重600kg的牛卧床宽度为1.2m，长度为2.3～2.5m，立柱高度为1.1m，卧床后沿设计一个围边，防止卧床垫料掉进粪道内。

卧床地面前高后低，后沿高于粪道20～30cm。卧床垫料要松软，垫料的种类很多，有沙子、粉碎后的干牛粪、锯末、粉碎后的秸秆、稻草等，卧床垫料的选取要因地制宜、就地取材，见图1-12。

图1-12 牛卧床垫料
A. 沙子 B. 锯末 C. 稻草 D. 软橡胶

四、犊牛岛

犊牛岛是新生犊牛生活的场所。新生犊牛的生理特性不同于成年牛，对环境温度要求高，犊牛岛空间小，保温性能好，适宜犊牛生长，被奶牛场普遍应用，见图1-13。一般犊牛岛长2.2m、宽1.2m、高1.4m，围栏长3m、宽1.6m。

五、运动场

运动场是牛活动的场所，开放式牛舍的牛除采食时在牛舍，其余时间几乎全在运动场，开放式牛舍常在运动场设有牛卧床，供牛休息，因此运动场的面积要大，一般运动场的面积为每头牛15～30m²。此外，运动场要干燥、干净，不能有积水。运动场设有凉棚，遮阳防雨，为牛活动提供较好环境，见图1-14。运动场要有一定坡度，周围设有排水沟。

图1-13　犊牛岛

图1-14　运动场

六、草棚

牛是草食动物，牧草是牛日粮中不可缺少的成分，常见的牧草有苜蓿、羊草、燕麦及农作物秸秆等。这些牧草若常年露天堆放，雨雪进入牧草中会影响牧草质量，严重时可使牧草变质发霉，牛食用后患病，同时牧草露天存放也会留下火灾隐患。因此草棚是牛场必不可少的建筑之一。草棚屋面要高于四周地面，周围设置排水沟，见图1-15。

图1-15　草棚

七、青贮窖

青贮饲料是牛的主要饲料，在牛日粮中占比大，一头泌乳牛每年大约需要青贮饲料 6t，青贮饲料的质量直接影响牛的生产性能。目前常见的青贮窖形式主要有地上青贮窖、地下青贮窖（图 1-16）。地上青贮窖排水方便，但制作青贮饲料时费事费力；地下青贮窖制作青贮饲料时容易，但排水困难，窖内容易积水，影响青贮。青贮窖的大小根据牛场规模而定，表 1-1 是存栏成年牛头数与青贮窖大小的关系。

图 1-16 青贮窖

表 1-1 存栏成年牛头数与青贮数量的关系

青贮窖相关参数		存栏成年牛头数								
		5	10	20	30	40	50	100	150	200
年需要量（t）		67.1	134.1	268.3	402.4	536.6	670.7	1 341	2 012	2 682
共需青贮窖容积（m³）		142.7	285.4	570.8	856.2	1 141	1 427	2 854	4 281	5 708
需要总窖长（m）（青贮窖高 3m）	窖宽 3m	15.9	32.0	63.4	95.1					
	窖宽 4m	11.9	24.0	47.6	71.4	95.1				
	窖宽 5m		19.0	38.1	57.1	76.1	95.1			
	窖宽 6m		16.0	31.7	47.6	63.4	79.3	158.6	237.8	317.1
	窖宽 8m		12.0	23.8	35.7	47.6	59.5	118.9	178.4	237.8
	窖宽 10m			19.0	28.6	38.0	47.6	95.1	142.7	190.3
	窖宽 12m				23.8	31.7	39.6	79.3	118.9	158.6

八、饲料加工车间

牛场的饲料加工车间主要是对牛场的精饲料进行加工。精饲料除能量饲料、蛋白质饲料外，还有矿物质、维生素饲料，饲料加工车间就是将这些饲料粉碎、搅拌均匀，配制成科学合理的牛用日粮中的精饲料部分。精饲料是牛日粮中不可缺少的部分。牛的生产性能越高，日粮中精饲料的占比越大，产乳高峰期的高产奶牛日粮中精饲料的比例可达 50%。

九、挤乳车间

挤乳车间一般包括待挤区、挤乳间、贮乳间、设备间、更衣间、办公室、锅炉房等。挤乳车间的大小取决于牛场规模和挤乳台的类型。挤乳台的类型主要分为固定式和转盘式两种。

1. 固定式 固定式又分为以下两种：

（1）并列式。左右各一排挤乳位，两排中间是挤乳工作坑道，挤乳时奶牛站立姿势与坑道垂直，见图 1-17。坑道深 0.8～1.0m，宽 2.0～3.0m，长度根据挤乳位数量而定，每个挤乳位的宽度为 70～75cm，并列式挤乳台的挤乳位有 2 列，每列有 6～50 头牛位。挤乳时奶牛尾部朝向挤乳坑道，挤乳员从奶牛后腿之间进行挤乳操作。

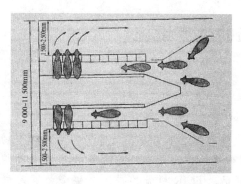

图 1-17　并列式挤乳台

（2）鱼骨式。与并列式相似，区别在于挤乳时奶牛的站立姿势与坑道不垂直，而是呈 30°～60°，见图 1-18。

固定式挤乳台投资相对小，但个别挤乳较慢的奶牛会影响该批挤乳牛的挤乳速度。

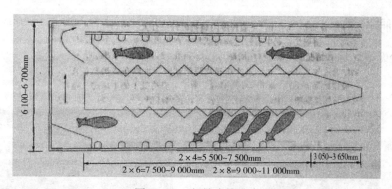

图 1-18　鱼骨式挤乳台

2. 转盘式　转盘式挤乳台是圆形的，工作时以固定的速度在不停地运转。这种挤乳台利用转盘的旋转进行流水作业。挤乳时，奶牛从进口进入转盘式挤乳台上，挤乳人员开始操作，转盘边旋转挤乳人员边挤乳，经过一圈旋转，挤乳结束，奶牛到达出口，奶牛走出转盘挤乳台。转盘式挤乳台的旋转速度可以根据奶牛产乳量（高、中、低）进行调节，如有些牛场对高产奶牛采用旋转一周为 9min、中产牛为 7min。

图 1-19　转盘式挤乳台

转盘式挤乳台挤乳人员操作方便，不必来回走动，挤乳效率高。但这种转盘构造复杂、造价高，见图 1-19。

任务测试

1. 牛舍的种类有多种，你所在地区哪种牛舍更适宜，为什么？
2. 为什么不同生长阶段牛的颈枷间距不同？

任务三　牛场的生产设施

■ 任务导入

随着畜牧业科技水平的不断发展，养殖机械化水平快速提升，国家加大对农业（畜牧业）机械化的扶持力度，大型奶牛场使用机械代替人工，取得了良好效果。某一奶牛场发现TMR饲喂奶牛速度快，大大节省人力，且饲喂效果好，因此在政府政策的扶持下也购进了1台TMR机，使用时发现牛舍饲喂过道宽度不足，TMR机无法进入，牛舍两侧入口处空间不够，TMR机进出牛舍困难，结果购买的机械不能充分发挥作用，未能减少人工数量和工人劳动强度，导致机械闲置或利用率不高。牛场应该选择哪些适用的生产设施？

■ 任务实施

一、饲喂设备

牛场饲喂设施主要是TMR投料及其配套设备，上料机、刮料机等，见图1-20至图1-22。

图1-20　TMR投料机

A. 自动上草（料）　B. 上料机上草（料）

图1-21　刮料机　　　　　　　　　图1-22　上料机

二、饮水设备

北方牛场冬季寒冷，牛饮用冰水不利于健康，因此北方牛场常用可加温和控温的水槽

（图1-23）。另外我国是水资源匮乏的国家，为了节约用水牛场采用节水槽，见图1-24。

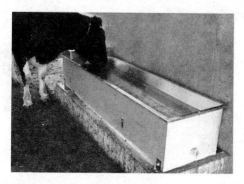

图1-23　控温水槽

图1-24　节水槽

三、饲料加工设备

牛场饲料加工设备主要有饲料粉碎机、饲料搅拌机、青贮收割机（图1-25）等。

四、卫生防疫设备

1. 消毒池　牛场进口（大门）处设置消毒池（图1-26A）。主要对出入牛场的车辆进行消毒。消毒池结构坚固，应承载通行车辆的重量，通常采用水泥结构。消毒池一般长4m、宽3m、深0.1m，地面平整，不渗漏。

图1-25　青贮收割机

2. 消毒间　主要用于进出牛场人员的消毒。消毒间地面设有消毒池，屋顶或侧面墙壁装有紫外线灯，或墙壁装置喷雾消毒器，进入牛场的所有人员必须经过消毒间，更衣换鞋，脚踩消毒液，经3～5min紫外线或喷雾消毒后，方能进入场区，见图1-26B。

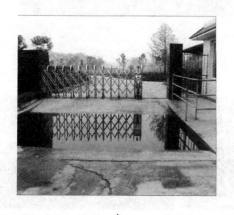

A

B

图1-26　消毒通道
A. 牛场大门消毒池　B. 消毒间

3. 消毒车 主要用于牛场内道路、牛舍、运动场等场所消毒。消毒距离远，喷洒射程达到20m，见图1-27。

图1-27 消毒车

五、其他配套设施

1. 修蹄设备 牛是大型家畜，为了保证修蹄技术人员操作过程的安全，修蹄前将牛用保定带固定在修蹄台上，将修蹄台转动放倒，使牛侧卧，固定牛四肢，见图1-28。

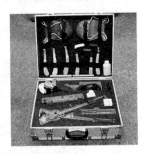

图1-28 修蹄台及工具

2. 助产器 有些妊娠牛在分娩时需要技术人员的助产才能顺利、安全地产出犊牛，见图1-29。

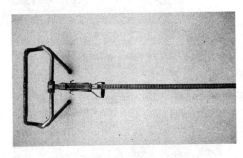

图1-29 助产器及使用

3. 灌药器 灌药器及使用见图1-30。

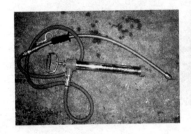

图1-30 灌药器及使用

■ **任务测试**

1. 牛场的主要生产设施有哪些？
2. 牛场常见的卫生防疫设备有哪些？

任务四　牛场环境控制

■ **任务导入**

随着环境意识的不断增强，养殖场的污染治理越来越受到重视，国家制定并发布了《畜禽规模养殖污染防治条例》，条例中明确规定：未建设污染防治配套设施或者自行建设的配套设施不合格，也未委托他人对畜禽养殖废弃物进行综合利用和无害化处理，畜禽养殖场、养殖小区即投入生产、使用，或者建设的污染防治配套设施未正常运行的，由县级以上人民政府环境保护主管部门责令停止生产或者使用，可以处10万元以下的罚款。北京市近年来对养殖场污染治理高度重视，对粪污处理不达标的养殖场限期整改达标，仍不达标的强令其退出养殖行业，否则从重处罚，直至关闭。请分析如何进行养殖场污染防治？

■ **任务实施**

一、适宜的生产环境

1. 温度　温度对牛的生活、生产影响很大。牛的适宜环境温度在5～21℃，牛生活在适宜的温度环境下，其他条件相同时增重速度最快、产乳量高。当环境温度过高，超过30℃时明显影响牛对饲料的消化，采食量下降，增重速度减慢，奶牛产乳量下降，这种高温对牛的影响称为热应激。环境温度过低，牛要提高代谢率，通过增加产热量来维持体温，饲料消耗明显增加，过低的温度对牛的生活、生产影响明显。严寒冬季，地面结冰，时常有牛滑倒摔伤。另外，温度过低时犊牛的疾病发生率高，成活率低。因此夏季要做好防暑降温工作，冬季要注意防寒保暖。

2. 湿度　牛和其他家畜一样都喜欢较干燥的环境，环境相对湿度在55%～75%适宜。环境湿度过高也会促进有害微生物的滋生，为各种寄生虫的繁殖发育提供有利条件，导致牛群皮肤病和肢蹄病发病率增高，对牛健康不利。高温、高湿会导致牛的体表水分蒸发受阻，体热散发受阻，体温上升加快，机体机能失调，呼吸困难，最后死亡，是最不利于牛生产的环境。低温、高湿会增加牛体热散发，使体温下降、生长发育受阻、饲料转化率降低，增加生产成本。

3. 光照　光照对牛的生长发育和健康具有十分重要的意义。阳光中的紫外线可使皮肤中的7-脱氢胆固醇转变为维生素D，有利于牛对日粮中钙、磷的吸收及骨骼的正常生长和代谢；紫外线具有杀灭有害微生物的作用，起到消毒的目的。冬季，光照可增加牛舍温度，有利于牛的防寒取暖。

4. 通风换气　我国北方大部分地区的牛舍都是封闭式，在寒冷季节牛舍的窗户、门大部分时间处于关闭状态,这样虽然在一定程度上保持了牛舍内温度,但牛舍内有害气体的浓度也随之增加。而良好的通风可使牛舍内空气清新,减少舍内有害气体浓度,有利于牛的生长和生产,在炎热的夏季通风可以排出牛舍内闷热的空气,降低舍内温度。但在寒冷的冬季,通风不利于牛舍内保温。

开放式或半开放式牛舍的空气流动性大,牛舍中的空气成分与外界大气相差不大。封闭式牛舍的空气流动不畅,尤其在冬季为了保持舍内温度,门、窗等通风口关闭,牛体排出的粪尿、呼出的气体以及饲槽内剩余残渣的腐败分解,造成牛舍内有害气体(如氨气、硫化氢、二氧化碳)增多,诱发牛的呼吸道疾病,影响牛的身体健康。所以必须重视牛舍通风换气,保持空气清新。

5. 声音　强烈的噪声可使牛受惊、烦躁不安、休息不好、食欲下降,可使育肥牛增重速度下降、奶牛产乳量下降,同时对母牛的繁殖性能产生不良影响。因此牛舍内应保持安静,牛场要远离噪声源。

二、环境调控措施

1. 温度的调控　当温度高于 30℃,牛开始出现明显的热应激反应,为了减小热应激,夏季牛场采用喷淋加吹风。奶牛场通常设有两处喷淋加吹风,一处是在牛食槽斜上方,牛采食的同时伴随着喷淋加吹风;另一处在挤乳车间的待挤区,喷淋加吹风在高温夏季奶牛场应用效果显著,明显减少了奶牛的热应激反应。

相对成年牛而言,北方寒冷冬季更需要对犊牛进行保暖,保暖对犊牛的常见疾病腹泻具有较好的预防作用。目前常见的保暖方法主要是产房保暖,产房在设计建造时要求其保暖性能比一般牛舍好;另外还可以设立犊牛岛,犊牛岛空间小,且三面密封、一面设有门,保暖性能好。

2. 湿度的控制　高湿、高温天气可使奶牛采食量减少、产乳量明显减少、肉牛增重减慢。我国面积广阔,南北方湿度、温度相差较大,南方牛舍首先考虑降温防暑,通风换气,防止潮湿;北方牛舍主要考虑防寒、防风,注意保温。

3. 牛舍环境卫生控制　规模化牛场牛舍内牛的密度大,而且牛的采食量大,粪尿排泄量也大,粪尿排出后迅速发酵腐败,产生具有恶臭味的有害气体,加上牛呼吸产生的有害气体,因此在冬季密闭式牛舍内有害气体严重超标,不利于牛的生长及其生产。目前奶牛舍控制有害气体含量的方法主要是通风换气,减少有害气体对牛的危害。

三、主要污染及控制方法

(一)我国牛场污染现状

2017 年我国奶牛存栏 1 413 万头,每头奶牛平均每天排出鲜牛粪、牛尿约为 30kg 和 15kg,全国全年产生鲜牛粪 43.8 万 t,牛尿 21.9 万 t。施正香等(2016)研究发现,我国不同地区奶牛的排泄量不同(表 1-2),全国奶牛约 50% 的粪便集中在全国 1.53 万个大中型规模化奶牛场周围,导致周边土地面积粪负荷量过高,加剧了土壤生态系统、水体等的污染。

表 1 - 2　我国不同地区奶牛排泄量

地域	每头奶牛粪便日排泄量（kg）	每头奶牛尿液日排泄量（kg）
华北	23.86	13.19
东北	33.47	15.02
华东	31.6	15.24
中南	33.01	17.98
西南	31.6	15.24
西北	19.26	12.13

（二）我国牛场污染治理历程

施正香等将我国牛场污染治理分为三个阶段。第一阶段为 2008 年以前，牛场粪污基本不处理。全国 90% 以上的规模化养殖场缺少综合利用和污水治理设施。第二阶段为 2008—2013 年，牛场开始关注粪污问题。2008 年以后，随着奶牛养殖规模化程度的提高，粪污量大且集中的问题开始显现。牛场干清粪技术得到普遍认可，一些大型牛场开始采用铲车清粪，干清粪后直接将粪堆放在牛舍周围或送到场内堆粪场，堆积之后用于还田，污水不做处理或在处理池中暂时存放后直接排放。另有一些大型牛场开始使用自动刮粪系统清粪，牛粪经过干湿分离，固体堆积发酵后用于生产有机肥和垫牛圈或还田，液体部分用于沼气发酵发电。第三阶段为 2013 年以后，牛场重视粪污治理。随着牛场规模的不断扩大，粪污量增大，治理工作越来越受到重视。2013 年以来，国家出台了《畜禽规模养殖污染防治条例》和《病死动物无害化处理技术规范》等法律法规。《畜禽规模养殖污染防治条例》第十三条中明确规定：畜禽养殖场、养殖小区应当根据养殖规模和污染防治需要，建设相应的畜禽粪便、污水与雨水分流设施，畜禽粪便、污水的贮存设施，粪污厌氧消化和堆沤、有机肥加工、制取沼气、沼渣沼液分离和输送、污水处理、畜禽尸体处理等综合利用和无害化处理设施。已经委托他人对畜禽养殖废弃物代为综合利用和无害化处理的，可以不自行建设综合利用和无害化处理设施。第十四条规定：从事畜禽养殖活动，应当采取科学的饲养方式和废弃物处理工艺等有效措施，减少畜禽养殖废弃物的产生量和向环境的排放量。为了落实条例的实施，各级政府加强了对养殖场环境卫生的监管和粪污治理的政策和资金支持，促进了养殖场粪污综合治理方法、技术的配套、成熟以及养殖业的可持续发展。

（三）牛场的粪污处理

目前我国牛场粪污处理方法有以下几种模式：

1. 牛粪堆肥发酵＋污水简单处理还田模式

（1）技术路线。牛粪发酵后直接还田或加工成为有机肥。牛场污水经过过滤、沉淀后还田。具体见图 1 - 31。

（2）工艺流程。牛场粪尿采用干湿分离法处理后，固体粪便被收集、运输到堆放发酵池内发酵，在发酵时可在牛粪中加入适量微生物，减少臭味和缩短发酵时间，发酵好后有三种用途，一是直接作为肥料还田，二是经过粉碎、筛选、制粒、烘干等工艺制成颗粒有机肥，三是粉碎、烘干（晒干）后制成牛床垫料。污水单独收集，由排污管道进入污水池，经沉

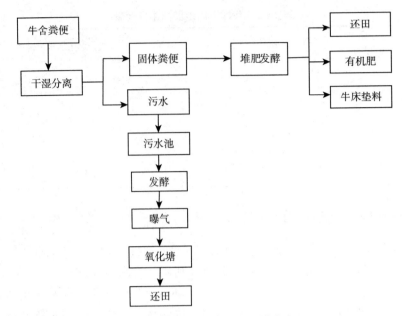

图 1-31 粪污简单处理还田模式流程

淀、发酵、曝气、氧化塘处理后灌溉农田。

（3）使用的机械设备。铲粪车、电动刮板清粪系统、自卸式运粪车、粪便发酵贮存池、粉碎机、污水管道、污水池、曝气塔、氧化塘等。

粪便发酵贮存池的建设要求：粪池至少要能贮存牛场6个月的粪污，粪污堆积时间6个月，粪便发酵池应具有防渗、防漏、防雨功能，避免污染地下水及土壤。

污水管道、污水池和氧化塘的要求：污水管道采用暗管道，污水池要密闭，避免臭气泄露污染空气，污水管道和污水池都要防渗、防漏、防雨水流入；氧化塘要防渗、防漏。

2. 粪污综合利用模式

（1）技术路线。牛场对雨水和污水进行分离收集，两个管道系统排送。雨水经排水管道直接排放。

牛粪和污水收集后混合均匀，经过厌氧发酵处理后制成沼气，成为洁净能源替代普通能源。

（2）工艺流程。牛场采用雨水、污水分离工艺，雨水经分离后进入排水管道直接排放。污水和牛粪便进入混合池，经搅拌混合均匀后，由水泵运送进入发酵池（灌），进行厌氧发酵制造沼气，沼气作为能源被利用，沼液、沼渣通过固液分离，液体作为肥料用于农田，固体有三种用途，一是作为肥料用于农田，二是制成蔬菜、花卉、瓜果等专用有机肥，三是加工成牛床垫料，见图 1-32。

（3）机械设备。铲粪车、电动刮板清粪系统、自卸式运粪车、粪便混合池、搅拌机、水泵、沼气发酵池（灌）、固液分离机、粉碎机等。

3. 水循环利用模式

（1）技术路线。水冲粪式牛场将粪和污水收集，经处理后循环用于牛场内冲洗粪沟或圈栏。为了节约水资源，减少养殖场用水量和污水处理量，采用雨水、污水分离措施。

（2）工艺流程。雨水收集后直接排放。冲洗粪沟和圈栏的粪污水进入粪污池，经过沉

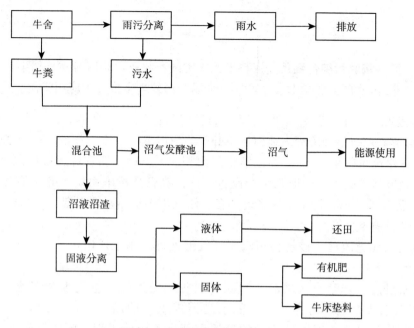

图 1-32 粪污综合利用模式流程

淀、固液分离，固体烘干后制成有机肥或牛床垫料；液体和其他污水进入污水池，然后经过多级生物净化，净化后的中水再次冲洗粪沟和圈栏（图1-33）。

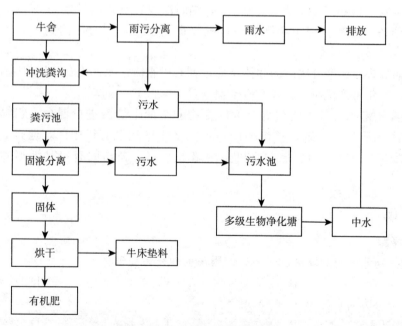

图 1-33 水循环利用模式流程

多级生物净化塘主要包括厌氧塘、兼性塘、好氧塘和多级植物塘等。多级生物净化塘的厌氧塘、兼性塘和好氧塘设有防渗层，避免废水污染地下水，北方地区为厌氧塘和兼性塘设置增温保温室，以提高处理效率。

📝 案例

奶牛场粪污综合利用 ［资料来源于中国畜牧业，2014 年第 14 期，
粪污处理主推技术（二）——牛场粪污处理主推技术应用实例］

1. 牛场概况　山东银香伟业集团第三奶牛养殖小区存栏奶牛 5 000 头，占地面积约
66.7hm²。废弃物综合治理工程占地面积 10hm²，约占整个小区面积的 15%，总投资 2 500
多万元，厂房建筑面积 1.8hm²，硬化堆肥厂面积 4.56hm²。拥有德国进口翻抛设备 2 套、
意大利进口固液分离机 4 套、堆肥生产设备 1 套、高低压配电系统 1 套、沼气工程系统 1
套、1 万 m³ 沼气池 2 座、污水汇聚系统 1 套、沼气集中供热系统 1 套、160kW 沼气发电系
统 1 套、运输车辆 4 台等。

2. 粪污处理工艺流程　该场将污水厌氧发酵处理后用于还田，牛粪加工生产有机肥，
具体工艺流程如下：

（1）污水处理。养殖小区采取节水减排措施，产生的少量废水全部流入集水管道，
最后汇集到污水暂存池，污水暂存池的水与沼气工程的沼液上清液混合，用来稀释牛
粪，然后进行固液分离。固液分离后的液体全部进入沼气工程，沼气发酵池采用软体发
酵池，节省了投资成本，而且安全、高效。软体沼气池贮存量约 2 万 m³，其中 1 万 m³ 为
全封闭式发酵池，这就保证了沼气工程中的料液能够完全发酵，减少了臭气的产生和挥
发，而且提高了沼液的品质。沼气池年产沼气 100 万 m³，用于锅炉燃烧可节约标准煤约
700t，或用于发电可年产 100 万 kW·h 电，同时减少二氧化碳排放约 700t，节省资金 70
万元，所产沼渣、沼液全部施用到农田，既改良了土壤，同时还达到了杀灭害虫及虫卵
的效果。

（2）粪便处理。固液分离后的固体全部运到有机肥厂，无害化发酵处理后生产有机肥或
土壤培养基。每年可产优质堆肥或有机土壤培养基 3 万 t。

该模式首先将奶牛场牛粪尿等全部废弃物和沼液上清液进行混合、粗筛分后，用泵
将混合液泵入固液分离系统，挤出的固体牛粪半干料运至有机肥厂，通过高效翻抛系统
进行有机肥发酵，生产的有机肥和有机土壤培养基用于公司的有机基地培养、自控土地
改良。

▪ 任务测试

一、选择题

1. 牛场按功能分为管理区、（　　　）、隔离区和粪污处理区。

　　A. 生产区　　　　　　B. 生活区　　　　　　C. 屠宰区　　　　　　D. 畜产品加工区

2. 挤乳台分为固定式和（　　　）。

　　A. 移动式　　　　　　B. 转盘式　　　　　　C. 手提式　　　　　　D. 便携式

二、填空题

1. 牛的饲养方式一般分为拴系式和_____饲养法两种。

2. 牛舍根据四周围墙特点分为_____、_____和_____三种。

3. 牛舍根据屋顶造型分为_____、_____和_____三种。

三、简答题

1. 影响牛生长、生产的主要因素有哪些?
2. 如何减少牛的热应激?
3. 牛场粪污处理方法有哪些?

牛的特性及饲料加工

■ 学习目标

1. 了解牛的消化生理特点。
2. 掌握牛的饲料组成及加工方法。
3. 掌握日粮配制的原理。
4. 能设计简单饲料配方。
5. 会制作牛青贮饲料。
6. 会制作牛青干草。

任务一　牛的特性

■ 任务导入

　　某同学到养牛场参观，发现牛群大部分三五成群卧在一起，没有采食饲草料，却在咀嚼，另一些牛快速吃草，未经咀嚼直接吞咽，请分析此现象。

■ 任务实施

一、牛的生物学特性

　　牛是大型反刍动物，属偶蹄目、反刍亚目、牛科、牛亚科，分牛属、水牛属。分布于世界各地，是人类饲养的主要大家畜。在漫长的进化过程中，经过自然选择和人工选择，牛逐渐形成了不同于其他动物的生活习性和特点。只有掌握牛的这些特殊的习性和特点，进行科学的饲养管理，才能提高生产性能和经济效益。

　　（一）群居性

　　牛是群居动物，具有合群行为，放牧时结群活动。舍饲时多数牛 3～5 头结群卧地。牛群经过争斗确定优势序列和地位，一般群内最初个体往往占统治地位，后来者处于从属地位，这些等级关系一旦确定则很少改变。当牛群引入新个体时，常常由于重新建立群居等级顺序而发生角斗。优势者在各方面得以优先，优势序列在有丰富牧草和水源的环境中不至于产生不良后果，饲料等资源匮乏时优势序列明显，应将舍饲牛群中占统治地位的牛分开饲养，以免乱群。放牧时牛群过大会影响牛的优势序列，增加争斗次数，影响采食。分群时应考虑牛的性别、年龄、性情、体型、健康状况和生理状态，便于统一饲养管理。舍饲牛应有充足的运动面积，面积太小容易发生争斗。一般每头成年牛的运动面积以 15～30m² 为宜，转移牛群时不宜单头驱赶，小群牛驱赶群居性强，不易离散。牛主要依靠气味识别群体成员。外群牛接近，牛群表现出野生牛维护本群"领地"的特性。离群时间长或身体气味改变的牛回到牛群后同样受到其他牛的攻击。如从产房回群的牛身上已缺少群体的气味，并有强烈的产房味（各种药品气味等），回群当天会受到其他牛的攻击，应先拴在运动场栏杆上 1～2d，让牛群习惯其外表及气味，然后入群，可减少和避免上述损失。

（二）模仿性

牛的模仿行为与其群体行为相关，当牛群中领头牛做某一动作时，其他牛便跟着做同样的动作。如在牛舍内陌生人畜突然出现或不常见事情突然发生，则全圈牛会停止采食，抬头站立，竖起耳朵，面朝发生事情的方向。当个别牛受到惊吓哞叫时会引起群体骚动；一头牛越栏时，其他牛会跟随。所以不得粗暴对待牛群，要尽量减少非牛场工作人员到牛舍、挤乳厅、运动场与牛近距离接触，并禁止喧闹、突发事件发生等。饲养员、挤乳员要相对固定，频频换人会带来牛群骚动，不便于管理。

（三）放牧性

牛的放牧性即放牧吃草行为，吃草是放牧时的主要活动，有一定规律性，放牧受季节变化的影响。牛吃草的累计时间为 8～9h/d，连续吃草的时间为 0.5～2.0h，黎明和黄昏是牛吃草活动最活跃时期，一昼夜吃草 6～8 次，其中白天约占 65%。放牧行为受草场面积影响，草场越大，牛行走距离越远，热、风天气时，行走距离延长，在熟悉放牧地行走距离要比新放牧地远。放牧的牛群，牛一般都在同一时间吃草、休息或反刍。

（四）母性

母性行为表现在母牛能哺乳、带领和保护犊牛，初胎母牛的母性常较弱，经产牛母性较强。产双胎母牛当两头犊牛分开时，母性会加强。母牛在产犊后 2h 内与犊牛建立牢固的联系。母子相识，除通过互相认识外貌外，更重要的是气味和叫声。母牛从舔初生犊牛被毛上的胎水开始识别犊牛，当犊牛站立吮吸母乳时，尾巴摆动，母牛回头嗅犊牛的尾巴和臀部时，进一步巩固对亲犊的记忆，发挥母性，保护犊牛吮乳。犊牛通过吮乳时对母亲气味的记忆以及吮乳过程中母牛轻柔的叫声与舔嗅行为认识母牛，经 1～2h 的相处，犊牛即能从众多母牛中通过声音准确地找到母亲。人工哺乳的犊牛也可以此认识饲养员，成年后较温顺，比随母牛哺乳成长的牛更易接受乳房按摩和人工挤乳等活动。

（五）牛的生态适应性

牛的地域分布广泛。各种不同种类和品种的牛经过漫长的进化过程，通过人工驯化和对气候的适应，已逐渐对当地的海拔高度、季节变化、光照度、阳光辐射、温度、湿度、植被及饲料等诸多自然条件形成了高度的适应性。

二、牛的消化生理特点

牛作为反刍动物具有庞大的复胃（或称四室胃），包括瘤胃、网胃、瓣胃和皱胃，其中的前三室合称为前胃，前胃的黏膜没有胃腺，只有第四室即皱胃具有胃腺，能分泌胃液。牛消化系统的结构和消化生理功能与单胃动物相比有很大差别，瘤胃虽然不能分泌消化液，但其中有大量的微生物生存，对各种饲料的分解与营养物质的合成起着重要作用。因此牛具有较强的采食、消化、吸收和利用多种粗饲料的能力。

（一）采食和饮水

1. 牛喜食带有酸甜口味的饲料 生产实践中可以应用酸味和甜味调味剂调制低质粗饲料，如玉米、高粱、小麦等农作物的秸秆，改善其适口性，提高牛采食量，降低饲养成本。常用的有机酸调味剂主要有柠檬酸、苹果酸、酒石酸、乳酸等；甜味调味剂有蜜糖和甜蜜素等。

2. 牛采食速度快 饲料在口中不经仔细咀嚼即被牛咽下，牛休息时进行反刍。牛舌大而厚、有力而灵活，舌的表面有很多向后凸起的角质化刺状乳头，会阻止口腔内的饲料掉落。如饲料中混有铁钉、铁丝、玻璃等异物时，牛很容易将其吞咽到瘤胃内，当瘤胃强烈收缩时，尖锐的异物会刺破胃壁造成创伤性胃炎，甚至引起创伤性心包炎，危及牛的生命。当牛吞入过多的塑料薄膜或塑料袋时会造成网瓣孔堵塞，严重时造成死亡。

3. 牛无上门齿 牛无上门齿、有齿垫、嘴唇厚，吃草时常靠舌头伸出把草卷入口中，放牧时牧草在 30～45cm 高时采食速度最快，而不能啃食过矮的草，故在春季不宜过早放牧，应等草长到 12cm 高再开始放牧，否则牛难以吃饱。自由采食的牛通常采食的时间需要6h/d，易咀嚼、适口性好的饲料采食时间短，秸秆采食时间较长。

4. 饮水 牛饮水时把嘴插进水里吸水，将鼻孔露在水面上，每天至少饮水 4 次，饮水行为多发生在白天和傍晚，很少在夜间和黎明时饮水，饮水量因环境温度和采食饲料的种类不同而有较大差异，一般每天饮水 15～30L。

（二）咀嚼

食物在口腔内经过咀嚼，被牙齿压扁、磨碎，然后被吞咽。牛采食时未经充分咀嚼即吞咽。新鲜牧草、谷物饲料及颗粒状饲料很快被咀嚼吞咽，较长的干草需要较长时间的咀嚼才能被吞咽。在采食空隙，瘤胃中食物重新回到口腔被牛咀嚼，咀嚼可以将饲料颗粒磨碎、混入大量唾液、黏结成适当大小食团供牛吞咽，提高饲料内营养物质的可溶性，为瘤胃内微生物生长提供了良好环境。牛在咀嚼时消耗大量能量，对饲料进行适当加工（切短、揉碎、磨碎等）可以节省牛的能量消耗。

（三）唾液分泌

牛有多个唾液腺，唾液分泌量大，唾液分泌有助于消化饲料和形成食团。唾液中含有大量钠离子、碳酸盐、磷酸盐等缓冲物质、其他无机元素和尿素等，对维持瘤胃内环境和内源性氮的重新利用起着重要作用。唾液可以增加瘤胃内容物的水分，以稀释瘤胃内的酸性并协助饲料颗粒进出瘤、网胃；增加瘤胃缓冲液，以维持瘤胃内的健康环境；润滑饲料，以便形成食团；为瘤胃微生物提供氮、矿物质（如钠、氮、磷和镁）等营养物质；唾液含有黏液素，可抑制泡沫形成从而抑制臌气。如果没有足够的唾液，瘤胃内酸度上升而引起酸中毒。酸中毒时，微生物活性降低，牛无食欲，严重时（pH<4.5）所有的微生物停止活动，可引

起牛死亡。

　　每日每头牛的唾液分泌量约为 300L，唾液的分泌量受牛采食行为、饲料适口性等因素的影响，若日粮是由磨碎的饲料或高比例的精饲料组成，则唾液产生量显著降低。牛进食时可分泌的唾液量为 120mL/min、反刍时为 150mL/min、停止咀嚼时为 60mL/min。饲喂纤维含量高的饲料，牛咀嚼时间每天可达 10h。

（四）反刍

　　牛在摄食时，饲料一般不经充分咀嚼就被匆匆地吞进了瘤胃，通常在休息时返回到口腔再仔细地咀嚼，这种独特的消化活动称为反刍。反刍分为四个阶段，即逆呕（食物自胃返回口腔的过程）、再咀嚼、再混合唾液和再吞咽。反刍是牛正常的消化活动，也是牛健康的标志。牛正常反刍出现在采食之后，每天反刍 6～8 次，每次反刍持续 40～50min，总耗时 6～8h，牛反刍次数减少或停止均是患病的征兆。犊牛出生后，生长到 3～6 周龄时，瘤胃内开始出现正常的微生物活动，犊牛逐渐开始反刍，随着瘤胃内微生物的生长发育，到 3～4 月龄时犊牛开始正常反刍，6 月龄时基本建立完全的复胃消化功能。

　　1. 反刍的出现和停止　在皱胃空虚时，瘤胃壁受漂浮在瘤胃内容物上层、体积较大饲料的机械刺激，瘤胃前部与网胃共同强烈收缩，使贲门口的饲料进入食管，在食管横纹肌逆向收缩的配合下，把饲料送回口腔，经咀嚼把饲料再研碎后咽回，牛每口反刍咀嚼 40～50 次（在正常日粮下，咀嚼次数减少也是患病的征兆）。瘤胃前部与网胃协同强烈收缩时，网胃底层已经嚼细和发酵的饲料经网瓣孔挤入瓣胃，瓣胃瓣膜之间水分已经部分吸收的草料挤到皱胃。经过多个食团的反刍，皱胃充满草料时，反刍受到抑制停止，一个反刍周期完成。

　　2. 反刍的作用　反刍期间瘤胃内的食团返回口腔。食团被压挤，其中的水分和小颗粒马上又被重新吞咽，食团内的长颗粒则滞留在口中，再咀嚼 50～60s 后才被吞咽。反刍是反刍动物正常消化和利用纤维素的重要步骤。

　　反刍可以增加唾液的分泌量；缩小饲料体积、增加饲料颗粒的密度，这是决定饲料颗粒在瘤胃内停留时间长短的重要因素；反刍有助于将饲料颗粒按大小分开，使较大的颗粒饲料在瘤胃中停留足够的时间得以完全消化，而小颗粒物质立刻被排入网胃；反刍增大饲料颗粒与微生物的接触面积，以提高粗纤维饲料的消化率。

（五）食管沟反射

　　食管沟始于贲门，延伸至网瓣胃口，它是食管的延续，收缩时呈中空闭合的管子，可使食物穿过瘤胃和网胃。犊牛在吸吮母牛乳头或用奶嘴吸吮液体饲料时，能反射性地引起食管沟两侧的唇状肌肉收缩卷曲，使食管沟闭合成管状，形成食管沟闭合反射。因此乳或饮料不能进入前胃，而由食管经食管沟和瓣胃管直接进入皱胃进行消化。在用桶、盆等食具喂犊牛乳时，由于缺乏对口腔感受器的吸吮刺激作用，食管沟闭合不完全，往往有一部分乳汁流入瘤胃和网胃，经微生物作用发酵、产酸，造成犊牛的消化不良。成年牛的食管沟则失去完全闭合能力。

（六）嗳气

　　瘤胃和网胃中寄生的大量微生物对进入瘤胃和网胃的各种营养物质进行强烈发酵，产生挥发性脂肪酸和各种气体（主要是甲烷和二氧化碳），随着瘤胃内气体的增多，气体被驱入食管，从口腔逸出的过程就是嗳气。牛每昼夜可产生气体 $600\sim1\,200L$，每分钟 $1\sim3$ 次，采食后 $0.5\sim3h$ 嗳气频率较快，每次嗳气时气体排出量为 $0.5\sim1.7L$。

受殴打、惊吓、应激、过度劳役等均会抑制嗳气进行。牛常在初春放牧季节没有过渡期即啃食大量幼嫩青草，夏秋季节早晨放牧采食大量带有露水的豆科牧草或猛然喂大量豆腐渣、甜菜渣、根、茎、瓜、果类等易发酵的饲草料及可溶性蛋白质含量丰富的饲草料，瘤胃发酵作用急剧加强，产生的气体来不及嗳出，出现瘤胃臌气，瘤胃内压力上升抑制瘤胃壁的血液循环，使瘤胃变迟钝、嗳气困难，气体不能嗳出又加剧瘤胃内压上升，形成膨胀，轻者干扰牛的采食和消化，严重时造成牛死亡。豆科牧草最易出现鼓胀，在大幅度调整日粮时设 $15d$ 过渡期，待瘤胃微生物适应后可有效避免鼓胀发生。

（七）瓣胃的消化

瓣胃接受来自网胃的流体食糜，这类食糜含有许多微生物和细碎的饲料及微生物的发酵产物。当这些食糜通过瓣胃时，大量水分被吸收。瘤胃黏膜表面的叶瓣将较大食糜颗粒揉搓和研磨，使之变得更为细碎。

（八）排泄

牛每天的排泄次数和排泄量因饲料的性质和采食量、环境温度、湿度、产乳量和个体状况的不同而有差异，正常牛每天平均排尿 9 次、排粪 $12\sim18$ 次。吃青草时比吃干草排粪次数多，泌乳牛比干乳牛排粪次数多。不同品种牛每天的排粪量不同，但每天排泄次数相近，如荷斯坦牛每天的排粪量约 $40kg$，而娟姗牛每天的排粪量约为 $28kg$。

（九）瘤胃和网胃的微生物消化

牛的复胃消化与单胃动物消化的主要区别在前胃，除了特有的反刍、食管沟反射和瘤胃运动外，更特殊的是前胃内进行的微生物消化过程。瘤胃和网胃内可消化饲料中 $70\%\sim85\%$ 的可消化干物质和约 50% 的粗纤维，并产生挥发性脂肪酸、二氧化碳、氨气以及合成蛋白质和某些维生素。因此前胃消化在反刍动物的消化过程中起着特别重要的作用。

瘤胃微生物的作用：

1. 分解和利用糖类 饲料中的纤维素主要靠瘤胃微生物的纤维素酶的作用，通过逐级分解，最终产生挥发性脂肪酸，其中主要是乙酸、丙酸、丁酸三种有机酸和少量高级脂肪酸，可供牛体利用。挥发性脂肪酸中的乙酸和丁酸是泌乳牛合成乳脂肪的主要原料，被奶牛瘤胃吸收的乙酸约有 40% 为乳腺所利用。三种主要有机酸的比例可随日粮的种类而变化，见表 2-1。

饲料中的淀粉、葡萄糖和其他可溶性糖类可由微生物酶分解利用，产生低级脂肪酸、二氧化碳和甲烷等。瘤胃微生物能利用饲料分解所产生的单糖和双糖合成糖原，并贮存于其细胞内，微生物糖原进入小肠后被动物所消化利用，成为牛体的葡萄糖来源之一。泌乳牛吸收入血液的葡萄糖约有 60% 被用来合成牛乳。

表 2-1　奶牛瘤胃内挥发性脂肪酸的含量（%）

（南京农业大学，2009. 家畜生理学）

日粮	挥发性脂肪酸		
	乙酸	丙酸	丁酸
精饲料	59.60	16.60	23.80
多汁饲料	58.90	24.85	16.25
干草	66.55	28.00	5.45

2. 分解和合成蛋白质　瘤胃微生物能将饲料蛋白质分解为氨基酸，再分解为氨、二氧化碳和有机酸，然后利用氨或氨基酸再合成微生物蛋白质。瘤胃微生物还能够利用饲料中的非蛋白氮，如尿素、铵盐、酰胺等，被微生物分解生产的氨用于合成微生物蛋白质，因此在养牛生产中可用尿素代替饲料中的一部分蛋白质。在低蛋白质饲粮情况下，反刍动物靠"尿素再循环"以减少氮的消耗，保证瘤胃内适宜的氨浓度，以利于微生物蛋白质合成，在瘤胃微生物利用氨合成氨基酸时，还需要碳链和能量，糖、挥发性脂肪酸和二氧化碳都是碳链的来源，而糖还是能量的主要供给者。所以饲粮中供给充足的易消化糖类是使微生物能更多地利用氨合成蛋白质的必要条件。

3. 合成维生素　瘤胃微生物能以饲料中的某些物质为原料合成某些 B 族维生素，在一般情况下，即使日粮中缺乏这类维生素，也不会影响牛的健康。幼龄犊牛由于瘤胃还没有完全发育、微生物区系还没有完全建立，有可能患 B 族维生素缺乏症。成年牛如日粮中钴的含量不足时，瘤胃微生物不能合成足量的维生素 B_{12}，于是成年牛会出现食欲降低，犊牛缺钴时生长发育不良。

三、牛瘤胃的营养特点

牛是复胃动物，具有较强的消化和利用粗饲料生产乳、肉产品的能力。从能量转化角度看，瘤胃是一个能量转化器，有供厌氧型微生物繁殖和对粗纤维发酵降解的作用，营养特点与内环境和微生物区系密切相关。

1. 水和营养物　瘤胃内容物含干物质 10%～15%，而含水 85%～90%。牛食入的精饲料较重，大部分沉到瘤胃底部或进入网胃，草料较轻，主要积于瘤胃背囊，保持明显的层次性。瘤胃的水分来源除饲料和饮水外，还有唾液和瘤胃液渗入。在不同的日粮类型和饲养条件下，瘤胃液容积不同。当牛处于干旱环境和长期禁饮的情况下，瘤胃水分经血液运输至其他组织的作用加倍，瘤胃液减少。

2. 渗透压　牛瘤胃渗透压接近血浆水平，较稳定。瘤胃渗透压受饲养水平的影响，渗透压的升高还受饲料性质制约，瘤胃液的溶质包括无机物和有机物。溶质来源于饲料、唾液和由瘤胃液渗入的液体及微生物代谢产物，主要是钾离子和钠离子。

3. 一定的 pH　瘤胃内 pH 为 5.0～7.5，pH≤6.5 不利于纤维素消化。pH 的变化具有一定的规律，但受制于日粮类型和摄食后时间。

4. 牛采食粗饲料　牛能有效利用各种粗饲料，获得能量和多种营养物质，因此饲粮中必须含有一定量的粗饲料，以维持消化系统的正常功能与整体健康。

粗饲料一般是指含有大量植物的茎叶部分，干物质中粗纤维含量大于 18% 的饲料，它对牛的主要作用为：

（1）粗纤维含量高的粗饲料具有一定粗硬度，能有效地刺激反刍和促进唾液分泌，维持瘤胃内的正常环境，保证瘤胃内微生物的繁殖和发酵活动。

（2）瘤胃填充的作用，刺激胃前壁、促进胃蠕动和胃内容物的混合与后送。

（3）避免因饲喂高比例精饲料，粗纤维含量低而引起乳脂含量的下降。

■ 任务测试

1. 牛如何进行瘤胃饲料消化？

2. 相比单胃动物，牛有哪些特殊的消化生理特点？

任务二　牛的饲料及加工

■ 任务导入

甘肃平凉大量种植玉米和紫花苜蓿等农饲作物，农户以玉米秸秆饲喂牛羊或焚烧，当地相关部门对养殖农户进行养牛技术培训，指导农户用玉米秸秆青贮喂牛，近年来取得显著成效。试分析牛可用饲料及加工方法，以取得最大效益。

■ 任务实施

一、牛常用饲料

牛常用饲料种类繁多，生产中常根据饲料的性质分为青饲料、粗饲料、精料补充料和饲料添加剂。

（一）青饲料

青饲料也称为青绿饲料、绿饲料，是指含水量 60% 以上的青绿多汁的植物性饲料，营养丰富，适口性好，因富含叶绿素而得名，是理想的牛饲料。

1. 营养特性

（1）含水量高。青饲料的含水量高，干物质含量低，能值低。饲喂时，要注意与精料补充料和青干草配合使用，限量饲喂。

（2）含有丰富的优质粗蛋白质。青饲料中粗蛋白质含量一般占干物质的 10%～20%，所含的必需氨基酸种类丰富、比例适宜，其中赖氨酸、组氨酸含量高，并且含有大量的酰胺，对牛的生长、繁殖和泌乳具有良好的作用。

（3）维生素含量高。青饲料中含有大量的叶绿素、胡萝卜素和维生素，胡萝卜素含量是决定饲料营养价值的重要因素之一，青饲料中胡萝卜素含量可达 50～80mg/kg，高于其他任何饲料。豆科青草中胡萝卜素和 B 族维生素含量高于禾本科青草，春草的维生素含量高于秋草。此外，青饲料中还含有丰富的硫胺素、核黄素、烟酸等 B 族维生素和维生素 C、维生素 E、维生素 K 等。

（4）矿物质元素丰富。矿物质中钙、磷含量丰富，比例适当，豆科牧草中含量尤其丰富。青饲料中还富含铁、锰、锌、铜、硒等必需微量元素。

（5）粗纤维含量低，无氮浸出物含量丰富。青饲料中粗纤维含量占干物质的18%～30%，无氮浸出物占干物质的40%～50%，青饲料易于消化。牛对青饲料中有机物的消化率可达75%～85%。粗纤维含量随着生长时期的延长而增加，掌握好适宜的收割时期至关重要。

（二）粗饲料

粗饲料是指天然含水量在60%以下，干物质中粗纤维含量等于或高于18%，并以风干物形式饲喂的饲料。

1. 青干草 青干草是将牧草及饲料作物适时刈割，经自然或人工干燥调制而成的水分含量小于15%、能够长期贮存的青绿饲料，保持一定的青绿颜色。优质青干草颜色青绿、质地柔软、叶量丰富、适口性好、营养价值高。青干草的粗蛋白质含量为10%～20%、粗纤维含量为22%～23%、无氮浸出物含量为40%～50%，矿物质含量丰富，是牛必不可少的饲料。在各种谷类作物中，可消化率最高的是燕麦干草，其次是大麦干草，最差的是小麦干草。

2. 秸秆 为农作物收获后的秸、藤、蔓、秧、荚、壳等。目前被用作饲料的秸秆主要有玉米秸、稻草、谷草、花生藤、甘薯蔓、马铃薯秧、豆荚、豆秸等。

3. 青贮饲料 是以青绿饲料或青绿农作物秸秆为原料，通过铡碎、压实、密封，经乳酸发酵制成的饲料。含水量一般在65%～75%，pH4.2。含水量45%～55%的青贮饲料称低水分青贮或半干青贮，pH 4.5。

（三）精饲料

干物质中粗纤维含量小于18%的饲料统称精饲料。精饲料又分能量饲料和蛋白质饲料。干物质中粗蛋白质含量小于20%的精饲料称为能量饲料；干物质中粗蛋白质含量大于或等于20%的精饲料称为蛋白质饲料。精饲料主要有谷实类、糠麸类、饼粕类三种。

1. 能量饲料

（1）谷实类饲料。粮食作物的籽实，如玉米、高粱、大麦、燕麦、稻谷等为谷实类，谷实类饲料干物质以无氮浸出物为主（主要是淀粉），占干物质的70%～80%，粗纤维含量在6%以下，粗蛋白质含量为10%。

①玉米。玉米被称为"饲料之王"，是高能饲料，淀粉含量高，适口性好，易消化，其中有机物的消化率为90%。玉米可大量用于牛的精料补充料中，用量可占牛混合料的40%～65%。

②大麦。大麦可作为牛的饲料大量使用，饲喂前进行压扁、粉碎等加工处理。用大麦饲喂牛可改善牛乳和牛肉品质。

③高粱。高粱的无氮浸出物为68%，消化率低，含有单宁，适口性差，易引起牛便秘，应限量饲喂，一般不超过日粮的20%。

④燕麦。燕麦的粗蛋白质含量为10%，是较理想的牛饲料，无氮浸出物含量丰富，容易消化，使用燕麦喂牛时应将其压扁或破碎。

（2）糠麸类饲料。糠麸类饲料是谷实类饲料的加工副产品，包括小麦麸、玉米皮、高粱糠、米糠等，糠麸类饲料无氮浸出物含量为 $40\%\sim62\%$，粗蛋白质含量为 $10\%\sim15\%$，B 族维生素含量丰富，尤其是维生素 B_1、烟酸、维生素 B_6，胡萝卜素和维生素 E 含量较少。含钙少，磷含量较多。

①小麦麸。粗纤维含量高，质地疏松，容积大，具有轻泻作用，是牛产前和产后的理想饲料。饲喂时要注意补钙。

②米糠。米糠总营养价值高于麸皮，粗纤维含量为 9%，粗蛋白质含量为 13%。米糠中富含 12.7% 的脂肪，贮藏过程中容易酸败。

（3）糟渣类饲料。糟渣类饲料是牛生产的优良饲料，包括酒糟、啤酒糟、甜菜渣、豆腐渣等。

①酒糟和啤酒糟。酒糟中含有维生素 B_{12} 和未知生长因子，是奶牛产乳和肉牛育肥的好饲料。酒糟有效能值低，且含有残留酒精，要限制饲喂量，一般成年牛每天饲喂量为 $12\sim15kg$。对产后 1 月龄内的泌乳牛尽量不喂或少喂，以免加剧泌乳初期的营养负平衡。

②甜菜渣。新鲜甜菜渣含水量高，营养价值低，含有大量游离有机酸，过量饲喂易引起腹泻。

③豆腐渣。新鲜的豆腐渣含水量高达 80%，粗蛋白质含量约 3.4%，容易酸败，饲喂过量会引起腹泻，应限制喂量，一般为每天 $2.5\sim5kg$。

（4）块根、块茎类饲料。块根类饲料主要有胡萝卜、甜菜、甘薯、萝卜、木薯等；块茎类饲料主要有马铃薯、甘蓝等。这类饲料含水量高，干物质含量低，为 $10\%\sim30\%$，干物质中主要是淀粉和糖类，粗纤维含量不超过 10%，粗蛋白质含量更低，为 $5\%\sim10\%$，钙、磷缺乏。

①马铃薯。易消化，牛最高日喂量为 20kg。但发芽的马铃薯中含有龙葵素，易引起中毒，禁止饲喂。

②胡萝卜。饲喂胡萝卜有利于提高牛的生产性能和繁殖性能，胡萝卜是冬季牛不可缺少的饲料。以生喂为宜。成年牛每天饲喂量可达 5kg。胡萝卜最好切碎后饲喂，否则容易引起牛肠道阻塞，新鲜胡萝卜含水量高，一般为 $87\%\sim90\%$，单位体积能值低，不能单独作为牛的能量来源。

③甜菜。甜菜是秋、冬、春三季很有价值的多汁饲料，可切碎或粉碎拌入糠麸或煮熟后搭配精饲料饲喂。

④甘薯。甘薯适口性好，容易消化，生熟饲喂均可。而用有黑斑病的甘薯饲喂牛可导致牛气喘病，严重者可致死。

2. 植物性蛋白质饲料　油料的加工副产品，如豆饼（粕）、花生饼（粕）、菜籽饼（粕）、棉籽饼（粕）、胡麻饼、葵花子饼、玉米胚芽饼等饼粕类。

（1）大豆和大豆饼（粕）。全脂大豆中含有抗营养因子，用膨化等方法进行热处理饲喂效果好。膨化大豆是犊牛代乳料和补充料的优质原料。生豆粕可以饲喂牛，但不能与富含尿素的饲料共用。

（2）棉籽和棉籽饼（粕）。全棉籽是泌乳高峰期奶牛的优质饲料，可降低高产奶牛产后能量负平衡。奶牛日粮中可添加 $0.5\sim1.5kg$ 全棉籽。全棉籽中含有一定量的抗营养因子棉酚，它是一种蓄积性毒素，日粮中添加全棉籽时要相应减少精料补充料中棉籽饼（粕）的添加量。棉籽饼（粕）饲喂时要控制用量，一般成年牛每天 $2\sim3kg$、育成牛每天 $1\sim1.5kg$。

（3）花生饼（粕）。花生饼（粕）是以脱壳花生米为原料，经压榨或浸提取油后的副产品。花生饼（粕）的营养价值较高，其代谢能是饼粕类饲料中最高的，粗蛋白质含量可达48％。精氨酸含量高达5.2％，是所有动、植物饲料中最高的。维生素及矿物质含量与其他饼粕类饲料相近似。花生饼（粕）适口性很好，但容易感染黄曲霉菌而产生黄曲霉毒素，蒸煮、干热对去除黄曲霉毒素无效，可用氨处理去毒后饲喂反刍家畜。

（4）菜籽饼（粕）。菜籽饼（粕）适口性差，初喂时与适口性好的饲料配合使用，不宜单独使用，要控制其用量，奶牛日粮控制在10％以下，肉牛日粮控制在20％以下。若浸泡发酵后再喂，牛可正常采食，对牛的生产性能没有影响。

（四）饲料添加剂

1. 营养性添加剂　营养性添加剂主要用于平衡日粮营养，改善产品质量，保持动物机体各种组织细胞的生长发育。包括氨基酸添加剂、矿物质添加剂、维生素添加剂、非蛋白氮添加剂等。

（1）氨基酸添加剂。主要有赖氨酸和蛋氨酸。氨基酸添加剂用于犊牛代乳品或开食料中，用于成年牛或育肥牛的氨基酸添加剂必须用保护剂处理。

①赖氨酸添加剂。生产中常用L-赖氨酸盐酸盐的形式添加赖氨酸。商品赖氨酸标明的含量98％指的是赖氨酸和盐酸的含量，使用时要以78％的含量计算。以菜籽饼、棉籽饼、花生饼、胡麻饼、向日葵饼、芝麻饼等组成犊牛日粮，要添加工业生产的赖氨酸；大豆饼含量高的日粮，赖氨酸含量能满足营养需要，不需要添加赖氨酸。

②蛋氨酸添加剂。一般在瘤胃微生物合成的微生物蛋白质中蛋氨酸较缺乏，用作饲料添加剂的蛋氨酸及其类似物主要有DL-蛋氨酸、羟基蛋氨酸及其钙盐、N-羟甲基蛋氨酸。其中N-羟甲基蛋氨酸又称为保护性蛋氨酸，在瘤胃中不被微生物分解，在牛饲料中应用广泛。

（2）矿物质添加剂。

①常量元素添加剂。常量元素添加剂包括钙类补充物（主要有石粉、贝壳粉、沉淀脂肪酸钙等）、磷类补充物（主要是矿物磷酸盐类，天然磷酸矿中含氟量较高，过量的氟对动物有害，要求磷矿石含氟量低于0.2％）、食盐、镁补充物（主要有氧化镁、硫酸镁、碳酸镁、磷酸镁）、硫补充物（常用硫黄粉和硫酸盐）、缓冲剂（在夏季给奶牛添加氯化钾、碳酸氢钠等具有缓冲热应激、增加采食量及防止产乳量下降的作用）。

②微量元素添加剂。饲料工业中常用作饲料添加剂的微量元素有铁、铜、锌、硒、碘、钴等，常以这些元素的氧化物与硫酸盐添加到饲料中。在使用微量元素添加剂时一定要充分拌匀，防止与高水分原料混合，以免凝集、吸潮，影响混合均匀度。

（3）维生素添加剂。牛配合饲料中常需要添加的维生素主要有维生素A、维生素D和维生素E。维生素添加剂产品主要是复合维生素添加剂，如维生素A、维生素D_3、维生素E粉，犊牛瘤胃功能发育完全以前，在代乳料中添加B族维生素等水溶性维生素。

（4）非蛋白氮添加剂。非蛋白氮是指非蛋白质的其他含氮化合物，主要有尿素，还有磷酸脲、羟甲基脲等，可部分代替饲料中的天然蛋白质，缓解蛋白质饲料资源不足。

①尿素。饲料中添加尿素时要防止尿素中毒。尿素本身无毒，但尿素进入瘤胃后其分解释放氨的速度快于微生物合成蛋白质的速度，分解释放的氨进入血液达到一定浓度后就会引起中毒。尿素不能单独饲喂或溶于水中投喂，应把尿素混入谷物精饲料或蛋白质精饲料中饲

喂，也可将含有尿素的精饲料混入粗饲料中饲喂。一般添加量为日粮蛋白质饲料的30%，或日粮的1%～1.5%，不能超过日粮的3%，否则影响适口性，严重时引起中毒。

②磷酸脲。该制剂能增加牛瘤胃中乙酸、丙酸含量及增强脱氢酶活性，促进牛的生理代谢及对氮、磷、钙的吸收和利用，对牛具有明显的增重效果和增乳效果，且适口性好，毒性低，无不良影响，并能有效消除肢蹄类疾病。肉牛基础日粮中添加量为每100kg体重40g，奶牛为100g。

③双缩脲。双缩脲适口性比尿素好，溶解速度慢，毒性小，主要用于肉牛，不用于奶牛，因价格因素而用量不大。适口性差，饲喂时需10d才能使牛习惯和适应。牛日粮中添加100～150g双缩脲可减少1kg蛋白质精饲料，6月龄以上牛基础日粮中添加量为每100kg体重25～30g。

④异丁基双脲。异丁基双脲含氮量为30.3%。异丁基双脲在瘤胃中的释放速度比尿素慢，几乎与豆饼一样，可替代牛日粮中50%的粗蛋白质。

⑤脂肪酸尿素。脂肪酸尿素是由尿素和脂肪酸形成的化合物，黄白色粉末，含氮量为34.5%。用替代30%蛋白质的脂肪酸尿素喂牛，比普通粗饲料多增重20%，屠宰率增加，肉的品质也有改善。从安全性、原料来源等方面看，脂肪酸尿素是比较好的非蛋白氮添加剂。

⑥硫酸铵。硫酸铵除用于补充氮外，还可作为硫的添加剂。饲用硫酸铵可防止产乳热，但适口性较差，饲喂过量会造成牛拒食。

饲喂非蛋白氮的注意事项：饲喂非蛋白氮时，日粮中要有一定量的可溶性糖类，粗纤维的含量不宜过高，天然蛋白质的含量10%～12%。非蛋白氮含量1%以内，否则会使非蛋白氮分解速度过快造成牛中毒。中毒时用2%～5%的乙酸灌服。与大豆饼（粕）等蛋白质含量高的饲料混用时，要加入脲酶抑制剂。补饲非蛋白氮添加剂，在30min以内不得饮水，更不能将非蛋白氮直接溶解在水中供应，以免直接进入真胃而造成中毒。尿素喂量可占日粮蛋白质总量的30%，应将尿素混入精饲料中，要注意同时补充硫，使氮硫比达到15∶1。注意补充维生素A，并在日粮中添加0.5%～1%的食盐；调喂量由少到多，一般需5～10d预饲期，逐步达到规定量。

2. 非营养性添加剂 非营养性添加剂主要包括保健剂与生长促进剂、瘤胃调节剂、饲料存贮添加剂等。非营养性添加剂对牛没有营养作用，但可减少饲料贮藏期间损失、提高粗饲料的品质、防治疫病、促进消化吸收等，促进牛的生长，提高饲料转化率，降低饲料成本。

（1）保健剂与生长促进剂。这类添加剂的作用是动物保健与促进动物生长，改善饲料利用率，提高生产性能。保健剂有抗生素、抗菌药物等，生长促进剂有微生物制剂、酶制剂、催肥剂等。

①抗生素。抗生素可显著促进犊牛的生长发育，对6月龄以内的犊牛效果较好。抗生素种类繁多，适合牛的抗生素添加剂主要有以下几种：

杆菌肽锌：主要对革兰氏阳性菌及耐青霉素的葡萄球菌有抗菌作用。具有促进生长、提高饲料转化率及防止细菌性疾病和慢性呼吸道疾病的功能。3月龄以内犊牛饲料中添加10～100g/t，3～6月龄添加4～10g/t，对生长期肉牛添加量为每天每头35～70mg。

盐霉素：又名沙利霉素钠盐，为淡黄色粉末，有特殊臭味。可较好地促进牛生长，有效地提高饲料转化率。育肥肉牛用量为15～25g/t。

莫能菌素：又称瘤胃素，可影响瘤胃内的能量代谢，改善瘤胃发酵，降低挥发性脂肪酸量，减少甲烷产生，提高蛋白质、粗蛋白质的利用率。莫能菌素的用量为每千克日粮添加30mg，或每千克精料补充料添加40～60mg，或每日每头添加50～200mg。放牧牛及以粗饲料为主的舍饲牛，每头每日添加150～200mg莫能菌素，日增重比对照牛提高13.5%～15%，放牧犊牛日增重提高23%～45%，高精料强度育肥舍饲牛日增重比对照牛提高1.6%，每千克增重减少饲料消耗7.5%，每千克日粮干物质添加30mg莫能菌素，饲料转化率提高约10%。

②抗菌药物添加剂喹乙醇。喹乙醇为合成抗菌剂。对革兰氏阳性菌、阴性菌都有作用，特别是对大肠杆菌、沙门氏菌、志贺杆菌、变形杆菌等有强抑制作用。喹乙醇可促进机体氮沉积、促进生长、提高饲料转化率。喹乙醇摄入后24h以内排出体外，毒性低，残留少。日粮中用量为50～80mg/kg。

③微生物制剂。常用的微生物制剂主要有乳酸菌类、芽孢杆菌和活酵母菌。其中乳酸菌类主要应用的有嗜酸乳杆菌、双歧乳杆菌和粪链球菌。活酵母菌作为饲料添加剂主要应用酿酒酵母菌和石油酵母菌。犊牛开食料主要微生物是乳酸杆菌、大肠球菌和啤酒酵母菌等细菌，也可用米曲霉提取物。成年牛微生物制剂常用米曲霉和啤酒酵母菌，每天使用量为4～100g。

④酶制剂。饲用酶制剂主要应用于犊牛的人工乳、代乳料或开食料中，常用酶制剂有淀粉酶、蛋白酶和脂肪酶，可激活内源酶的分泌，提高和改善犊牛消化功能，增强抵抗力。成年牛的复合酶制剂主要有以β-葡聚糖酶为主的饲用复合酶（应用于以大麦、燕麦为主的饲料），以纤维素酶和果胶酶为主的饲用复合酶（以秸秆为主的饲料），以纤维素酶、蛋白酶、淀粉酶、糖化酶、葡聚糖酶、果胶酶为主的饲用复合酶。

（2）瘤胃调节剂。

①脲酶抑制剂。脲酶抑制剂能特异性地抑制脲酶活性，减缓尿素水解速度，提高瘤胃微生物对氨氮的利用率，增加蛋白质合成量，提高牛的生产力。常用脲酶抑制剂有磷酸钠、四硼酸钠、乙酰氧肟酸等，与尿素一起均匀混入精料补充料中使用。

②缓冲剂。缓冲剂能调节瘤胃pH，使瘤胃维持恒定的pH，有利于瘤胃内有益微生物繁殖及菌体蛋白质合成。给牛饲喂大量精饲料和糟类饲料易造成瘤胃产酸过多，pH降低，正常微生物区系受到破坏，严重的甚至引起酸中毒。在精饲料中添加一定量的缓冲剂可减少或避免这种现象的发生。牛常用缓冲剂有碳酸氢钠、氧化镁、碳酸氢钠-氧化镁复合缓冲剂、碳酸氢钠-磷酸二氢钾复合缓冲剂等，碳酸氢钠用量为精料混合料的1%～1.5%；氧化镁用量为精料混合料的0.75%～1%，或者占整个日粮干物质的0.3%～0.5%。实际生产中，碳酸氢钠和氧化镁以（2～3）：1为宜。

（3）饲料存贮添加剂。常用饲料存贮添加剂有抗氧化剂、防霉剂、饲料风味剂。

（4）抗热应激添加剂。高温环境中牛皮肤水分蒸发量、饮水量和排尿量增加，钾的损失显著高于钠，应提高日粮中钾的水平。牛日粮氯化钾添加量为180g，分3次饲喂。牛日粮中添加300g乙酸钠可在一定程度上缓解外界高温对产乳性能的抑制作用，产乳量及乳脂总分泌量明显增加。氧化镁占日粮干物质的0.75%。

热应激情况下，日粮中添加某些复合酶制剂、莫能菌素、酵母培养物等效果均较好。日粮中添加酵母菌培养物能提高乳产量及乳成分含量、增强牛的体质、减少肠道疾病的发生，有助于母牛产后体况恢复，提高母牛繁殖性能。

二、牛饲料的加工

（一）青干草加工

1. 青饲料干制保存的原理 饲料水分含量高，细菌和霉菌容易生长繁殖使青饲料霉烂腐败，在自然或人工条件下，使青饲料迅速脱水干燥，水分含量为14%～17%时所有细菌、霉菌均不能生长繁殖，从而达到长期保存的目的。

2. 干草的调制方法

（1）自然晒制干草。在自然条件下晒制干草，营养损失较大，干物质损失占鲜草的20%以上，热能损失40%，蛋白质损失约30%。

①地面晒制干草。地面晒制干草是最原始和普通的方法。青饲料刈割后，就地铺摊在地面暴晒、翻动，水分降至50%时，把半干的青草堆成小草堆风干，直到干燥为止，然后打捆保存。

②架上晒制干草。在连阴多雨地区和季节，不宜地面晒制，应使用草架晒制。架上晾晒的青草要堆放成圆锥形，堆垛宜蓬松，厚度不超过80cm，离地面20～30cm，堆中应留空气流通通道，外层要平整，保持一定倾斜度，以便排水。

架上晒制法多用于阴雨环境，比地面晒制减少营养损失5%～10%。

（2）人工调制干草。人工快速干燥形式多样，营养物质损失较小，为5%～10%。

①常温通风干燥。常温通风干燥是利用高速风力将半干青草所含水分迅速风干，是晒制干草的补充过程。

先将青草在自然条件下风干至含水量35%～40%，然后在草库内完成通风干燥过程。常温通风干燥的干草比地面晒制干草含叶绿素、胡萝卜素的比例高。

②低温烘干法。将空气加热到50～70℃，5～6h可将青草烘干。

③高温快速干燥法。利用高温气流，可在数分钟甚至数秒内将切碎至2～3cm长的青草含水量降至10%～12%，合理条件下高温快速干燥，如为120～150℃则需5～30min完成干燥，青草中养分损失仅5%～10%。

3. 干草的贮藏

（1）干草贮藏的方式。合理贮藏干草是调制干草的一个重要环节，贮藏不当时营养物质严重损失，甚至草堆漏水霉烂、发热、起火。干草贮藏常见方式如下：

①草棚堆藏。气候潮湿，干草用量不大时，为取用方便，宜建造简易的棚舍贮藏干草，这种棚舍只需建防雨雪顶棚和防潮底垫。存放干草时，棚顶与干草保持一定距离，以便通风散热。

②露天堆垛。干草体积大，占地面积大，通常以草垛的形式露天堆放。

（2）干草贮藏过程中的变化。干草贮藏时，一般要求干草含水量为14%～17%才可以上垛或打捆，干燥地区可以在含水量为17%的限度内贮存，空气潮湿地区含水量不能超过14%。由于种种原因，干草上垛贮存时含水量往往在20%～30%，这些多余水分将留在上垛以后逐渐干燥，垛上干草中的化学变化也就不能完全停止。微生物与植物本身的酶还会继续作用。

4. 干草品质鉴定　干草品质直接决定家畜的自由采食量和营养价值，干草的植物学组成、颜色、气味、含叶量等外观与适口性及营养价值存在密切联系，在生产应用中，通常根据干草的外观特征评定其饲用价值。

（1）植物学组成分析。按植物学组成分为豆科、禾本科、其他可食草、不可食草和有毒植物五类。干草中豆科草所占比例大的属于成分优良；禾本科草和其他可食草比例大的属成分中等；含不可食草多的属劣等干草；有毒有害植物含量过多则不宜饲喂利用。

（2）干草的颜色及气味。干草的颜色和气味是干草调制好坏的最明显标志。胡萝卜素是鲜草各类营养物质中最难保存的一种成分。干草的绿色程度越好，则胡萝卜素和其他成分的损失越小。按干草颜色分为四类：

①鲜绿色。表示青草刈割适时，调制过程未遭雨淋和阳光强烈暴晒，贮藏过程未遇高温发酵，较好地保存了青草中的养分，属优等干草。

②淡绿色（或灰绿色）。表示干草的晒制与贮藏基本合理，未受到雨淋发霉，营养物质无严重损失，属良好干草。

③黄褐色。表示青草收割过晚，晒制过程中遭受雨淋，贮藏期内曾经过高温发酵，营养成分损失严重，但仍有饲用价值，属次等干草。

④暗褐色。表示干草的调制与保藏不合理，已发霉变质，不宜再做饲料。

干草的芳香气味是在干草贮藏过程中产生的，田间刚晒制或人工干燥的干草并无香味，经过堆垛发酵后才产生香味，可作为干草合理保藏的标志。

（3）干草的含叶量。干草的含叶量多少是干草营养价值的指标，叶片中蛋白质、矿物质、维生素等含量远高于茎秆，消化率较高。叶片含量越高，干草品质越好。

（4）干草的含水量。干草的含水量高低是决定干草能否长期保存不变质的重要标志，按含水量高低，干草可分为四类（表2-2）。

表2-2　干草的含水量分级

干湿状况	含水量（%）	干草等级
干燥	<15	优等
中等干燥	15～17	良好
潮	17～20	次等
湿	>20	较差

（5）干草分级。根据以上各项指标及几项营养指标，对干草分级，分级标准见表2-3。

表2-3　干草分级标准

干草组成		人工豆科干草			人工禾本科干草			天然刈割草场			豆科禾本科混播		
		1级	2级	3级	1级	2级	3级	1级	2级	3级	1级	2级	3级
豆科草（%）	≥	90	75	60	—	—	—	—	—	—	50	35	20
禾本科和豆科草（%）	≥	—	—	—	90	75	60	80	60	40	—	—	—
有毒有害物质（%）	<	—	—	—	—	—	—	0.5	1.0	1.0	—	—	—

（续）

干草组成		干草特性和标准										
		人工豆科干草			人工禾本科干草			天然刈割草场			豆科禾本科混播		
		1级	2级	3级	1级	2级	3级	1级	2级	3级	1级	2级	3级
胡萝卜素（mg/kg）	≥	30	20	15	20	15	10	20	15	10	25	20	15
矿物质（%）	>	0.3	0.5	1.0	0.3	0.5	1.4	0.3	0.5	1.0	0.3	0.5	1.0
水分（%）	≤	17	17	17	17	17	17	17	17	17	17	17	17

5. 干草饲用技术　青干草是草食动物最基本、最主要的饲料。生产实践中，干草用以调节青饲料供给的季节性淡旺，缓冲枯草季节青饲料的不足。干草是较好的粗饲料，养分含量较平衡，蛋白质品质完善，胡萝卜素及钙含量丰富，将干草与青饲料或青贮饲料混合使用，可促进动物采食、增加维生素D的供应。将青干草与多汁饲料混合喂奶牛，可增加干物质和粗纤维采食量、提高产乳量和乳脂率。

（二）粗饲料加工

我国每年均会产生大量的粗饲料，特别是农作物的秸秆。这类饲料能被动物利用，但由于其木质素和粗纤维含量高，营养价值很低，合理的加工处理可提高饲喂效果。

1. 物理处理

（1）机械处理。机械处理如铡切、揉碎和粉碎，这是粗饲料加工最简便而常用的方法，通过加工处理后，便于动物咀嚼，减少能耗，提高采食量，并减少秸秆浪费。但对粗饲料消化率没有明显的提高作用，若粉碎过细，还会降低消化率。试验表明，切短和粉碎的饲料可增加采食量，但缩短了饲料在瘤胃里停留的时间，会引起粗纤维消化率下降，瘤胃内挥发性脂肪酸生成速度和丙酸比例有所增加，引起反刍减少，导致瘤胃内pH下降。

①铡碎。利用铡草机将粗饲料切短成1～2cm长，稻草较柔软，可稍长些，玉米秸较粗硬且有结节，以1cm长为宜。玉米秸青贮时应使用铡草机切碎，以便于踩实。

②粉碎。粗饲料粉碎可提高饲料利用率和便于混拌精饲料。粉碎的细度不应太细，以便反刍。粉碎机筛底孔径以8～10mm为宜。

③揉碎。揉碎是为适应反刍家畜对粗饲料利用的特点，将秸秆饲料揉搓成丝条状，尤其适于玉米秸的揉碎，秸秆揉碎不仅可提高适口性，也提高了饲料利用率，是秸秆饲料较理想的加工方法。

（2）盐化。盐化是指将铡碎或粉碎的秸秆饲料用1%的食盐水与等量的秸秆充分搅拌后，放入容器内或在水泥地面上堆放，用塑料薄膜覆盖，放置12～24h，使其自然软化，可明显提高适口性和采食量，效果良好。

（3）其他处理。如成型加工、辐射处理等。通过特定的加工机械将粗饲料压制成颗粒状或小块状，可提高粗饲料密度，有利于粗饲料特别是秸秆类饲料的贮存和运输，并改善适口性和可消化性，减少饲喂过程中的浪费。通过辐照处理（如γ射线）可增加粗饲料中的水溶性成分，提高粗饲料消化率。

2. 化学处理　机械处理只能改变粗饲料的物质性状，而不能提高粗饲料的营养成分含量，化学处理可提高粗饲料营养成分含量，常用且有效的方法是碱化处理、氨化处理、氨碱复合处理，它们都能显著提高秸秆饲料的采食量和消化率。

（1）碱化处理。碱类物质能使饲料纤维内部的氢键结合变弱，使纤维素分子膨胀和细胞壁中纤维素与木质素间的联系削弱；溶解半纤维素，有利于牛对饲料的消化，提高粗饲料的消化率。主要有氢氧化钠处理和石灰水处理两种。氢氧化钠处理效果较好，成本相对较高，且环境污染的风险较大；石灰水处理的成本较低，环境污染的风险较小，但处理效果比氢氧化钠处理要差。

①氢氧化钠处理。"湿法处理"是将秸秆放在盛有1.5％氢氧化钠溶液池内浸泡24h，然后用水反复冲洗，晾干后喂反刍家畜，有机物消化率可提高25％，此法用水量大，许多有机物被冲掉，且污染环境。"干法处理"是用占秸秆质量4％～5％的氢氧化钠配制成30％～40％溶液，喷洒在粉碎的秸秆上，堆积数日，不经冲洗直接喂用，可提高有机物消化率12％～20％。这种方法虽较"湿法"有较多改进，但牲畜采食后粪便中含有相当数量的钠离子，对土壤和环境也有一定的污染。

②石灰水处理。生石灰（氧化钙）加水后生成的氢氧化钙是一种弱碱，经充分熟化和沉淀后，用上层的澄清液（即石灰乳）处理秸秆。具体方法是：每100kg秸秆需3kg生石灰，加水200～250kg，将石灰乳均匀喷洒在粉碎的秸秆上，堆放在水泥地面上，经1～2d后即可直接饲喂牲畜。这种方法成本低，生石灰来源广泛，方法简便，效果明显。

（2）钙化处理。用1％氧化钙或3％氢氧化钙的石灰乳浸泡切短的秸秆。每100kg石灰乳可浸泡8～10kg秸秆，经12～24h后捞出秸秆可直接饲喂，钙化后秸秆的消化率明显提高。

（3）氨化处理。秸秆经氨化处理后，粗蛋白质含量可提高100％～150％，纤维素含量降低10％，有机物消化率提高20％以上，氨化秸秆是反刍家畜良好的粗饲料。氨化秸秆的质量受秸秆本身的质地优劣、氨源的种类及氨化方法诸多因素所影响。氨源的种类很多，国外多利用液氨，需有专用设备，进行工厂化加工或流动服务，我国农村多利用尿素、碳酸氢铵做氨源。

①原料。麦秸或玉米秸，新鲜秸秆更佳，堆垛原料未霉变也可使用，要求原料干燥，含水量10％以下，切短至2～3cm长，将秸秆铺开碾破更有利于提高氨化质量。

②氨源。以尿素为宜，质量可靠，且氨味淡，操作安全。配制尿素水溶液，尿素配量以秸秆质量的3％～4％为宜，加水量占秸秆质量的40％，将称量好的尿素先倒入热水中溶解，然后再加所需水量。

③秸秆装窖。将秸秆切成2～3cm长的小段，分层填装入窖，每层厚20～30cm，并按比例均匀喷洒尿素溶液，逐层压实，并装至高出窖面50cm。

④封窖。用双层0.8mm的塑料薄膜封严四周，防止漏气、透风。

⑤氨化时间和温度。氨化饲料以秋季8—10月、春季4—6月为宜，8—9月最好。要选择晴朗、高温天气进行。需时间的长短取决于环境温度，通常夏季1～2周、夏秋季节2～3周、冬春季节4～8周。外界气温与秸秆氨化时间的关系见表2-4。

⑥氨化秸秆质量认定。氨化秸秆在饲喂之前应进行品质鉴定，一般来说，氨化的玉米秸为褐色，质地柔软蓬松，用手紧握无明显的扎手感，既有青贮的酸香味，又有刺鼻的氨味。若发现氨化秸秆大部分已发霉，则不能用于饲喂家畜。

表 2 - 4　外界气温与秸秆氨化时间的关系

温度（℃）	氨化所需天数（d）
<5	>56
5~10	28~56
10~20	14~28
20~30	7~14
>30	5~7

　　⑦氨化秸秆的饲喂。窖开封后，经品质检验合格的氨化秸秆，按需按量从氨化窖中取出，放置在阴凉的通风处晾晒 10~20h，挥发掉余氨，至没有刺激的氨味即可饲喂。放氨时，为避免释放的氨气刺激人畜呼吸道和影响牛食欲，应将刚取出的氨化秸秆放置在远离牛舍和住所的地方。将氨化秸秆于饲喂前 2~3d 取出放氨，其余的再密封起来，以防放氨后含水量仍较高的氨化秸秆发霉变质。

　　氨化秸秆只适用于饲喂成年牛，犊牛瘤胃发育不完善不宜饲喂。初喂时可以 30% 氨化秸秆与干草混合饲喂，以后逐渐增加用量。氨化秸秆的饲喂量一般可占牛日粮的 70%~80%，牛饲喂氨化秸秆 0.5~1h 后方可饮水。饥饿的牛不宜大量饲喂，也可适当搭配含糖量较高的饲料，并配合一定量的矿物质和青贮饲料饲喂，以便充分发挥氨化秸秆的作用，提高利用率。

　　氨化秸秆饲喂过程中出现中毒现象可喂食醋 500g 解毒。

　　（4）氨碱复合处理。为了既能提高秸秆营养成分含量，又能提高饲料的消化率，把氨化与碱化二者的优点结合利用，秸秆氨化后再进行碱化。如稻草氨化处理的消化率仅 55%，而复合处理后则达到 71.2%。复合处理成本较高，但能够充分发挥秸秆的经济效益和生产潜力。

　　3. 生物学处理　生物学方法是通过微生物和酶的作用，使饲料粗纤维部分降解，产生菌体蛋白，以改善适口性、消化率和营养成分含量，生产实践中主要采用青贮、酶解和微生物处理三种方法。这些方法对粗纤维分解作用不大，主要起到水浸、软化的作用，并能产生一些糖、有机酸，可提高适口性。但发酵时产生热能，使饲料中的能量损失。

　　（1）青贮。利用乳酸菌发酵产生酸性条件，抑制或杀死各种有害微生物，从而起到保存青绿饲料和青绿秸秆的方法。含糖分较高的青绿饲料和玉米秸容易青贮成功，但低质的稻草、麦秸等秸秆类饲料则难以青贮。

　　（2）酶解处理。是将纤维素、半纤维素分解酶溶于水中，再喷洒于秸秆上，以提高其消化率的方法，但因处理成本较高，目前难以在生产中应用。

　　（3）微生物处理。是通过有益微生物的发酵作用，降解低质粗饲料中的木质纤维，软化秸秆，改善适口性，从而提高其消化率的方法。秸秆微贮就是微生物处理技术之一。

三、青贮饲料制作与品质评定

　　青贮饲料是指以天然新鲜青绿植物性饲料为原料，在厌氧条件下，经过以乳酸菌为主的微生物发酵后调制成的有特殊芳香气味、营养丰富的多汁饲料。

（一）青贮饲料特点

1. 优点

（1）能够保存青绿饲料的营养成分。制作青贮饲料比晒制干草养分损失少，一般不超过10%，特别是水分含量在70%以下时，其蛋白质、维生素和胡萝卜素损失很少，而晒制干草时干物质连同叶子损失可达20%～30%或更多。

（2）适口性好、消化率高。饲料经过发酵产生乳酸，动物易消化，有酸香气味，柔软多汁，能刺激家畜的食欲、增加消化液的分泌和肠道蠕动，提高消化率和采食量，用同类青草制成的青贮饲料和干草相比，青贮饲料的消化率有所提高（表2-5）。

表2-5 青贮料与干草消化率比较（%）

种类	干物质	粗蛋白质	脂肪	无氮浸出物	粗纤维
干草	65	62	53	71	65
青贮饲料	69	63	68	75	72

（3）体积小，易于贮存，可以消灭害虫及杂草，不受风吹、雨淋、日晒影响，可节约存放场地。

（4）调制方法简单，可常年供应，扩大饲料资源，青贮所需设备少，成本低，限制条件少，可把夏秋季节多余的青绿饲料保存起来供冬春季节利用，有利于营养物质常年均衡供应，适口性差的饲料也可青贮。

2. 缺点

（1）青贮饲料一次性投资较大，如青贮壕（沟）或青贮窖以及青贮切碎设备等。

（2）青贮饲料制作方法不当，如水分过高、密封不严、踩压不实等，可能导致饲料腐烂、发霉和变质，损失饲料原料。

（3）青贮饲料饲喂不当或过量可引起某些消化代谢障碍，如酸中毒、乳脂率降低等，也可导致妊娠母牛流产。

（二）青贮饲料制作

1. 青贮饲料的调制条件

（1）创造厌氧环境，为乳酸菌提供生长繁殖的条件。

①原料切短。细茎植物（禾本科、豆科牧草、甘薯藤、幼嫩玉米苗等）切成3～4cm长即可；粗茎植物或粗硬的植物如玉米、向日葵等切成2～3cm长较为适宜；叶菜类和幼嫩植物也可不切短。

②装实压紧。逐层填装压实，排出空气，缩短暴露时间，减少细胞呼吸作用造成的损失，可避免好氧菌大量繁殖。

玉米青贮饲料制作

③密封良好。装填完毕立即覆盖，先在上面盖20～30cm厚的切短秸秆或软草，铺塑料薄膜，再用土覆盖压实，厚10～30cm，并做成屋脊形，便于排水。

（2）原料适宜的含糖量。乳酸菌要产生足够数量的乳酸必须有足够数量的可溶性糖分。若原料中可溶性糖分很少，即使其他条件都具备，也不能制成优质青贮饲料。青贮原料中的蛋白质及碱性元素会中和一部分乳酸，只有当青贮原料中 pH 为 4.2 时才可抑制微生物活动。因此乳酸菌形成乳酸，使 pH 达 4.2 时所需要的原料含糖量称为最低需要含糖量。原料中实际含糖量大于最低需要含糖量，即为正青贮糖差；相反，原料实际含糖量小于最低需要含糖量，即为负青贮糖差。凡是青贮原料为正青贮糖差就容易青贮，且正数越大越易青贮；凡是原料为负青贮糖差就难于青贮，且差值越大越不易青贮。

（3）适宜含水量。青贮饲料含水量为 50％～75％即可，含水量为 65％～75％时最适宜于乳酸菌繁殖。水分过低，青贮时难以踩紧压实，窖内留有较多空气，造成好氧菌大量繁殖，使饲料发霉腐败。水分过多时易压实结块，利于丁酸菌的活动，影响青贮饲料品质。同时植物细胞液汁被挤后流失，使养分损失（表 2-6）。

表 2-6　青贮原料含水量与排汁量、干物质损失的关系

（王成章等，2003. 饲料学）

原料含水量（％）	干物质含量（％）	每 100kg 青贮原料中		排汁中干物质损失（％）
		排汁量（kg）	排汁中干物质含量（kg）	
84.5	15.5	21.0	1.05	6.7
82.5	17.5	13.0	0.65	3.7
80.0	20.0	6.0	0.30	1.5
78.0	22.0	4.0	0.20	0.9
75.0	25.0	1.0	0.05	0.2
70.0	30.0	0	0	0

（4）适宜温度。青贮饲料以 30℃为宜，超过 38℃时青贮饲料变质。

2. 青贮饲料制作步骤

（1）收割。原料应适时收割，优质青贮原料是调制优良青贮饲料的物质基础。整株玉米青贮应在蜡熟期收割，即在干物质含量为 25％～35％时收割最好。收果穗后的玉米秸青贮宜在玉米果穗成熟、玉米茎叶仅有下部 1～2 片叶枯黄时收割。豆科牧草宜在现蕾期至开花初期收割，禾本科牧草在孕穗至抽穗期收割，甘薯藤、马铃薯茎叶在收薯前 1～2d 或霜前收割。

（2）切短。青贮原料切碎并调节水分含量。

（3）装窖。逐层装入，每层装 15～20cm 厚，边装边压实，特别是窖的四周及四角处要压实。

（4）封窖。严密覆盖窖口，防止漏水漏气，窖顶呈馒头或屋脊状。

图 2-1　青贮饲料制作

青贮饲料制作见图 2-1。

（三）青贮饲料的质量及利用

青贮饲料的品质好坏与青贮原料种类、刈割时期以及调制方法是否正确密切相关。用优良的青贮饲料饲喂牛可以获得良好的饲养效果。青贮饲料在取用之前需先进行感官鉴定，必要时再进行化学分析鉴定，以保证使用良好的青贮饲料饲喂牛。

1. 青贮饲料的品质鉴定 青贮饲料品质的优劣与青贮原料种类、刈割时期以及青贮技术等密切相关。正确青贮，一般经 17~21d 的乳酸菌发酵即可开窖取用。通过品质鉴定，可以检查青贮技术是否正确，判断青贮饲料营养价值的高低。

青贮饲料的
品质鉴定

（1）感官评定。开启青贮容器时，从青贮饲料的色泽、气味和质地等方面进行感官评定，见表 2-7。

表 2-7 青贮饲料的品质评定

等级	色泽	气味	结构质地
上等	绿色或黄绿色	芳香酒酸味	茎叶明显，结构良好
中等	黄褐或暗绿色	有刺鼻酸味	茎叶部分保持原状
劣等	黑色	腐臭味或霉味	腐烂，污泥状

①色泽。优质的青贮饲料非常接近于作物原先的颜色。若青贮前作物为绿色，青贮后仍为绿色或黄绿色最佳。青贮容器内原料发酵的温度是影响青贮饲料色泽的主要因素，温度越低，青贮饲料就越接近于原先的颜色。对于禾本科牧草，温度高于 30℃，颜色变成深黄；当温度为 45~60℃，颜色近于棕色；超过 60℃，由于糖分焦化近乎黑色。一般来说，上等的青贮饲料颜色呈黄绿色或青绿色，中等的为黄褐色或暗绿色，劣等的为褐色或黑色。

②气味。品质优良的青贮饲料具有轻微的酸味和水果香味。若有刺鼻的酸味，则乙酸较多，品质较次。腐烂腐败并有臭味的则为劣等，不宜喂家畜。总之，芳香而喜闻者为上等，而刺鼻者为中等，臭而难闻者为劣等。

③质地。植物的茎叶等结构应当能清晰辨认，结构破坏及呈黏滑状态是青贮腐败的标志，黏度越大表示腐败程度越高。优良的青贮饲料在窖内压得非常紧实，但拿起时松散柔软，略湿润，不黏手，茎叶花保持原状，容易分离。中等青贮饲料茎叶部分保持原状，柔软，水分稍多。劣等的结成一团，腐烂发黏，分不清原有结构。

（2）化学分析鉴定。用化学分析测定可以判断发酵情况，包括 pH、氨态氮和有机酸（乙酸、丙酸、丁酸、乳酸的总量和构成）。

①pH。pH 是衡量青贮饲料品质好坏的重要指标之一。实验室测定 pH 可用精密雷磁酸度计，生产现场可用精密石蕊试纸测定。优良上等青贮饲料 pH<4.2，pH>4.2（低水分青贮除外）说明青贮发酵过程中腐败菌、丁酸菌等活动较为强烈。劣等青贮饲料 pH 为 5.5~6.0，中等青贮饲料的 pH 介于上等与劣等之间。

②氨态氮。氨态氮与总氮的比值是反映青贮饲料中蛋白质及氨基酸分解的程度，比值越大说明蛋白质分解越多，青贮质量不佳。

③有机酸含量。有机酸总量及其构成可以反映青贮发酵过程的好坏，其中最重要的是乳酸、乙酸和丁酸，乳酸所占比例越大越好。优良的青贮饲料含有较多的乳酸和少量乙酸，而不含丁酸。品质差的青贮饲料丁酸含量多而乳酸含量少。不同等级青贮饲料中各种酸含量见表 2-8。

表 2 - 8　不同等级青贮饲料中各种酸含量

等级	pH	乳酸（%）	乙酸（%）		丁酸（%）	
			游离	结合	游离	结合
上等	4.0～4.2	1.2～1.5	0.7～0.8	0.1～0.15	—	—
中等	4.6～4.8	0.5～0.6	0.4～0.5	0.2～0.3	—	0.1～0.2
劣等	5.5～6.0	0.1～0.2	0.1～0.15	0.05～0.1	0.2～0.3	0.8～1.0

2. 青贮饲料的利用

（1）取用方法。青贮过程进入稳定阶段，一般糖分含量较高的玉米秸秆等经过一个月即可发酵成熟，可开窖取用。或待冬春季节饲喂家畜。

开窖取用时，如发现表层呈黑褐色并有腐败臭味，应把表层弃掉。对于直径较小的圆形窖，应由上到下逐层取用，保持表面平整。对于长方形窖，自一端开始分段取用，不要挖窝掏取，取后最好覆盖，以尽量减少与空气的接触面。每次根据用量取用，不能一次取大量青贮饲料堆放在牛舍慢慢饲用，要用新鲜青贮饲料。青贮饲料只有在厌氧条件下才能保持良好品质，如果将其堆放在牛舍里和空气接触，其就会很快感染霉菌和杂菌，迅速变质。尤其是夏季，正是各种细菌繁殖最旺盛的时期，青贮饲料也最易霉坏。

（2）饲喂技术。青贮饲料可以作为草食家畜牛羊的主要粗饲料，一般约占饲粮干物质的50%。刚开始喂时牛不喜食，喂量应由少到多，牛逐渐适应后即可习惯采食。喂青贮饲料后，仍需喂精饲料和干草。训练方法是，先空腹饲喂青贮饲料，再饲喂其他草料；先将青贮饲料拌入精饲料中喂，再喂其他草料；先少喂后逐渐增加；或将青贮饲料与其他饲料拌在一起饲喂。由于青贮饲料含有大量有机酸，具有轻泻作用，因此母牛妊娠后期不宜多喂，产前15d停喂。劣质的青贮饲料有害牛体健康，易造成流产，不能饲喂。冰冻的青贮饲料也易引起母牛流产，应待冰融化后再喂。

6月龄以上的牛可采食为成年家畜制备的一般青贮饲料。不足6月龄的牛须制备专用青贮饲料。这种专用青贮饲料的原料可由幼嫩而又富含维生素和可消化蛋白质的植物组成。例如孕蕾期的豆科牧草和抽穗期的禾本科牧草占青贮原料的90%，乳熟-蜡熟期玉米和煮熟的马铃薯及块根类约占原料的10%。犊牛日粮中加入这种犊牛专用青贮饲料，能使精饲料的消耗减少1/2，还可确保犊牛体重日增800～1 000g，并能促进胃肠道的发育，对培育适应采食大容积饲料的成年奶牛具有重要作用。

犊牛可从生后第1个月末开始饲喂专用青贮饲料，每日每头犊牛喂量为100～200g，并逐步增至5～6月龄的8～15kg。每头犊牛在整个冬季需要制备600～700kg专用青贮饲料。

一般奶牛日饲喂量为每千克体重80g，生产中常按15～20kg的量饲喂，最大量可达60kg，妊娠最后1个月的母牛不应超过10～12kg，临产前10～12d停喂，产后10～15d在日粮中重新加入青贮饲料。役牛和肉牛日饲喂量为每千克体重100～120g。

任务测试

1. 牛常用饲料有哪些？

2. 牛饲料如何加工？

3. 青贮饲料如何制作？

任务三　牛的日粮配制

■ 任务导入

甘肃平凉有大量肉牛养殖场和专业养殖户，但各场所用饲料配方相差较大，配合饲料来源不同，饲养效果差异显著。试分析怎样的日粮饲喂效果较好，如何进行饲粮配制？

■ 任务实施

一、常用术语

1. 日粮　一头动物一昼夜采食的各种饲料总量。

2. 配合饲料　以动物的不同生长阶段、不同生理要求、不同生产用途的营养需要以及以饲料营养价值评定的实验和研究为基础，按科学配方把不同来源的饲料依一定比例均匀混合，并按规定的工艺流程生产，以满足各种实际需求的饲料。配合饲料分为全价配合饲料、混合饲料、浓缩饲料、精料补充料、预混料等。

3. 日粮配合　按照饲养标准设计牛每日所需各种饲料给量的方法和步骤。

4. 饲料配方　根据动物的营养需要、饲料的营养价值、原料的供应情况和成本等条件科学地确定各种原料的配合比例，这种饲料的配比称为饲料配方。

5. 全价配合饲料　又称全日粮配合饲料。该饲料中的能量和各种营养成分均衡全面，能够完全满足畜禽生长、繁殖和生产需要，除水以外，不再需要添加任何物质，可以直接饲喂。全价配合饲料有许多优点，如营养全面、可以促进畜禽生长发育和预防疾病、饲养周期缩短、生产成本降低、效益高等。

6. 浓缩饲料　又称蛋白质平衡饲料或平衡用混合饲料。是指以蛋白质饲料为主，加上一定比例的矿物质饲料和添加剂预混料配制而成的混合饲料，一般含蛋白质 30%～50%。

浓缩饲料可用来补充或平衡饲料中蛋白质以及矿物质和其他微量成分的不足，是配合饲料工业的中间产品，不能直接饲喂，但与一定比例的能量饲料混合即可制成全价配合饲料。

7. 基础混合饲料　又称为基础日粮或初级配合饲料。它是由能量饲料、蛋白质饲料和矿物质饲料按一定配方组成。能够满足畜禽对能量、蛋白质、钙、磷、食盐等营养物质的需要。如再搭配一定的青、粗饲料或添加剂，即可满足畜禽对维生素、微量矿物元素的需要。

二、日粮配制的原则

牛日粮配制应符合科学性、营养性、安全性、合法性、经济性、市场性、逐级预混的原则。

1. 科学性原则　饲养标准是对牛实行科学饲养的依据，科学合理的饲料配方必须根据饲养标准设计，实践中可根据饲养牛的生长或生产性能等情况做适当的调整。设计饲料配方应熟悉所在地区的饲料资源现状，根据当地饲料资源的品种、数量以及各种饲料的理化特性和饲用价值，尽量做到全年比较均衡地使用各种饲料原料。

2. 营养性原则

（1）满足营养需求。牛日粮的配制要符合饲养标准，并充分考虑实际生产水平，平衡各种营养物质之间的关系，调整各种饲料之间的配比关系。按不同体重及生理阶段的营养需要，喂量不应过剩。

（2）精粗比例适当。牛日粮中的精粗饲料比例根据粗饲料的品质和牛生理阶段、生产目的不同而有所区别。应确保中性洗涤纤维占日粮干物质的28％，其中粗饲料的中性洗涤纤维占日粮干物质的21％以上，酸性洗涤纤维占日粮的18％以上。

（3）适口性和饱腹感。肉牛日粮配制时必须注意日粮的品质和适口性，确保肉牛的采食量，忌用有刺激性异味、霉变或含有其他有害物质的原料配制饲料。同时兼顾牛是否能够有饱腹感，满足牛最大干物质采食量的需要。

影响饲料适口性的因素：

①饲料本身的原因。如高粱含有单宁，喂量过多会影响采食量，以占日粮的5％～10％为宜。

②加工因素。压制成颗粒料可提高适口性。

（4）原料品种多样化。肉牛日粮原料品种要多样化，不能过于单调，多种饲料搭配，便于营养物质的互补、平衡、全价，提高整个日粮的营养价值和利用率。饲料品种多样化还可改善饲料的适口性。应充分利用当地饲草资源，降低饲养成本。

（5）饲料组成保持稳定。日粮要保持相对稳定，避免日粮组成骤变，改变饲料时应逐步进行，有15d过渡期，以免发生应激，造成瘤胃微生物不适应，影响食欲和消化功能，降低生产性能，甚至导致消化道疾病。所用饲料要干净卫生，各类饲料应规定用量范围，以防止含有有害因子的饲料用量超标。

3. 安全性和合法性原则　饲料安全是保证畜禽产品安全的重要环节，牛日粮选用的原料品质必须符合国家有关法律、法规规定，不能选用发霉、失效、受污染和有毒有害的物质为原料，严禁使用违禁药品及添加剂，提高营养物质消化吸收和利用效率，保障牛的健康，减少对生态环境及人类健康的影响，不造成有害物质残留，应用生物技术开发绿色饲料及添加剂，掌握各种原料的添加剂量、最大安全量和中毒剂量等。

安全性评价包括"三致"，即致畸、致癌、致突变。

4. 经济性和市场性原则　牛日粮配制必须考虑其合理的经济效益。在满足各主要营养物质需要的前提条件下，尽量选用营养丰富、价格低廉、来源方便可靠的饲料进行配合，因地制宜，因时制宜，尽可能发挥当地饲料资源优势。

产品的目标是市场，产品质量符合国家标准。设计配方时必须明确产品的定位，明确产品的档次、客户范围、现在与未来市场对本产品可能的认可与接受前景等，注意同类竞争产品的特点。

5. 逐级预混原则　为提高微量养分在全价饲料中的均匀度，用量少于1％的原料均首先进行逐级稀释混合，保证混合均匀度。如预混料中的硒就必须先预混。否则混合不均匀就可能会造成牛生产性能不良，整齐度差，饲料转化率低，甚至造成牛死亡。

三、饲料配方设计的资料和步骤

1. 资料　设计饲料配方必须具备以下资料，才可设计计算。

（1）牛的品种、生理阶段及相应的营养需要量（饲养标准）。

（2）拥有的饲料原料种类、质量规格，所用饲料的营养物质含量（饲料成分及营养价值表）及其用量限制。

（3）饲料的价格与成本，在满足动物营养需要的前提下，应选择质优价廉的饲料以降低成本。

（4）饲喂方式、饲料的类型和预期采食量。全价饲料、浓缩饲料等饲料类型与其组成和养分的含量有关。

2. 步骤

（1）查饲养标准，确定牛的营养需要量。

（2）查饲料营养成分价值表，选择饲料原料。

（3）确定各种原料的大致用量，初拟一个饲料配方。

（4）计算各营养指标，并与饲养标准比较，修改。

（5）调整配方，确定各种原料的用量。

四、饲料配方的计算方法

饲粮配合主要是规划计算各种饲料原料的用量比例。设计配方时采用的计算方法分手工计算和计算机饲料配方设计系统两大类：①手工计算法，有交叉法、方程组法、试差法，可以借助计算器计算；②计算机饲料配方设计系统，主要是根据有关数学模型编制专门程序软件进行饲料配方的优化设计，涉及的数学模型主要包括线性规划、多目标规划、模糊规划、概率模型、灵敏度分析、多配方技术等。

1. 十字相乘法　又称交叉法、四角法、方形法、对角线法或图解法。在饲料种类不多及营养指标少的情况下，采用此法较为简便。在采用多种类饲料及复合营养指标的情况下，此法计算量过大。

（1）两种饲料配合。用玉米、豆粕为体重 300kg、日增 1.1kg 的生长育肥牛配制饲料。步骤如下：

第一步：查饲养标准或根据实际经验及质量要求制订营养需要量，300kg 生长育肥牛要求饲料的粗蛋白质一般水平为 11％。经取样分析或查饲料营养成分表，设玉米粗蛋白质含量为 8％，豆粕粗蛋白质含量为 45％。

第二步：作十字交叉图，把混合饲料所需要达到的粗蛋白质含量 11％放在交叉处，玉米和豆粕的粗蛋白质含量分别放在左上角和左下角；然后以左方上、下角为出发点，各向对角通过中心做交叉，大数减小数，所得的数分别记在右上角和右下角。

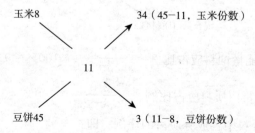

第三步：上面所计算的各差数，分别除以这两差数的和，就得两种饲料混合的百分比。

$$玉米应占比例 = \frac{34}{34+3} \times 100\% = 91.89\%$$

$$豆饼应占比例 = \frac{3}{34+3} \times 100\% = 8.11\%$$

检验：$8\% \times 91.89\% = 7.4\%$，$45\% \times 8.11\% = 3.6\%$，$7.4\% + 3.6\% = 11\%$。

因此 300kg 生长育肥牛混合饲料由 91.89% 玉米与 8.11% 豆饼组成。

用此法时，应注意两种饲料养分含量必须分别高于和低于所求的数值。

（2）两种以上饲料组分的配合。用玉米、高粱、小麦麸、豆粕、棉籽粕、菜籽粕和矿物质饲料（骨粉和食盐）为体重 300kg、日增 1.1kg 的生长育肥牛配制粗蛋白质含量为 11% 的混合饲料。则需先根据经验和养分含量把以上饲料分成比例已定好的三组饲料，即混合能量饲料、混合蛋白质饲料和矿物质饲料。把能量饲料和蛋白质饲料当作两种饲料做交叉配合。方法如下：

第一步：先明确用玉米、高粱、小麦麸、豆粕、棉籽粕、菜籽粕和矿物质饲料粗蛋白质含量，一般玉米 8.0%、高粱 8.5%、小麦麸 13.5%、豆粕 45.0%、棉籽粕 41.5%、菜籽粕 36.5% 和矿物质饲料（骨粉和食盐）0%。

第二步：将能量饲料和蛋白质饲料分别组合，按类分别算出能量和蛋白质饲料组粗蛋白质的平均含量。设能量饲料组由 60% 玉米、20% 高粱、20% 小麦麸组成，蛋白质饲料组由 70% 豆粕、20% 棉籽粕、10% 菜籽粕构成。则：

能量饲料组的蛋白质含量为：$60\% \times 8.0\% + 20\% \times 8.5\% + 20\% \times 13.5\% = 9.2\%$

蛋白质饲料组蛋白质含量为：$70\% \times 45.0\% + 20\% \times 41.5\% + 10\% \times 36.5\% = 43.5\%$

矿物质饲料一般占混合料的 2%，其成分为骨粉和食盐。按饲养标准食盐宜占混合料的 0.3%，则食盐在矿物质饲料中应占 15% [即（0.3/2）×100%]，骨粉则占 85%。

第三步：算出未加矿物质饲料前混合料中粗蛋白质的应有含量。

因为配好的混合料再掺入矿物质料相当于被稀释，其中粗蛋白质含量不足 11%。所以要先将矿物质饲料用量从总量中扣除，以便按 2% 添加后混合料的粗蛋白质含量仍为 11%。即未加矿物质饲料前混合料的总量为 $100\% - 2\% = 98\%$，那么未加矿物质饲料前混合料的粗蛋白质含量应为：$11/98 \times 100\% = 11.2\%$。

第四步：将混合能量饲料和混合蛋白质饲料当作两种料，做交叉。即：

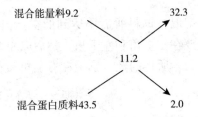

$$混合能量饲料应占比例 = \frac{32.3}{32.3+2.0} \times 100\% = 94.2\%$$

$$混合蛋白质料应占比例 = \frac{2.0}{32.3+2.0} \times 100\% = 5.8\%$$

第五步：计算出混合料中各成分应占的比例。即：

玉米应占 $60 \times 0.942 \times 0.98 = 55.4$，以此类推，高粱占 18.5、麦麸占 18.5、豆粕占

4.0、棉籽粕占1.1、菜籽粕占0.6、骨粉占1.7、食盐占0.3，合计100。

（3）蛋白质混合料配方连续计算。要求配制粗蛋白质含量为40.0%的蛋白质混合料，其原料有亚麻仁粕（含蛋白质33.8%）、豆粕（含蛋白质45.0%）和菜籽粕（含蛋白质36.5%）。各种饲料配比如下：

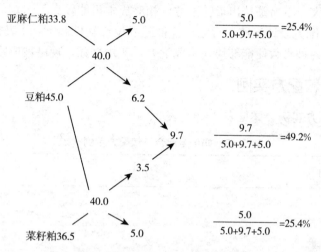

用此法计算时，同一四角两种饲料的养分含量必须分别高于和低于所求数值，即左列饲料的养分含量按间隔大于和小于所求数值排列。

2. 联立方程法 利用数学联立方程求解法来计算饲料配方，条理清晰，方法简单，但饲料种类多时计算较复杂。

为体重300kg的生长育肥牛配制含11%粗蛋白质的混合饲料。现有含粗蛋白质9%的能量饲料（其中玉米占80%、大麦占20%）和含粗蛋白质40%的蛋白质补充料，其方法如下：

（1）混合饲料中能量饲料占x%，蛋白质补充料占y%。得：

$$x + y = 100$$

（2）能量混合料的粗蛋白质含量为9%，补充饲料含粗蛋白质为40%，要求配合饲料含粗蛋白质为11%。得：

$$0.09x + 0.40y = 11$$

（3）列联立方程：

$$\begin{cases} x + y = 100 \\ 0.09x + 0.40y = 11 \end{cases}$$

（4）解联立方程，得出：

$$\begin{cases} x = 93.55 \\ y = 6.45 \end{cases}$$

（5）求玉米、大麦在配合饲料中所占的比例：

$$玉米占比例 = 93.55\% \times 80\% = 74.84\%$$

$$大麦占比例 = 93.55\% \times 20\% = 18.71\%$$

因此配合饲料中玉米、大麦和蛋白质补充料各占74.84%、18.71%及6.45%。

3. 试差法 又称为凑数法，这种方法首先根据经验初步拟出各种饲料原料的大致比例，然后用各自的比例去乘该原料所含的各种养分的百分含量，再将各种原料的同种养分之积相加，即得到该配方的每种养分的总量。将所得结果与饲养标准进行对照，若有任一养分超过或不足时，可通过增加或减少相应的原料比例进行调整和重新计算，直至所有的营养指标都基本上满足要求为止。此方法简单，可用于各种配料技术，应用面广。缺点是计算量大，十分繁琐，盲目性较大，不易筛选出最佳配方，相对成本可能较高。

4. 计算机饲料配方设计系统　常见有各种配方设计软件和 Excel 表格，由计算机完成，计算速度快，录入各种参数便能够快速生成配方，实用性强，现已被成熟应用。

五、常用日粮配方实例

1. 奶牛日粮配方实例　详见表 2-9、表 2-10。

表 2-9　奶牛全混合日粮配方示例（%）

原料	配方 1	配方 2
苜蓿干草	7.8	7.8
玉米青贮	30.9	28.2
苜蓿青贮	8.3	8.3
燕麦青贮	2.5	2.5
玉米	15.1	14.1
烤制全脂大豆	5.6	6.5
豆粕	9.1	13.4
高水分玉米	11.1	11.0
甜菜渣	6.7	5.3
维生素-矿物质预混料	2.9	2.9

表 2-10　奶牛配合精料配方示例（%）

原料	配方 1	配方 2	配方 3
玉米	60.0	57.0	29.9
葵花粕	—	—	36.0
豆粕	33.0	20.0	25.0
麸皮	—	15.0	6.0
脂肪	2.0	—	—
糖蜜	2.0	5.0	—
碳酸钙	1.0	1.0	—
碳酸氢钙	1.0	1.0	1.1
预混料	0.5	0.5	1.0
食盐	0.5	0.5	1.0

2. 肉牛日粮配方实例　详见表 2-11。

表 2－11　肉牛饲料配方示例（％）

原料	生长（干物质基础）	育肥（干物质基础）
玉米青贮	88.62	10.00
碾压玉米	0.31	76.84
豆粕	9.00	6.00
棉籽壳		5.00
硫酸钙	0.80	0.80
石粉	0.07	0.40
尿素	1.00	0.75
食盐	0.20	0.20
矿物质预混料	＋	＋
维生素预混料	＋	0.01
莫能菌素	－	33/kg

■ 知识拓展

牛的饲养标准与营养需要

一、牛饲养标准

饲养标准：是根据大量饲养实验结果和牛生产实践的经验总结，对各种用途和生理阶段的牛所需要的各种营养物质的定额做出的规定，这种系统的营养定额及有关资料统称为饲养标准。

二、奶牛的营养需要

奶牛的营养需要按营养成分可分为干物质和水。干物质中包括能量、蛋白质、粗纤维、矿物质、微量元素和维生素等物质。奶牛的营养需要按功能分类则分为维持需要、泌乳需要、妊娠需要、生长需要、活动需要以及增重需要等。干物质的采食量是奶牛日粮的重要指标，干物质的采食量一般占体重的 2%～4%，当母牛分娩后，泌乳前期的产乳量快速增加，通常在产后 8～10 周达到产乳高峰，但奶牛对于物质采食量的高峰通常出现在产后 10～14 周，因此奶牛在泌乳初期往往处于营养负平衡，体重减轻，故而分娩后 3 周内干物质的采食量可能要比估算值低一些，多采用浓度较高的饲料来弥补这两者之间的差异。

（一）能量

能量是奶牛维持生命、生长、泌乳和繁殖的重要营养成分，泌乳牛能量供应不足将造成产乳量下降、体重减轻，严重或持续不足还会降低奶牛的繁殖率。

1. 糖类　糖类是奶牛最重要的能量来源，并且是牛乳中乳脂和乳糖的最初前体。糖类中的粗纤维刺激奶牛反刍和唾液的产生；非纤维性糖类在瘤胃中快速发酵，可提高日粮的能量水平。为了获得高的产乳量，保持奶牛日粮中纤维和非纤维性糖类的平衡是十分重要的。

2. 脂肪 高产奶牛在泌乳初期能量处于负平衡，日粮中添加适量脂肪（日粮总脂肪占日粮干物质 5%～7%）对提高能量浓度、产乳量和乳脂率有效。

（二）蛋白质

泌乳牛饲料中粗蛋白质的适当量为 13%～18%，粗蛋白质不足易引起产乳量和乳蛋白率降低。饲料中的粗蛋白质一般 60%～70%在瘤胃降解，被瘤胃微生物利用，称为降解蛋白；剩余的 30%～40%不在瘤胃降解，称为非降解蛋白。微生物蛋白和非降解蛋白进入真胃和小肠，被分解成肽、氨基酸而被吸收利用。非降解蛋白对高产牛和泌乳初期奶牛非常重要，日泌乳 30kg 以上时，不但要求粗蛋白质含量高，而且非降解蛋白的量也必须增加。

（三）矿物质

饲料中矿物质的添加量应根据奶牛对矿物质的实际需要量、矿物质在日粮中的配比和有效利用率而确定。奶牛需要钙、磷、镁、钾、钠、氯、硫等常量元素和钴、铜、锰、硒、锌、碘、铁（后备牛）等微量元素。

1. 钙 钙是组成骨骼的一种重要矿物成分，其功能主要包括肌肉兴奋、泌乳等。奶牛对钙的吸收受许多因素的影响，如维生素 D 和磷，日粮中过多的钙会对其他元素如磷、锰、锌产生拮抗作用。成年奶牛应在分娩前 10d 饲喂低钙日粮（40～50g）和产后给予高钙日粮（148～197g）。钙缺乏会导致犊牛佝偻病、成年母牛产乳热等。

2. 磷 磷除参与组成骨骼以外，还是体内物质代谢必不可少的物质。磷不足可影响生长速度和饲料利用率，出现乏情、产乳量减少等现象，补充磷时应考虑钙、磷比例，通常钙磷比为（1.5～2）∶1。

3. 钠、氯和钾 钠、氯和钾在维持体液平衡、调节渗透压和酸碱平衡方面发挥重要作用。泌乳牛日粮氯化钠需要量约占日粮总干物质的 0.46%，干乳牛日粮氯化钠需要量约占日粮总干物质的 0.25%，高含量的钠盐、钾盐可使奶牛产后乳房水肿加剧。钾是细胞内液的主要阳离子，与钠、氯共同维持细胞内渗透压和酸碱平衡，提高机体的抗应激能力。

4. 硫 硫对瘤胃微生物的功能非常重要，瘤胃微生物可利用无机硫合成氨基酸。当饲喂大量非蛋白氮或玉米青贮时，最可能发生的就是硫的缺乏。硫的需要量为日粮干物质的 0.2%。

5. 碘 碘参与许多物质的代谢过程，对动物健康、生产均有重要影响。日粮碘浓度应达到 0.6mg/kg（干物质）。同时有研究认为碘可预防牛的腐蹄病。

6. 锰 锰的功能是维持大量的酶的活性，可影响奶牛的繁殖。日粮锰的需要量为 40～60mg/kg（干物质）。

7. 硒 硒与维生素 E 有协同作用，共同影响繁殖机能，对乳腺炎和牛乳成分都有影响。在缺硒的日粮中补加维生素 E 和硒可防止胎衣不下。合适添加量为 0.1～0.3mg/kg（干物质）。

8. 锌 锌是多种酶系统的激活剂和构成成分。日粮锌的需要量为 30～80mg/kg（干物质）。在日粮中适当补锌，能提高增重、生产性能和饲料转化率，还可以预防蹄病。

（四）维生素

维生素可分为脂溶性与水溶性两大类，脂溶性维生素包括维生素 A、维生素 D、维生素

E、维生素 K，水溶性维生素包括 B 族维生素和维生素 C。维生素是奶牛维持正常生产性能和健康所必需的营养物质。奶牛在正常条件下，在瘤胃中可以合成 B 族维生素和维生素 K，在组织中可以合成维生素 C，而脂溶性维生素 A、维生素 D、维生素 E 需从日粮中供给。烟酸是 B 族维生素之一，与蛋白质、糖类、脂肪代谢有关。对高产奶牛补充烟酸，可以预防酮病、提高产乳量。

（五）水

清洁的水为奶牛必需的营养物质，奶牛的饮水主要受干物质的采食量、产乳量、气温、日粮组成、水的品质及奶牛的生理状态的影响。一般让牛自由饮水。水的需要量按干物质采食量或产乳量估算，每千克干物质采食量需要 5.6kg 水或每产 1kg 乳需要 4～5kg 水。环境温度达 27～30℃时泌乳母牛的饮水量显著上升；日粮的组成显著地影响奶牛的饮水量，母牛采食富含水分的饲料时，饮水量减少，日粮中含较多的氯化钠、碳酸氢钠和蛋白质时，饮水量增加；日粮中含有高纤维素的饲料时，从粪中损失的水增加。水的温度也影响奶牛的饮水量和生产性能，炎热的夏季应防止阳光照射造成水温升高，在寒冷天气，饮水适当加温可增加奶牛饮水量。饮水应保持清洁卫生。

三、肉牛的营养需要

肉牛在不同的生长发育阶段、不同的生长速度及不同的环境条件下对各种营养物质的需求量大不相同。如能充分满足肉牛的营养需要，则可发挥其最大的生产潜力。

（一）能量

能量的作用是保证牛的新陈代谢、维持牛的日常生命活动。日粮中能量不足就会导致肉牛减重，由体组织贮存的营养物质分解，释放能量来维持肉牛的生命活动。因此在肉牛育肥过程中，一定要保证供给肉牛足够的能量。肉牛的能量主要来源于饲料中的糖类、脂肪和蛋白质。牛作为反刍动物，饲料中的纤维素和淀粉是牛体能量最主要、最经济的来源。糖类经瘤胃微生物分解为挥发性脂肪酸被胃壁吸收，成为牛体能量的直接来源。

（二）蛋白质

蛋白质是一切生物体细胞的基本成分。肉牛需要蛋白质首先是补充机体组织的损耗，如毛发、角、蹄的生长，酶和激素的合成等，其次才是用于增重。由于一般的青干草和秸秆类含蛋白质较少，在肉牛育肥阶段需补充蛋白质饲料或非蛋白氮。饲料中的粗蛋白质进入肉牛瘤胃后，在瘤胃微生物的作用下，被分解为氨基酸，氨基酸被瘤胃内的细菌和纤毛虫利用，形成菌体蛋白和纤毛虫体蛋白。这些微生物体蛋白及瘤胃内未降解的蛋白质进入真胃和肠道后，经胃蛋白酶和肠蛋白酶的进一步分解成为氨基酸，被牛体吸收利用。肉牛还可利用尿素和铵盐等非蛋白氮，代替一部分蛋白质饲料，降低饲料成本。农作物秸秆氨化、饲粮添加脲酶抑制剂，应用过瘤胃蛋白质技术，提高肉牛对蛋白质的利用率。

（三）矿物质

矿物质占肉牛体重的 3%～4%，是机体组织和细胞不可缺少的成分。除形成骨骼外，主要起维持体液酸碱平衡、调节渗透压以及参与酶、激素和某些维生素的合成等。

1. 钙　谷类饲料含极少量的钙。放牧的肉牛从牧草中能够得到充足的钙，圈养肉牛主要从饲粮的石粉中获取钙，一般肉牛不会缺乏钙，但饲养管理不当会引起钙缺乏。

2. 磷　大多数谷类饲料都是磷的较好来源（含磷量＞0.25%），豆科牧草磷含量少

（0.2%），青干草含磷量在 0.2% 左右。肉牛日粮中额外添加的磷由磷酸氢钙和蒸骨粉供给。提供给肉牛的磷量不能过多，过多的磷将会从体内排出，对环境造成污染。

3. 钠和氯 养殖场在全混合日粮中添加食盐（氯化钠），也有的养殖场在肉牛自由采食的基础上单独或者与钙和磷混合后饲喂。过度饲喂食盐没有好处。在生产中由于食盐价格也不是很高，饲喂很随意，因而食盐一般不会缺乏，除非管理不当。

4. 钾 最佳水平的钾与肉牛增重率有直接的关系，应该检查饲喂高谷物饲料牛群的日粮钾的含量，按照营养标准补充。

5. 碘 碘是繁殖牛、生长牛和育肥牛所需要的，同时碘的复合物被用来减轻腐蹄病的症状。

6. 硒 硒与牛的生长、繁殖有关，缺硒会导致牛生长缓慢、繁殖率降低。由于硒最佳量和毒性水平的需要量范围是很窄的，生长牛、育肥牛和繁殖肉牛日粮中添加硒是非常严格的。以酵母硒的物质添加，硒的利用效率高，因此在肉牛饲粮中添加少量的酵母硒是有必要的。

7. 钴和铜 这两种元素都与肉牛红细胞的生产有关，缺少任何一种元素都将会出现贫血症状。两种元素都可以通过日粮和矿化盐提供。

8. 镁 饲草性肢体抽搐是肉牛的一种疾病，这种疾病常常发生在微冷早春牧草丰富的放牧牛场。每天给每头肉牛饲喂 28.35～56.7g 氧化镁能够阻止饲草性肢体抽搐的发生。

（四）维生素

维生素是属于维持畜禽正常生理机能所必需的低分子有机化合物。日粮中维生素缺乏可导致生长迟缓。尽管肉牛能够通过瘤胃微生物生产足够的 B 族维生素，在圈养的情况下，维生素 B_1 供给量不足会引起肉牛脊髓灰质炎（脑软化）的发生。肉牛不能转化足量的 β-胡萝卜素满足维生素 A 的需要，在日粮中需添加维生素 A 以满足肉牛需要。如果缺乏维生素 E、硒或者两者都缺少，肉犊牛会出现白肌病。

（五）水

水是动物机体的重要组成部分。肉牛的需水量受增重速度、活动情况、日粮类型、进食量和外部环境等多种因素影响。一般 250～450kg 的育肥牛在环境温度为 10℃时的饮水量在 25～35kg。

■ 任务测试

一、选择题

1. 对青贮饲料有益的细菌为（ ）。

　　A. 乳酸菌　　　　　　B. 丁酸菌　　　　　　C. 腐败菌　　　　　　D. 霉菌

2. 牛日粮中精饲料比例下降、粗饲料比例提高会导致瘤胃内容物 pH（ ）。

　　A. 下降　　　　　　　B. 上升　　　　　　　C. 不变　　　　　　　D. 不确定

二、填空题

1. 紫花苜蓿里面含有_____，红豆草含有_____，高粱含有_____，马铃薯含有_____，可以抑制牛的消化。

2. 用尿素水溶液做氨源氨化饲料，尿素配量以秸秆重量的_____为宜，加水量占秸秆重量的_____，将称量好的尿素先倒入_____中溶解，然后再加所需水量。

三、简答题

1. 牛饲料配制应遵循什么原则？
2. 牛日粮如何配制？
3. 请简述用尿素喂牛的注意事项。
4. 请简述青贮饲料的制作步骤和关键技术。

牛的繁殖技术

学习目标

1. 能掌握母牛的发情规律。
2. 熟练掌握母牛的发情鉴定要点。
3. 能够规范采集公牛精液。
4. 会评定精液的品质。
5. 会给母牛输精。
6. 能进行母牛的妊娠诊断。
7. 会为母牛助产和接产。

任务一　牛的繁殖规律

任务导入

母牛的生殖活动是一个从发生、发展至衰退的生理过程。生殖活动现象从胎儿出生时便已开始，受环境、中枢神经系统、丘脑下部、垂体及性腺之间相互作用的调节。在机体的不断发育过程中，卵子也在不断地发育成熟。母牛生长到一定年龄开始出现发情和周期性的排卵活动。进入这一发育阶段的母牛配种后可以受孕、繁衍后代。初情期的母牛虽然开始正常发情排卵，但是还没有达到完全性成熟，更没有达到体成熟，因此初情期的母牛还不适宜配种，否则就会缩短母牛的种用年限，实际生产中绝大多数母牛的使用年限都不可能达到其繁殖年龄的上限，一般平均在 4 胎前就可能因为各种原因而淘汰。因此了解母牛的繁殖规律才能最大限度地提高母牛的繁殖利用率。试分析牛的繁殖规律。

任务实施

一、母牛的发情生理

（一）性成熟

1. 初情期　初情期是指母牛第一次发情或排卵的时期，是性成熟开始的标志。此时由于其生殖器官尚未完全发育成熟，故发情表现往往不完全，表现为发情持续时间短、发情症状不明显等特点。黄牛、奶牛一般在 6～12 月龄；水牛 10～15 月龄。

2. 性成熟　指牛的生殖器官已发育成熟，卵巢上能产生具有受精能力的卵子，配种后可以受孕，具备繁殖后代的能力。但此时，牛体其他组织器官的发育尚未完全，不适宜配种。性成熟年龄受品种、营养、气候环境、饲养管理等因素的影响。黄牛、奶牛的性成熟期一般在8～10月龄，水牛15～20月龄。此时体重约占该品种成年母牛体重的50%。

（二）发情周期

性成熟后，生殖机能正常而未孕的母牛卵巢上出现周期性的卵泡发育和排卵变化，生殖器官及整个机体会发生一系列周期性的变化，一直到生殖机能停止为止，这种周期性的性活动称为发情周期。发情周期的计算一般指从上一次发情（排卵）开始到下一次发情（排卵）开始的间隔时间。成年母黄牛的发情周期平均为21d，其变化范围为17～25d；黄牛青年母牛要比经产母牛略短，发情周期平均为20d，范围是18～22d；母水牛为16～25d，母牦牛为18～25d。一个发情周期通常分为发情前期、发情期、发情后期和休情期。

1. 发情前期　发情前期是牛的发情准备期，此时母牛卵巢上的黄体进一步萎缩，新的卵泡开始发育，雌激素分泌增加，生殖道分泌物增多，但看不到黏液流出，母牛尚无性欲表现。该期持续1～3d。

2. 发情期　发情期指母牛在一个发情周期中从发情开始到此次发情结束所经历的时间，又称为发情持续期。此期的长短与牛的年龄、营养状况、季节变化等因素有关，黄牛成年母牛平均为18h，变动范围6～36h，育成牛为15～16h，变动范围10～21h；母水牛、母牦牛24～48h。根据此期发情母牛的外部特征和性欲表现可分为发情初期、发情盛期和发情末期三个阶段。

（1）发情初期。卵泡迅速发育，雌激素分泌明显增多。母牛表现兴奋不安、经常哞叫、食欲减退、产乳量下降，常有其他母牛尾随并嗅舔发情母牛的阴唇，拒绝其他牛的爬跨。外阴部肿胀，阴道黏膜潮红，黏液量分泌不多，稀薄，牵缕性差，子宫颈口开张。

（2）发情盛期。在其他牛爬跨时，表现为站立不动，两后肢开张，举尾拱背，接受爬跨。拴系的母牛表现两耳竖立、不时转动倾听，眼光敏锐，手触摸尾根时无抗拒表现。从阴门流出具有牵缕性的黏液，俗称"吊线"，往往黏于尾根处或臀部。阴道检查时黏液量增多，稀薄透明，子宫颈口红润开张。卵泡已突出于卵巢表面，直径约1cm，触摸时波动感差。

（3）发情末期。母牛的性欲表现逐渐减退，不接受其他牛的爬跨，阴道黏液量减少，呈半透明状，黏性稍差。卵泡直径达1cm以上，触之波动感明显。

3. 发情后期　母牛已无发情表现，排卵后卵巢形成黄体，并且开始分泌孕激素。该期持续3～4d。

4. 休情期　休情期又称间情期。即上一次发情结束到下一次发情开始所间隔的时间，也就是周期黄体期，卵巢上的黄体由发育转为退化，孕激素分泌量从逐渐增加转为缓慢下降。该期持续12～15d。

二、母牛的发情与鉴定

（一）母牛的发情表现

1. 外阴部变化　发情母牛阴户潮红肿胀，阴唇黏膜充血，阴道流出黏液。最初流出的黏液比较清亮，似鸡蛋清样，可拉成丝，以后逐渐变白且浓厚。

2. 性兴奋　性兴奋是指母牛发情时全身精神状态的变化。母牛发情时哞叫不安、举尾，放牧时通常不吃草而抬头游走，喜欢接近比其高大的母牛。

3. 性行为　发情前期，母牛的性欲不明显，以后随着卵泡的发育、雌激素数量增加而逐渐明显，在牛群中常表现为爬跨，发情母牛愿意接受其他牛的爬跨而不躲避。发情母牛如爬跨其他母牛时，常有滴尿，并发出低而短的呻吟，特别是青年母牛表现较明显。

（二）母牛的发情特点

1. 发情持续时间短　家畜发情持续时间的长短与垂体前叶分泌的促性腺激素多少有关。母牛垂体前叶分泌的促卵泡激素是家畜中最低的，它具有促进卵子发育和发情的作用，而母牛垂体前叶分泌的促黄体生成素又是家畜中最高的，它具有促进卵子成熟和排卵的作用。所以母牛发情持续时间短而排卵快，成年母牛一般发情持续时间平均为18h（6～36h）。

2. 排卵在性欲结束之后　当母牛开始发情时，卵泡中只产生少量雌激素，性中枢兴奋，出现交配欲，当卵泡继续发育接近成熟时，卵泡中产生大量雌激素，性中枢反而受到抑制，交配欲消失，但卵泡还在继续发育，最后在促黄体生成素的协同作用下排卵。此为母牛独特之处。大多数母牛排卵是在性欲结束后的8～12h。夜间尤其是黎明前排卵较多。

3. 子宫颈开张程度小　母牛发情期子宫颈开张的程度与马、驴、猪等家畜相比非常小。这是由于母牛的子宫颈肌肉层特别发达，加之子宫颈管道中有2～3圈环状皱褶，子宫颈管道很窄细且弯曲，即使在母牛发情中期，子宫颈开张程度也很小，发情后期更小，这一特点给人工授精带来困难。因此要求人工授精员要有熟练的操作技术。

4. 生殖道排出的黏液量大　发情母牛由生殖道排出大量黏液，潴留在子宫颈外口附近的阴道里，呈透明状，黏性强，如同蛋清样。发情后期黏液量减少，变成半透明，黏性降低并夹杂有少许乳白色黏液，最后黏液变成浓稠的乳白色糊状物。

5. 发情结束后生殖道排血　母牛发情结束后，由于雌二醇在血液中的含量急剧降低，于是子宫黏膜上皮中的微血管出现淤血，血管壁变脆而破裂，血液注入子宫腔通过子宫颈、阴道排出体外，母牛生殖道排出血液的时间大多出现在发情结束后2～3d。发情后的出血现象，一般育成牛占70%～80%，经产牛只占30%～40%。

6. 爬跨行为　母牛有爬跨行为，一般接受其他牛爬跨的母牛是发情牛，爬跨其他牛者不一定是发情牛。爬跨母牛中，发情牛只占56.7%，有19.9%的爬跨母牛正处于妊娠期。而在所有接受爬跨的母牛中，发情牛高达98.6%，有64.3%的母牛是在夜间开始接受爬跨，其中46.4%是集中在夜间1：00至翌晨7：00。

7. 安静发情出现率高　发情母牛中，特别是舍饲奶牛，有不少母牛卵巢上虽然有成熟卵泡，也能正常排卵受胎，但其外部的发情表现却很微弱，甚至观察不到，常常造成漏配。产生安静发情的原因是促卵泡激素和雌激素分泌不足。因此生产上应注意细心观察。

（三）发情鉴定

发情鉴定的目的是及时发现发情的母牛，准确把握配种时间，防止误配和漏配，减少空怀，提高受胎率。发情鉴定的方法有多种，应根据母牛发情表现选用一种或几种方法进行鉴定。

1. 外部观察法　是鉴定母牛发情的主要方法。母牛发情时表现为兴奋不安，对外界环境的变化反应敏感，东张西望，食欲减退，反刍时间减少，产乳量下降，常哞叫，频频排尿。外阴部肿胀，有黏液从阴道中流出，初期量少，盛期较多，后期又减少。随着发情时间的延长，黏液由稀薄透明变为较混浊而浓稠，常引起公牛或其他母牛尾随或爬跨。但母牛在发情初期不接受爬跨；在发情盛期接受爬跨而站立不动，后肢开张，举尾拱背；在发情末期，虽有公牛和母牛尾随，但发情母牛不再接受爬跨，并逐渐变得安静。因为多数母牛是在夜间开始发情，所以傍晚和黎明是检查和观察母牛发情的关键时刻，加上白天的检查，才能避免漏检。

2. 计步器监测法　计步器监测法是根据奶牛发情时兴奋、追逐和爬跨其他母牛，从而运动量比平时显著增加的特点，通过射频和现代计算机技术检测母牛的活动量，从而根据活动量判断母牛是否发情。目前生产中奶牛常用计步器可分为蹄部计步器和颈部计步器两种（图3-1）。计步器内含智能芯片，可实时检测母牛的活动情况，并与牧场管理软件相关联，可统计每一头母牛每天的活动量，当母牛活动量增加到一定数值时，管理软件自动提示该母牛可能发情。使用此法发情检出率高达95%以上。

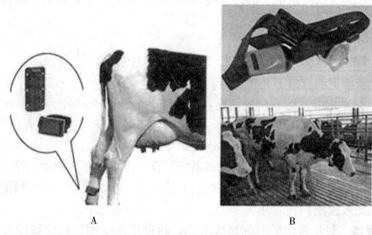

图3-1　奶牛常用计步器
A. 蹄部计步器　B. 颈部计步器

3. 母牛尾根涂抹法　尾根涂抹法观察发情是根据发情母牛接受爬跨或爬跨其他母牛的特点，通过母牛尾根涂抹的有色染料被磨蹭情况来监测其是否发情的方法，涂抹母牛尾根部可用不同颜色的蜡笔。

（1）尾根涂抹法操作要点。操作人员侧身站在牛的侧面，保持一定距离，防止被牛踢；在牛脊柱尾根背侧涂抹不同颜色的颜料；涂抹的长度为15～18cm，不要超过20cm；涂抹宽度为3～4cm，不要超过5cm；涂抹的厚度为保证涂抹处尾毛和皮肤上均染有颜色，但应注意保持毛发清晰可见；涂抹颜色通常选择红、蓝、绿、黄等鲜亮颜色，不同处理组或不同圈舍牛可选用不同颜色，便于区分。

（2）结果判断。若尾毛被压，染料被蹭掉或颜色变浅，只有极少部分残留，说明母牛接受爬跨，已发情；尾毛保持直立，染料颜色仍然鲜艳或略变浅，即大部分染料仍明显可见，说明母牛未接受爬跨，未发情；若母牛尾根涂抹染料被蹭掉一部分，疑似发情的，则可采用直肠检查法根据卵泡发育情况进一步确定。

4. 直肠检查法　是将手伸入母牛的直肠内，隔着直肠壁触摸卵巢，判断卵泡的发育情况，从而判别母牛是否发情的方法。操作者站在牛的正后方，将手指并拢呈锥状旋转伸入肛门，进入直肠。骨盆腔一段的肠壁较薄且游离性强，可隔肠壁触摸子宫及卵巢。将手伸入骨盆腔中部后，将手掌展平，掌心向下，慢慢下压并左右抚摸钩取，找到软骨棒状的子宫颈，沿着子宫颈前移可摸到略膨大的子宫体和角间沟，向前即为子宫角，顺着子宫角大弯向外侧一个或半个掌位可找到卵巢。用拇指、食指和中指固定卵巢并体会卵巢的形状、大小及卵巢上卵泡的发育情况，按同样方法可触摸另一侧卵巢。母牛发情时，子宫颈变软、增粗，子宫角体积增大，收缩反应明显，卵巢上有发育的卵泡，并呈现出波动感。

5. 试情法 利用输精管结扎或阴茎改道或切除阴茎的公牛试情。公牛紧随母牛，且母牛接受公牛的爬跨，可确定母牛发情。若母牛稳当地站立，又开后腿接受爬跨，则是母牛发情的盛期。具体做法是将一半圆形的不锈钢打印装置固定在皮带上，然后像驾具一样，牢牢戴在公牛的下颌部，当公牛爬跨发情的母牛时，即将浓的墨汁印在发情母牛身上。这种装置称为下颌球样打印装置。为了减少公牛结扎输精管的麻烦，也可选择特别爱爬跨的母牛代替公牛，效果更好。因为结扎输精管的公牛能将阴茎插入母牛阴道，可能引起感染。试情法常用于放牧的牛群。

（四）异常发情

母牛异常发情常见的有以下几种类型：

1. 假发情 母牛的假发情有两种情况：一是母牛在妊娠 3～5 个月，常有 3％～5％母牛突然有性欲表现，爬跨其他牛或接受爬跨，但检查阴道时，子宫颈外口表现收缩或半收缩，无黏液，直肠检查时能摸到胎泡，有人将这种现象称为"妊娠过半"，即孕后发情。二是母牛有正常发情的外部表现，但其卵巢上无卵泡的发育，也不排卵。卵巢机能不全或患有子宫内膜炎、阴道炎以及营养不良的母牛常出现假发情。在生产实践中，对发情的母牛要做好发情鉴定，防止漏配或误配。

2. 持续性发情 母牛发情的时间延续很长，超过正常范围，称持续性发情，亦称长发情。主要有以下两种原因：

（1）卵泡囊肿。卵泡囊肿是由于不排卵的卵泡继续增生、肿大，卵泡不断发育，不断分泌雌激素，因而使得母牛不停地延续发情。患牛常有慕雄狂表现。

（2）卵泡交替发育。由于两侧卵巢上的卵泡交替发育，两侧卵泡交替产生雌激素，使母牛发情时间延长。

3. 隐性发情 又称安静发情或暗发情。母牛发情时外部表现不明显或无表现，但卵巢上有卵泡发育成熟而排卵。母牛产犊后第一次发情多为安静发情，水牛和高产奶牛中也较为多见。育成母牛、膘情差及老龄奶牛也易发生。母牛营养不良，缺乏青饲料，冬季舍饲期长期运动不足，光线差，役牛特别是水牛使役过重，都会增加隐性发情母牛的比例。隐性发情牛体内雌激素往往不足，但如能及时配种，则能够受胎。

4. 短促发情 短促发情是指母牛发情持续时间短，通常是由卵泡生长发育过快或卵泡中途发育停止而引起。多见于奶牛，如不注意观察，往往错过配种时机。

5. 久不发情 母牛既无发情表现，也不排卵。这种现象多发生在严寒的冬季或炎热的夏季及营养不良、患卵巢或子宫等疾病的母牛，较多的为持久黄体，或幼稚型卵巢，或有严重全身性疾病。对长期不发情母牛必须认真检查和全面分析，找出不发情的原因，采取行之有效的方法和措施，这样才能使不发情母牛正常发情、配种、受孕。

三、配种

(一) 牛的初配适龄

初配适龄应据品种和具体生长发育状况而定，不宜一概而论。奶牛的初配适龄一般为早熟品种 16～18 月龄、晚熟品种 18～22 月龄，或在体重达到成年体重的 70%时进行配种，即达到 350kg 左右。母黄牛多在 2～2.5 岁时配种。

青年母牛性成熟后生殖器官已发育完全，卵巢上虽能产生具有受精能力的卵子，配种后可以受孕，但此时，机体其他组织器官的发育尚未达到完全成熟，配种过早会严重影响胎儿和青年母牛自身的生长发育及以后产犊、泌乳等生产性能，同时降低使用年限；但也不应配种过迟，否则会减少母牛一生的产犊头数。实践证明，只有青年母牛体重达到成年母牛体重的 70%左右，即小型牛体重达 250～300kg、中型牛体重达 320～340kg、大型牛体重达 340～400kg，才适宜初次配种。从年龄上看，黄牛一般 24～26 月龄、奶牛为 14～16 月龄才是对青年母牛第一次进行配种利用的适宜年龄。目前，我国不少奶牛场对青年奶牛初配制定了标准：体高≥127cm，体重≥350kg，年龄 14 月龄以上。因此确定牛的初配适龄应根据其年龄和体重灵活掌握（表 3-1）。

表 3-1　青年牛初次配种时的理想体重和年龄

品种	体重（kg）	年龄（月龄）
荷斯坦牛	380	14～16
海福特牛	420	18～20
安格斯牛	350	13～14
夏洛莱牛	500	17～20
西门塔尔牛	430	18～24
利木赞牛	420	20～21
夏南牛	380	16～18
延黄牛	380	13～14
地方黄牛	250	24～26

(二) 最佳配种时间

在母牛发情期适时配种，可节省人力、物力和精液，并能提高受胎率。母牛发情后最适宜的配种时间取决于母牛的排卵时间、卵子到达输卵管受精部位保持受精能力的时间和精子到达受精部位保持受精能力的时间。母牛排卵一般在发情结束后 10～12h，卵子在输卵管受精部位保持受精能力的时间为 6～12h，精子进入母牛生殖道后到达输卵管受精部位时间为 2～15min，保持受精能力的时间为 12～24h。输精时间在排卵前 6～18h，受胎率高。但排卵时间不易准确掌握，而根据发情时间来掌握输精时间是比较容易的，以发情征状结束时输精比较好。即黄牛在发情开始后 12～20h、水牛在发情开始后 24～36h 为适宜配种时间。一般早上发情，当天傍晚可进行第一次配种；中午发情的母牛可在第二天早上配种；下午发情的母牛在第二大上午配种。间隔10～12h进行第二次配种。

（三）配种方法

1. 自然交配　指发情母牛直接与公牛交配，它有两种方式：

（1）自由交配。将公、母牛合群放牧，某一母牛发情被公牛发现从而随时配种。

（2）人工辅助交配。将发情母牛固定在配种架里，再牵公牛交配，交配在人工辅助下进行，配种后立即将公、母牛分开。采用辅助交配应注意以下几点：

①为提高受胎率，一头成年公牛的年配种量为60～80头。每天只允许配1～2次，连续使用4～5d应让公牛休息1～2d，青年公牛的年配种量减半，每周配2～3d即可，以利公牛健康，延长使用年限。

②加强种公牛的饲养管理。在配种任务繁忙季节提高日粮中蛋白质水平，增加青绿饲料的喂量，并加强运动和刷拭，以保证良好的精液品质。

③种公牛不能与生殖道有疾病的母牛交配，以防扩大传染。

④注意观察，把发情症状微弱的母牛及时挑选出来配种，避免造成漏配。

⑤母牛配种结束后，应刺激一下背腰，并使牛缓缓行走，防止精液倒流。

2. 人工授精　随着我国养牛业的发展，特别是黄牛改良工作的迅速开展，广大农牧区应用冷冻精液，人工授精技术日益普及。人工授精是母牛配种的最好方法，不仅能充分利用良种公牛，加速牛群改良，而且能提高受胎率，减少疾病的传播，节省费用。

■ 任务测试

一、填空题

1. 母牛发情周期分为_____、_____、_____、_____四个期。

2. 牛的初配适龄一般是早熟品种_____，晚熟品种_____。

二、简答题

1. 母牛常有哪些异常发情现象？

2. 母牛的发情周期中卵泡和黄体是如何变化的？

任务二　牛的人工授精

■ 任务导入

人工授精技术是指借助于专门器械，用人工方法采取公牛精液，经体外检查与处理后，输入发情母牛的生殖道内，以代替公母牛自然交配，使其受胎的一种繁殖技术。在养牛生产实践中母牛配种采用人工授精技术具有重要的意义，能最大限度地提高优秀种公牛的利用率；加速品种改良；大幅度减少种公牛的头数；克服公、母牛体型悬殊而出现的交配困难；控制疾病传播；精液可以长期保存和运输，因此准确掌握牛的人工授精技术十分重要。

■ 任务实施

一、公牛的采精

（一）采精前的准备

1. 采精场地　采精场地要固定，有条件的应设有室内和室外两部分。采精场地要求宽敞、平坦、安静、清洁，配有消毒设备，并设有假台畜或采精架（图 3-2）。

牛的人工
授精技术

2. 台畜的准备　台畜有真台畜和假台畜两种。采用真台畜采精时，采精前将真台畜保定在采精架内。真台畜最好选择健康无病、体格健壮、大小适中、性情温顺的发情母牛，有利于刺激公牛的性反射，采精前对母牛尾根部、肛门、会阴部进行清洗消毒。

3. 公牛的调教　采用假台畜采精时，首先要对种公牛进行调教，方法是将发情母牛的尿液或阴道分泌物喷涂在假台畜背部和后躯，或在假台畜旁放一头发情母牛，引起公畜性欲，诱导其爬跨假台畜。采精前，用 0.1% 的高锰酸钾溶液清洗公牛包皮部并擦干。

4. 假阴道的准备　若采用假阴道法采精，应先安装好假阴道。假阴道是模拟发情母牛阴道内环境而仿制的人工阴道。牛的假阴道由外壳、内胎、集精杯、橡胶漏斗、活塞、固定胶圈等部件构成（图 3-3），外壳长度为 25~50cm，内径约为 8cm，集精杯有美式

图 3-2　假台畜和采精

（外壳一端连接橡胶漏斗，漏斗上连接有带刻度的试管或离心管，最外层用保温套防护）和苏式（双层棕色玻璃瓶，中间可注入温水，以防精液遭受冷刺激）两种。

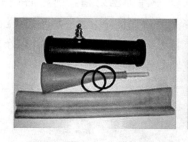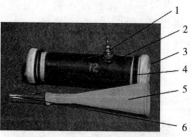

1
2
3
4
5
6

图 3-3　牛的假阴道结构

1. 活塞　2. 外壳　3. 内胎　4. 胶圈　5. 橡胶漏斗　6. 集精杯

假阴道的安装程序如下：

（1）检查。安装前，要仔细检查外壳是否有裂口，内胎是否漏气、有无破损，活塞是否完好或漏气、扭动是否灵活，集精杯是否破裂。

（2）安装内胎。将内胎的粗糙面朝外、光滑面向里放入外壳内，将内胎两端翻卷于外壳

上，要求松紧适度、不扭曲，内胎中轴与外壳中轴重合，即"同心圆"，再用胶圈加以固定。安装好内胎，充气调试呈Y形（图3-4）。

（3）消毒。用长柄钳子夹酒精棉球对集精杯、橡胶漏斗消毒，同时由里向外螺旋式对内胎进行擦拭消毒。采精前，最好用生理盐水或稀释液冲洗内胎1~2次。并将消毒好的集精杯安装在假阴道一端，固定好。

（4）注水。由注入水孔向外壳内注入50~55℃的温水，水量约为外壳与内胎容积的1/2~2/3，注水完毕装上活塞。

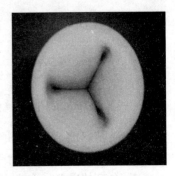

图3-4　Y形假阴道

（5）涂抹润滑剂。用消毒玻璃棒蘸取凡士林由外向内在内胎上均匀涂抹，深度为外壳长度的1/2左右。润滑度不够，公牛阴茎不易插入或有痛感；润滑剂过多或涂抹过深，则往往会流入集精杯，影响精液品质。

（6）调压。如注入水后压力不够，可用二连充气球由注气孔充气调压，使假阴道入口处内胎呈Y形（图3-4）。压力不足，公牛不射精或射精不完全；压力过大，不仅妨碍阴茎插入和射精，还可造成内胎破损和精液外流。

（7）测温。用消毒的温度计插入假阴道内腔，待温度不变时再读数，一般38~40℃为宜。

（8）防尘和保温。调试结束后，在假阴道入口端以消毒纱布盖好，装入保温箱内备用。

5. 采精人员的准备　采精员应技术熟练，动作敏捷，熟悉每一头公牛的射精特点，并注意人畜安全。指甲应剪短磨光，手臂要清洗消毒等。

（二）采精操作

公牛的采精方法多采用假阴道法。采精时，采精者应站在台牛的右侧斜后方，面朝台牛臀部，当公牛爬上台牛时，迅速跨前一步，敏捷地将假阴道靠近台牛臀部，左手迅速拖住公牛包皮，并将假阴道角度调整使之与公牛的阴茎伸出方向呈一直线，使阴茎自然地插入假阴道内（图3-5）。当公牛后肢跳起，臀部用力向前一冲即已射精，射精后将集精杯向下倾斜，使精液顺利流入集精杯，并随公牛在台牛臀部下落而向下，让公牛阴茎慢慢从假阴道内自行脱出。待阴茎自然脱离后立即竖立假阴道，打开气门，放掉空气，以充分收集滞留在假阴道内壁上的精液，然后小心取下集精杯，迅速转移至精液处理室。

图3-5　公牛的采精

（三）采精频率

公牛的采精频率应根据其种类、个体差异、健康状况、性欲强弱、精子产生数量等而定。生产实践中成年公牛每周采精 2～3 次。

二、精液的检测评定

（一）精液的外观评定

1. 准备工作　将采集好的精液做好标记，迅速置于 30℃ 左右的温水中或保温瓶中备用。
2. 评定方法
（1）采精量。采精后应立即检测其采精量。将采集后的精液盛放在带有刻度的集精杯或量筒中，检测精液量的多少。采精量的多少受多种因素影响，但超出正常范围（表 3-2）太多或太少时应查明原因。

表 3-2　成年公牛的采精量

动物种类	一般采精量（mL）	范围（mL）
奶牛	5～10	0.5～14
肉牛	4～8	0.5～14
水牛	3～6	0.5～12

观察装在透明容器中的精液颜色。正常精液一般为乳白色或灰白色，精子密度越大，乳白颜色越明显。牛的精液呈乳白色或淡乳黄色，颜色异常的精液应废弃，并停止采精，查明原因，及时治疗。

（2）气味。用手慢慢在装有精液的容器上端煽动，并嗅闻精液的气味。正常精液除具有腥味外，还有微汗脂味。如有异常气味，可能是混有尿液、脓汁、粪渣或其他异物，应废弃。

（3）云雾状。观察透明容器中精液的液面状态，若呈上下翻滚状态，像云雾一样，则为云雾状。云雾状越明显，说明精液密度越大，活率越高。

（二）精子活率评定

1. 准备工作
（1）器械的准备。光电显微镜：调成弱光，打开显微镜的保温箱（图 3-6）或载物台上的电热板（图 3-7）；清洗干净的载玻片和盖玻片：放入 37℃ 左右的恒温箱内备用；玻璃棒、镊子、烧杯、细管剪刀、擦镜纸。有条件的亦可选用全自动精子分析仪。
（2）试剂的准备。生理盐水、38～40℃ 的温水。
（3）精液的准备。新鲜的精液、牛的细管冻精。
2. 评定方法　精子活率的评定方法有平板压片法和悬滴法，悬滴法的精液较厚导致结果偏高，生产上多采用平板压片法。
（1）新鲜精液检查。用玻璃棒蘸取 1 滴原精液或经稀释的精液，滴在载玻片上，加上盖玻片呈 45°盖好，其间应充满精液，避免气泡存在，置于显微镜下放大 400 倍观察，估测呈直线运动的精子数占总精子数的百分率。

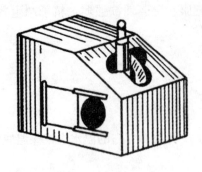 

图 3-6　显微镜保温箱　　　　图 3-7　恒温载物台显微镜

（2）细管冻精的检查。将解冻器、水浴锅或烧杯中的水温调到 38～40℃，打开液氮罐，把镊子放在罐口预冷，然后提起提筒至罐的颈部，迅速夹取一支细管冻精放入温水中，轻轻摇晃使其基本融化（20s 左右），取出细管冻精并用细管剪刀剪开，采用平板压片法检查活率。

3. 结果评定　精子活率是指精液中呈直线运动的精子数占总精子数的百分率。评定精子活率多采用"十级评分制"，如果在显微镜视野中有 80％的精子做直线前进运动，活率评为 0.8；有 70％的精子做直线前进运动，评为 0.7，依次类推。牛的新鲜精液的精子活率一般为 0.7～0.8；通常输精用液态保存精液的精子活率不低于 0.5，冷冻精液解冻后活率要求不低于 0.3。

（三）精子密度评定

精子密度是指每毫升精液中所含有的精子数。根据精子密度可计算出每次采精量中的精子总数，从而结合精子的活率以确定精液适宜的稀释倍数。目前，常用的评定方法有估测法、血细胞计数法和精子密度仪测定法。

1. 估测法

（1）检查方法。取 1 小滴精液滴于清洁的载玻片上，盖上盖玻片，使精液分散成均匀的薄层，不得存留气泡，也不能使精液外流或溢于盖玻片上，置于显微镜下放大 400 倍观察。

（2）结果评定。根据显微镜下精子的密集程度，把精子密度大致分为密、中、稀三个等级（图 3-8）。该法具有较大的主观性，误差也较大，但简便易行，基层人工授精站常采用。

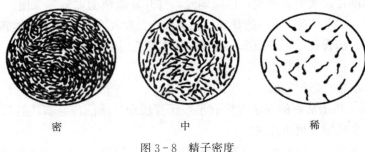

密　　　　　　　　中　　　　　　　　稀

图 3-8　精子密度

2. 血细胞计数法

（1）准备工作。器材与试剂的准备：显微镜、血细胞计数板、盖玻片、移液器、小试管、胶头滴管、计数器、擦镜纸、3％的氯化钠溶液等。精液的准备：新鲜的精液。

（2）操作方法。

①清洗器械。先将血细胞计数板及盖玻片用蒸馏水冲洗，使其自然干燥。

②稀释精液。用3％氯化钠溶液对精液进行稀释，根据估测精液密度确定稀释倍数，稀释倍数以方便计数为准。牛精液一般稀释100、200倍。

③找准方格。将血细胞计数板置于载物台上，盖上盖玻片，先在100倍显微镜下可看到25个中方格（图3-9右），每个中方格又有16个小方格（图3-9左），再用400倍显微镜查找其中1个中方格（四角中的1个）。

④镜检。将稀释好的精液滴1滴于计数室上盖玻片的边缘，使精液自动渗入计数室（图3-10），静置3min检查，计数具有代表性的5个中方格内的精子数。一般计数四角和中间1个（或对角线5个）。

⑤计算。1mL原精液的精子数＝5个方格内的精子总数×5×10×1 000×稀释倍数。

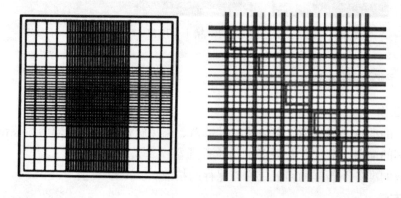

图3-9　计数室结构

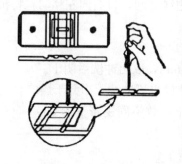

图3-10　滴加精液

（3）结果评定。精子数＞15亿/mL判为密；10亿/mL≤精子数≤15亿/mL判为中；精子数＜10亿/mL判为稀。该方法因检测速度慢，在生产上用得较少，但结果准确，一般都用于结果的校准及产品质量的检测。

（4）注意事项。①血细胞计数板一定要清洗干净；②滴入精液时，不要使精液溢出盖玻片之外，也不可因精液不足而致计数室内有气泡或干燥之处，如果出现上述现象应重新再做；③计数时，以头部压线为准，按照"数头不数尾、数上不数下、数左不数右"的原则，避免重复或漏掉；④为了减小误差，应连续检查两次取其平均值，若两次计数误差大于10%，则应做第三次检查。

3. 精子密度仪测定法　将待检精液样品按一定比例稀释，置于精子密度仪（图3-11）上读取结果，与标准管比较或查对精液密度对照表，确定样品的精液密度。此法快速、准确、操作简便，被广泛用于种牛场的精液密度测定。

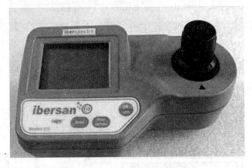

图3-11　精子密度仪

（四）精子畸形率评定

1. 准备工作

（1）器械的准备。显微镜、载玻片、计数器、染色缸、镊子、玻璃棒、擦镜纸。

（2）试剂的准备。蓝（红）墨水、95%酒精等。

（3）精液的准备。新鲜的精液或冷冻保存的精液。

2. 检查方法

（1）抹片。以细玻璃棒蘸取精液1滴，滴于载玻片一端，以另一载玻片的顶端呈35°抵于精液滴上，精液呈条状分布在两张载玻片接触边缘之间，自右向左移动，将精液均匀涂抹于载玻片上。

（2）干燥。抹片于空气中自然干燥。

（3）固定。置于95%酒精固定液中固定5~6min，取出冲洗后阴干。

（4）染色。用蓝（红）墨水染色3~5min，缓慢水流冲洗干净并干燥。

（5）镜检。将制好的抹片置于400倍显微镜下，数不同视野下的300~500个精子，记录畸形精子的数量，并计算精子畸形率。

$$精子畸形率=\frac{畸形精子数}{精子总数}\times100\%$$

3. 结果评定　凡形态和结构不正常的精子统称为畸形精子。畸形精子类型很多，按其形态结构可分为三类：

（1）头部畸形。如头部巨大、瘦小、细长、缺损、双头等。

（2）颈部畸形。如颈部膨大、纤细、曲折、双颈等。

（3）尾部畸形。如尾部膨大、纤细、弯曲、曲折、回旋、双尾等（图3-12）。

正常情况下，精液中有一定比例的畸形精子，一般牛不超过 18%，否则视为精液品质不良，不能用于输精。

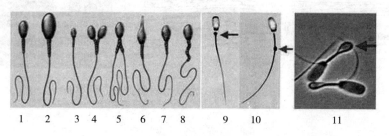

图 3-12 畸形精子类型

1. 正常精子　2. 头部膨大　3. 头部瘦小　4. 双头精子　5. 双颈　6. 头部细长
7. 头部破损　8. 颈部曲折　9. 近端原生质滴　10. 远侧原生质滴　11. 别针尾

三、输精技术

（一）输精准备工作

1. 清洗消毒　输精器等进行清洗消毒。

2. 冻精解冻　颗粒冻精解冻时用吸管吸取 2.9% 柠檬酸钠解冻液 1～2mL 置于小试管内，再将小试管置于 40℃ 水浴锅中加温，然后从液氮灌中取出冻精 1～2 粒，放入小试管中轻摇直至溶解。细管冻精解冻时从液氮灌中取出 1 支，放入 38℃ 水浴锅中 10s。

3. 活力检查　取 1 滴精液置于洁净的载玻片上，然后在液面上加盖玻片，在显微镜下检查精子的活力。将检查合格的精液装入输精枪。

（二）输精

采用直肠把握法，与发情鉴定相同，在直肠内摸到子宫颈并握于手心，切勿握得太靠前而使颈口游离下垂，造成输精器不易对准子宫颈口（图 3-13A）。与此同时，直肠内的手臂下压，使阴门开张，另一只手持吸有精液的输精器或装有细管的输精枪自阴门插入。插入时，先向上倾斜插入 5～10cm，避开尿道口后，再水平插入至子宫颈口处，握子宫颈的手将子宫颈拉向腹腔的方向，使突出于阴道的子宫颈外口缩进，阴道皱褶伸展（图 3-13B），依靠两只手的协同与配合，将输精器前端插入子宫颈口内通过 2～3 个较硬的皱褶（图 3-13C），然后再向外拉子宫颈使输精器顺利地插入子宫体，随即将精液缓缓注入，抽出输精器，用手对子宫角按摩 1～2 次，但不要挤压子宫角。

（三）输精注意事项

（1）吸取精液或注入精液时动作要慢，切忌反复吸排，以减少对精子的机械刺激。

（2）输精器应事先预热，吸入精液时应与精液等温或温度相近。

（3）输精操作中，如遇母牛弓腰强烈努责，应暂停操作，决不能强行输精，可让助手按摩母牛腰椎，缓和腰部紧张。

（4）输精器插入子宫颈时，动作要轻缓，防止损伤子宫颈外口和子宫角，遇阻力时不能

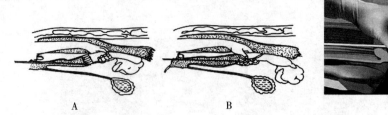

图 3-13　牛的直肠把握子宫颈输精法

强行插入。

（5）推出精液时，直肠内的手可将子宫内的输精枪前端稍往下压，使输精管前低后高，便于精液流入子宫内。

（6）使用玻璃输精器输精时，输精员应随牛的左右摆动而摆动，以免牛将输精器折断。

（7）输精完成后，先将输精枪取出，用直肠里的手轻轻按住子宫颈片刻，避免精液溢出，发现大量精液倒流时，应重新输精一次。

■ 任务测试

1. 牛场应如何检查精液的质量？

2. 解冻后的精液应在何种温度条件下镜检？

3. 解冻后的精液活力达到多少才可以输精？

任务三　牛的妊娠与分娩

■ 任务导入

妊娠是母牛的特殊生理状态，是由受精卵开始，经过发育，一直到成熟胎儿产出为止。母牛在妊娠期、分娩前生理、形态及行为方面都将发生一系列的变化，生产中以此来估测和判断是否妊娠及分娩的大致时间，对于保胎、减少空怀、做好接产和产后护理的准备工作，从而提高母牛繁殖率具有十分重要的意义。

■ 任务实施

一、牛的妊娠及诊断

（一）妊娠诊断的意义

奶牛的妊
娠诊断

在养牛生产中，妊娠诊断尤其是早期妊娠诊断具有特别重要的意义。通过诊断对已妊娠的母牛应加强饲养管理，以保证母体的健康、胎儿的正常发育，避免发生流产。对于配种后未妊娠的母牛，要找出未妊娠的原因，分析是否在配种时间、配种技术、精液品质和母牛生殖道状况等方面出现了问题，以改进配种工作，及时复配，减少空怀，缩短产犊间隔，提高母牛繁殖率。对有严重生殖障碍、久配不孕、治疗效果不佳、生产力较低的个体应考虑淘汰。

（二）妊娠诊断方法

1. 外部观察法　妊娠母牛周期性发情停止，性情变得安静、温顺，行动迟缓，避免角斗和追逐；放牧或驱赶运动时常落在牛群之后；食欲和饮水量增加，膘情改善，毛色有光泽，行动谨慎；妊娠初期外阴部比较干燥，阴唇紧缩，皱纹明显。此法虽然简单、容易掌握，但不能进行早期确诊，只能作为参考。

2. 直肠检查法　这是妊娠诊断最常用和最准确可靠的方法，但需要熟练的操作和丰富的实践经验。将牛保定好，采用与发情鉴定时直肠检查相同的操作方法将手伸入直肠，触摸子宫角的大小、有无液体波动和收缩反应。妊娠母牛的子宫颈紧锁，质地变硬，孕侧子宫角基部稍有增粗，轻轻提起置于掌心有液体波动感，触摸时反应迟钝，不收缩或收缩微弱，在卵巢表面可触及较硬的凹凸不平的黄体，卵巢体积也明显变大；触摸非孕侧子宫角有较强的收缩力、有弹性，而非孕侧卵巢无黄体，卵巢体积较小。妊娠40～50d复检，两侧子宫角明显不对称，孕角变短增粗，柔软如水袋，触诊无收缩反应，可确定为妊娠。操作时应谨慎，动作要轻、快、准，以防造成流产。

3. 雌激素诊断法　母牛配种后20d左右，用己烯雌酚10mg，一次肌内注射。已妊娠的母牛不表现发情，未妊娠的母牛可在第二天表现出明显的发情征状。激素的用量要准确，切不可过量使用。

4. B型超声波诊断仪诊断法　用B型超声波（简称B超）诊断仪诊断母牛妊娠，是目前最具有应用前景的早期妊娠诊断方法。

此法一般是在母牛配种后27～30d进行，操作简单，准确率高。检查前将母牛保定在保定架内，将尾巴拉向一侧，清除直肠内的宿粪，必要时可用温生理盐水对母牛进行灌肠，以保证检查区域内环境清洁，以方便检查（图3-14）。使用频率5.0～7.5Hz的超声波探头，将探头隐在手心中，在手臂和探头上涂以润滑剂，将探头送入母牛直肠内，隔着直肠壁紧贴子宫角缓慢移动并不断调整探查角度，观察B超实时图像，直至出现满意图像。妊娠母牛可在子宫内检测到胚囊、胚斑和胎心搏动，母牛配种后30d和33d清晰地

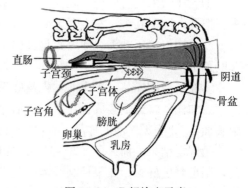

图3-14　B超检查示意

显示出胚囊和胚斑图像（图3-15）。33d时胚囊实物一指大小、胚斑实物1/3指大小。声像图中子宫壁结构完整，边界清晰，明显增厚，胚囊液性暗区大而明显，液性暗区内不同的部位多见胚斑，边界清晰。妊娠30～40d，B超诊断的主要依据是声像图中见到胚囊或同时见到胚囊和胚斑。妊娠40d以上时，声像图显示更明显，胚囊和胚斑均明显可见，有时还可见胎心搏动，可在显示器上看到一个近圆形的暗区，即为母牛的胎泡位置，随着胎龄的增加，胎泡增大，形成的暗区也会增大；空怀母牛声像图显示子宫体呈实质均匀结构，轮廓清晰，内部呈均匀的等强度回声，子宫壁很薄，无明显增厚变化，无回声暗区；子宫内膜炎的母牛，声像图显示子宫腔轮廓模糊不清，有许多个暗区，光点呈雪片状

物，暗区散在低强度等回声光点（光斑）为子宫积液，暗区呈中或高回声液体声像图为子宫积脓。

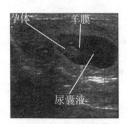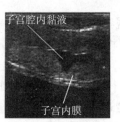

妊娠30d子宫B超图像　　妊娠33d子宫B超图像　　未妊娠子宫B超图像

图3-15　子宫B超图像

5. 孕酮免疫学测定法　母牛配种后未妊娠，则周期黄体退化，母牛体内孕酮水平较低，而配种妊娠的母牛黄体持续存在，母牛体内孕酮水平较高，因此检测母牛体内的孕酮水平就可以对母牛进行早期妊娠诊断。目前孕酮的检测方法主要有放射免疫法、酶联免疫法、化学发光免疫法、孕酮乳胶凝集抑制试验、胶体金免疫层析法、表面等离子共振免疫传感器等，生产实际中简单易行的方法有孕酮乳胶凝集抑制试验和孕酮试纸条快速检测法，其中孕酮乳胶凝集抑制试验可在母牛配种后23d左右进行妊娠诊断，准确率可高达92%，且易于掌握；而利用胶体金免疫层析法制备的孕酮快速检测试纸条可在18～24d及时、准确地判定母牛是否妊娠。

孕酮试纸条快速检测法如下：

①乳样的采集与处理。乳样应该在牛群挤乳过程中采集，先用纸巾清洁奶牛乳房，废弃头三把乳，擦干乳头，左手握15mL离心管，右手拇指与食指握紧乳头基部，剩余三根手指由上而下均匀挤压乳头，即可收集乳样，并记录牛号。乳样可在27℃下保存24h，若长期保存应置于-20℃冰箱内。

②准备检测样品。操作前，先戴好手套，将试纸条、样品恢复至室温，准备吸管等。

③加样。将试纸条放置在平坦、洁净的桌面上，用吸管从离心管中吸取乳样，向样品孔中滴加2～3滴无气泡的样品，在试纸条上标记牛号。

④判定结果。加入乳样5～10min后即可判定（图3-16），如果检测线和控制线均为红色，则可判定妊娠；如果控制线为红色，检测线无颜色变化，则可判定为未妊娠；如果控制线无红色出现，则检测失败，这可能是操作不当、样品量不够、试纸条过期等原因造成的，应重新操作，以确定具体原因。

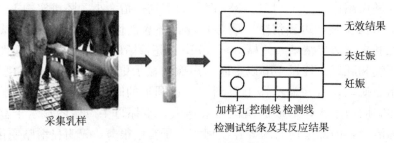

图3-16　奶牛孕酮检测

6. 妊娠相关糖蛋白检测法 ELISA 检测试剂盒的操作如下：

（1）采集被检牛血液样品。

（2）准备检测用品。操作前，先戴好手套，将试剂盒、样品恢复至室温，摇匀试剂，准备吸管、洗瓶等。

（3）加样与反应。①将微孔板置于平整、干净的桌面上，用吸管分别向孔内加阴性对照、阳性对照以及待测样品，轻轻摇匀几次，盖上遮光板孵育。②孵育后，移走遮光板，迅速翻转微孔板，甩弃孔内液体。重复洗涤 3～5 次。③洗涤后向孔内加入检测溶液，轻轻摇匀几次，盖上遮光板孵育。④孵育后重复步骤②的洗板过程。⑤洗涤后，再向孔内加入酶标抗体，轻轻摇匀几次，盖上遮光板孵育。⑥孵育后，再次重复步骤②的洗板过程。⑦加入显色液孵育几分钟后，再加终止液即可观察颜色变化。

（4）结果判定。阳性对照孔和样品孔呈蓝色，判为妊娠；阳性对照孔呈蓝色，样品孔没有显色，判为未妊娠；阳性对照孔呈蓝色，样品孔蓝颜色很弱，判为可疑，应复检一次；如果阳性对照孔没有显色，可能的原因有操作不当、试剂盒质量问题等，若出现这种问题，应重新检测一次以确定发生的具体原因。

（三）妊娠的症状

母牛配种后，如已妊娠，表现不再发情，妊娠 3 个月后，食欲和饮水量增加，膘情逐渐变好，毛色有光泽，行动谨慎，腹部日益膨隆。育成牛在妊娠 4～5 个月后，乳房发育加快，体积增大。经产牛妊娠 5 个月后，泌乳量显著下降，脉搏、呼吸加快。妊娠 6 个月左右，在右侧腹部可触到或看到胎动。

（四）妊娠期

从配种受精到胎儿产出的这段时间称为妊娠期。黄牛的妊娠期平均为 280d，范围为 270～285d；水牛的妊娠期为 300～325d；牦牛的妊娠期为 225～290d，平均为 255d。妊娠期的长短还受年龄、季节、饲养管理条件、胎儿性别和单、双胎等因素的影响。一般情况下，早熟品种比晚熟品种妊娠期短；奶牛比肉牛短；怀双胎比怀单胎短；母犊比公犊短；青年牛比成年牛短；夏秋季节分娩比冬春季节短；饲养条件好的比差的短。

（五）预产期推算

为了做好分娩前的准备工作，必须较准确地推算出母牛的预产期，以编制产犊计划。奶牛预产期的推算采用"月减 3，日加 6"，即配种月份减去 3，配种日期加上 6 即为预产期。

推算时，若配种月份不够减（或得数为 0 时），需借一年（12 个月）再减；如果日期加 6 后超过 30，应减去 30，减后余数为预产日，预产月份再加 1 个月。

例 1：某奶牛于 2009 年 9 月 27 日配种受胎，推算其预产期。月数：9－3＝6；日数：27＋6＝33，6 月为小月 30d，33－30＝3。该牛的预产期为 2010 年 7 月 3 日。

例 2：某奶牛于 2018 年 1 月 28 日配种受胎，推算其预产期。月数：1＋12－3＝10；日数：28＋6＝34，10 月为大月 31d，34－31＝3。该牛的预产期为 2019 年 11 月 3 日。

二、分娩

（一）临产征兆

随着胎儿的日趋成熟，母牛体内的激素将发生一系列的变化，进而使母牛发生相应的生理变化，主要表现在以下几个方面：

1. 乳房变化 产前15d左右乳房开始膨大，产前2～3d乳房明显膨大，可从前两个乳头挤出淡黄色黏稠的液体，当能挤出乳白色的液体时，母牛将在1～2d分娩。

2. 外阴部变化 约从分娩前1周开始，阴唇逐渐肿胀、柔软、皱褶展平。由于封闭子宫颈口的黏液栓溶化，在分娩前1～2d有呈透明的索状物从阴道流出，悬垂于阴门外。

3. 骨盆部变化 临产前几天，骨盆部韧带松弛、软化，臀部有塌陷现象。在分娩前1～2d骨盆韧带已完全软化，尾根两侧肌肉明显塌陷，使骨盆腔在分娩时增大。

4. 体温变化 母牛在产前1周比正常体温高0.5～1℃，但在分娩前12h左右体温又下降0.4～1.2℃。

5. 行为变化 临产前母牛腹部阵痛，表现不安，食欲减退或停食；前肢搂草，常回头观腹；时起时卧、举尾、频频排尿，但量很少，表明母牛即将分娩。此时应有专人看护。

（二）分娩过程

母牛的分娩过程

母牛妊娠期满，将胎儿、胎衣排出体外的生理过程称分娩。分娩的动力是腹部肌肉和子宫肌肉的收缩。子宫的间歇性收缩称为阵缩；腹肌和膈肌的收缩称为努责。母牛的分娩时间从子宫颈口开张到胎衣排出平均为9h，这段时间内必须加强对母牛的监护。母牛的分娩过程分开口期（产前期）、胎儿产出期和胎衣排出期（产后期）三个阶段。

1. 开口期 从子宫开始收缩到子宫颈口完全开张称开口期。开口期内母牛表现不安，食欲减退或废绝，尾根抬起，常做排尿状，脉搏达80～90次/min。此期的动力呈波浪式的子宫阵缩，平均3～5min一次。阵缩迫使胎膜和胎水进入子宫颈，使子宫颈口逐渐开张。胎儿转变成分娩时的胎位和胎势。胎儿的前置部分也开始进入子宫颈，这样使得子宫颈充分开张。此期1～12h。

2. 胎儿产出期 从子宫颈口完全开张到胎儿排出体外称为胎儿产出期。胎儿前置部分进入产道后阵缩和努责同时进行，腹内压显著升高，使胎儿从子宫内经产道产出。在整个分娩过程中，胎儿头的产出较为费力。在母牛阵缩和努责时，胎儿向外鼓出，间歇时期，胎儿又稍回缩。在胎儿头露出阴门后，母牛稍微休息一下，然后将胎儿产出体外。此期一般为1～4h。

3. 胎衣排出期 从胎儿产出到胎衣全部排出体外称为胎衣排出期。子宫间歇性的阵缩和几次轻微的努责使胎衣排出体外。由于牛是子叶型胎盘，属于子包母型，结合紧密，排出时间较长，一般为4～6h。胎衣超过12h尚未排出可视为胎衣不下，需进行处置。

三、接产与助产

1. 接产前的准备 根据母牛的配种记录，结合观察到的分娩征状，在母牛预计分娩前

2周将母牛转入产房。母牛入产房前，对产房要进行严格消毒，地面铺上清洁、干燥的垫草，冬季还要保证产房温暖，并保持环境的安静。母牛出现临产征状时，要准备好接产的用具和药品，主要有脸盆、肥皂、纱布、药棉、剪子、缝合针线、助产绳以及碘酒、酒精等消毒剂。母牛阵缩开始，接产人员用1%来苏儿或0.1%～0.2%的高锰酸钾溶液清洗消毒母牛后躯，并争取让母牛左侧躺卧在产房适当位置，避免瘤胃压迫胎儿。

2. 接产方法　母牛分娩要有专人值班，这在北方寒冷的冬季尤为重要。接产人员需掌握一定的接产技术，接产不当会加剧难产的发生，甚至会引起产道的损伤或感染。母牛的分娩属于正常的生理现象，无须过早人为干预，接产人员的职责主要是监视分娩过程，护理新生犊牛和产后母牛，发现分娩困难给予适当的协助。母牛正产时，胎儿的两前肢夹着头先出，是最佳产势。倒生时则两后肢先产出，这时应及早拉出胎儿，防止胎儿腹部进入产道后，因脐带被压在骨盆底下而窒息死亡。

在分娩过程中，若胎膜已露出，胎儿的前置部位开始进入产道，这时可将手伸入产道，隔着胎膜，检查胎儿的方向、位置和姿势是否正常。如果正常，就不需要帮助，让其自行产出；如果胎儿的方向、位置和姿势不正常，就应顺势将胎儿推回子宫进行矫正，这时矫正比较容易。一般在胎膜露出时，胎儿的前肢会将胎膜顶破。如果胎膜露出而未破，可用手将其撕破，让胎儿的鼻端露出，并及时清除口腔和鼻腔黏液，防止胎儿窒息。

若母牛产程较长，阵缩、努责又乏力，羊水已流尽，产道干燥，这时应实施助产。助产人员可将少许液状石蜡倒在掌心，涂入产道，再用消毒过的产科绳系住胎儿两前肢系部，并用手指擒住胎儿下颌，随着母牛的努责一起用力拉出。当胎儿头通过阴门时，一人用双手捂住阴唇及会阴部，避免因母牛用力努责将阴门撕裂。胎儿头拉出后，拉的动作要缓慢，以免发生子宫翻转或脱出。当胎儿腹部通过阴门时，将手伸到胎儿腹下，握住脐带根部和胎儿一起向外拉。

总之，在助产过程中，首先要避免胎儿窒息死亡，向外拉时切不可用力过猛，防止胎儿被拉伤及子宫翻转脱出。同时要保护会阴，避免其撕裂，保护脐带，避免其断在脐孔内。

胎儿产出后，还须注意母牛胎衣的排出，胎衣排出后要立即清除，防止母牛吃下引起消化不良。若12h仍不见胎衣排出，应找兽医处理。

3. 初生犊牛的护理　初生犊牛的护理包括清除口鼻及身躯上的黏液，断脐带及喂初乳等。

犊牛产出后，应立即用毛巾或纱布将口腔和鼻腔内及周围的黏液擦净，以利于犊牛的呼吸。若遇假死（没有呼吸，但心脏仍在跳动），应及时进行抢救。方法有几种：①将犊牛两后肢提起，使咽喉部羊水流出，再将犊牛放在前低后高的地方，用手推拉犊牛胸腹部。②用两手抱住犊牛胸部，有节律地按压、放松。③用手适当用力拍打两肋以促使其呼吸。④将犊牛仰卧，握住两前肢，反复前后伸屈，牵动身躯，促进犊牛迅速恢复呼吸。⑤用棉球蘸上碘酒或酒精滴入鼻腔刺激呼吸。

母牛产后有舔食犊牛身上黏液的习惯，可让母牛尽可能舔干犊牛，如母牛不舔时，可在犊牛身上撒些麸皮引诱母牛舔干，这样可以增加母子亲和力，并有助于母牛胎衣的排出。如母牛不肯舔时，应尽快用抹布擦干犊牛身上的黏液，以免受凉而引起感冒。

多数犊牛生下后脐带会自行扯断，在断端用5%的碘酒充分消毒。如未断时，可在距腹部6～8cm处用手扯断或用消毒剪刀剪断，断端用5%碘酒充分消毒。一般不需包扎，以利于干燥愈合。待犊牛能自行站立后，应及时帮助哺喂初乳。

4. 母牛产后护理 母牛产后身体疲劳虚弱，异常口渴，这时可喂给温热麸皮盐水汤，即由麸皮 1.5～2kg、食盐 100～150g、温热水 10～15kg 调成。这样有利于母牛增加腹压、恢复体力、维持酸碱平衡、暖腹充饥。

清除产房内潮湿污浊的垫草，换上干净垫草，让母牛休息，这样可有效地预防母牛的产后感染。

恶露（血液、胎水、子宫分泌物等）的排出是产后母牛正常的生理现象。恶露的排出情况可反映子宫的恢复状况，产后第一天排出的恶露呈血样，以后逐渐变成淡黄色，最后变成无色透明黏液，直至停止排出，母牛恶露一般在产后 10～15d 排完。如果恶露呈灰褐色，并伴有恶臭，且 20d 后仍不能排尽，或产后 10d 仍未见恶露排出，是子宫内膜炎的表现，应尽早检查治疗。

产后母牛要给予易于消化且富含营养的草料，每次喂量不宜过多，以免引起消化不良，经 3～5d 可恢复到正常饲养水平。同时要观察母牛的食欲和粪便情况。

■ 知识拓展

牛繁殖新技术及其应用

一、同期发情

同期发情又称同步发情，即通过利用某些外源激素处理，人为地控制并使一群母牛在预定的一定时间内集中发情，以便有计划地合理组织配种。

（一）生理机制

同期发情技术就是以脑垂体和卵巢所分泌的激素在母牛发情周期中所起的作用为理论依据。主要有两种途径，两种途径都是通过控制黄体，降低孕酮水平，从而导致卵泡同时发育，达到同期发情的目的。可给一群母牛施用激素，抑制其卵泡的生长发育，使其处于人为黄体期，经过一定时期停止用药，使卵巢机能恢复正常，引起同一群母牛同时发情。相反，也可利用性质完全不同的另一类激素，加速黄体退化，缩短黄体期，使卵泡期提前到来，导致母牛发情。

（二）常用药物

常用的药物主要有两种，一种是抑制卵泡生长发育的激素，如孕酮和其他孕激素类化合物，常用的有孕酮、甲地孕酮、氯地孕酮、氟孕酮、18 -甲基炔诺酮等；另一种是加速黄体退化的激素，当前使用的是前列腺素及其类似物。

（三）常用的方法

1. 孕激素＋前列腺素（PG）法 将含有一定量孕激素药物的阴道栓放于阴道深处或子宫颈口附近，放栓的第 10～14 天注射氯前列烯醇，12～16d 后取出，取栓后几天内被处理牛集中发情。

2. PG 一次注射法 在牛发情周期的 5～18d，一次注射氯前列烯醇，几天内被处理牛集中发情。

3. PG 二次注射法 由于 PG 对排卵后 1 周内形成的黄体不敏感，对群体母牛来说，一次注射处理约有 65％的母牛出现发情，为了提高同期发情效果，采用二次注射。

在牛发情周期的任一天，第一次注氯前列烯醇，在第一次注射氯前列烯醇后 11d 左右第二次注射氯前列烯醇，几天后处理牛集中发情。

二、牛的定时输精技术

1995 年美国学者 Pursley 等发明了奶牛繁殖的新技术——奶牛的同期排卵和定时输精。随后定时输精技术受到许多畜牧工作者和奶牛养殖者的重视，定时输精程序已被奶牛饲养者作为一种有效的繁殖技术而广泛应用。

方法 1：母牛先用促性腺激素释放激素（GnRH）进行处理，7d 后注射氯前列烯醇，48h 后再注射一次 GnRH，在第二次注射 GnRH 后 16～18h 输精，不需要对母牛进行发情鉴定。

方法 2：母牛先用氯前列烯醇进行第一次注射处理，处理当天记为第 0 天，第 14 天第二次注射氯前列烯醇，第 28 天注射 GnRH，第 35 天注射氯前列烯醇，第 37 天注射 GnRH，16～18h 输精。

三、胚胎移植

胚胎移植又称受精卵移植，也称为"借腹怀胎"或"人工授胎"，其含义为将一头良种母牛的早期胚胎用冲洗子宫的方法取出，或是经体外受精获得的胚胎，移植到另一头生理状态相同的母牛体内，使之继续发育成为新个体的技术。提供胚胎的个体称为"供体"，接受胚胎的个体称为"受体"，通常仅将优良的母牛作为"供体"。

胚胎移植的基本过程包括：供体和受体的选择、供体和受体的同期发情、供体母牛的超数排卵、受精以及胚胎的采集、检出、鉴定和移植等。

四、性别控制

家畜后代性别的控制是现代畜牧科学研究和生产的重大课题之一。它对提高畜牧生产的经济效益有着十分重要的意义。

性别控制是指人为干预动物的正常生殖活动，使动物能够按照人们的意愿来繁殖所需性别后代的一种繁殖新技术。该技术在畜牧业生产中具有重要意义，目前实现家畜的性别控制主要有两种途径，一种是受精后通过对早期胚胎的性别进行鉴定，如核型分析、聚合酶链式反应法和 DNA 探针法等，然后移植所需性别的胚胎，从而达到控制性别的目的；另一种则是受精前通过体外分离精子而预先决定后代的性别。前者是通过鉴定胚胎的性别来影响出生的性别比例；后者是在配子的水平上进行性别控制，是先分离 X、Y 精子，然后用特定类型的精子完成受精过程来控制家畜的性别，这种方法目前被认为是家畜性别控制最有效的途径。

1925 年，Lush 试图利用精子的密度差异，通过离心分离精子的方法控制兔后代的性别，但结果不太理想。在此后的半个多世纪里，许多方法被运用于精子分离，其中最主要的有电泳法、白蛋白柱分离法、percoll（细胞分离液）密度梯度离心法、sephadex（凝胶）柱分离法、流式细胞仪分离法。这些方法主要是以 X、Y 精子间存在的物理学、生物化学及免疫学性质差异为依据来分离精子，如密度、活率、表面电荷、表面抗原和 DNA 含量等。

流式细胞仪是根据 X、Y 两类精子在 DNA 含量上的差异来分离精子。流式细胞仪问世于 20 世纪 60 年代，Gledhill 等首先利用它测定精子的 DNA 含量，1989 年，Johnson 等首先报道用流式细胞仪成功地分离了兔的 X 和 Y 精子，并用分离的精子授精产下后代。流式细胞仪分离法是目前分离 X 精子和 Y 精子比较理想的方法，其理论是：X 精子 DNA 含量比 Y 精子高，差异一般为 3%～4.5%，且染料着色量与精子 DNA 含量成正比，所以 X 精子吸收染料多，产生的荧光就强，因此可以用流式细胞分类器进行分离。研究人员利用此方法已成功分离了小鼠、兔、牛、羊、猪等动物的 X 精子和 Y 精子，并在不同动物种间取得较为理想的分离效果，自应用流式细胞仪分离精子以来，分离技术得到很大的提高，目前世界上先进的精子分离仪能分离 X、Y 精子各 2 500 个/s 以上，准确率超过 95%。通过这种方法分离得到的精子少，但并不影响胚胎的发育，所以该技术已成为目前最有重复性、科学性和有效性的分离精子的方法。流式细胞仪分离法具有分选精子纯度高、对精子损伤小等诸多优点。

目前我国奶牛生产上常使用 X 精子、肉牛生产中使用 Y 精子，其后代性别控制准确率可达 92% 以上。

■ 任务测试

一、填空题

1. 母牛妊娠后，首先表现_____停止，不再表现_____，_____增加，_____光亮，_____逐渐变好。

2. 母牛妊娠 6 个月，在右侧腹部可触摸到或看到_____。

3. 母牛临产的主要症状有_____、_____、_____、_____、_____。

4. 母牛（奶牛、黄牛）妊娠期为_____d。

5. 母牛分娩后胎衣排出的正常时间为_____h，最多不超过_____h。

二、简答题

1. 常用的早期妊娠诊断方法有哪些？怎样诊断？

2. 甲乙两头奶牛于 2020 年 3 月 26 日配种，4 月 30 日确诊已妊娠，预计何时产犊？

3. 试述母牛分娩前的预兆及分娩的过程。

4. 简述母牛正常分娩的接产方法和新生犊牛的护理技术。

奶牛养殖技术

■ 学习目标

1. 能根据奶牛的外貌特点正确选择奶牛品种。

2. 能根据奶牛不同生长阶段的生理特点正确进行犊牛、育成牛、泌乳牛、干乳牛以及初产牛和高产牛的饲养管理。

3. 熟悉奶牛 TMR 饲喂技术及挤乳程序与操作技术。

4. 能说出奶牛外貌评定的方法及影响奶牛产乳性能的因素。

任务一 奶牛品种选择

■ 任务导入

近几年来，许多养殖户购买奶牛，饲养一段时间后，发现牛产乳量极低，每日产乳量只有 5～6kg。经有关部门检测及专家鉴定，这批牛属于黄牛改良牛，产乳性能低下，存在严重质量问题，给养牛户（场）造成严重的经济损失。

制造假奶牛主要有两种手段：一是制假者利用人们美发用的油膏，把黄牛被毛染成黑白花，同时通过手术使乳房变大，以此冒充荷斯坦牛；二是采用荷斯坦牛种公牛冷冻精液给黄牛输精，把所产杂交后代母牛当作纯种荷斯坦牛出售，杂交后代产乳量不高，购买者很容易上当。因此购买奶牛要注重选择。请问购买奶牛时应如何选择？

■ 任务实施

一、奶牛的外形特点

牛的外貌是体躯结构的外部表现，与生产性能和健康程度有密切的关系，也是品种的重要特征，对不同经济用途的牛外貌有不同的要求。

从整体上看，奶牛外貌上的基本特点是：全身清秀，细致紧凑，皮薄骨细，轮廓分明，血管显露，被毛细短而有光泽，后躯和乳房特别发达，侧视、前视、背视体躯均呈楔形（图 4-1）。

1. 侧视 将背线向前延长，再将乳房与腹线连成一条直线，延长到牛头前方，与背线延长线构成一个楔形，即奶牛的体躯是前躯浅、后躯深，表明其消化系统、生殖器官和泌乳系统发育良好，产乳量高。

2. 前视 以鬐甲为起点，分别向左右两肩下方做直线并延长，与胸下的直线相交，构

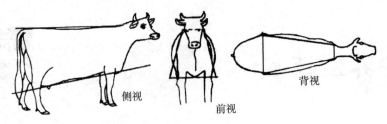

图 4-1 奶牛楔形体躯（侧视、前视、背视）

（昝林森，2007. 牛生产学）

成楔形，表明鬐甲和肩胛部肌肉不多、胸部宽阔、肺活量大。

3. 背视 由鬐甲分别向左右两腰角做两条直线，与两腰角连线相交，构成楔形，表明后躯宽大、发育良好。

从局部看，头部较小，狭长而清秀，额宽，眼大而活泼，耳薄而柔软灵活，口方正，角细致而富于光泽。颈部狭长，垂肉小而柔软，颈侧多细小的纵行皱褶，与头部、肩部结合良好。鬐甲要平或稍高。胸要深，肋骨宽而长，肋间隙大。背腰要平直，结合良好。腹部要饱满，呈圆筒状，不宜下垂成"草腹"或向上收缩成"卷腹"。腰角显露，尻部宽平；外生殖器大而肥润，闭合良好；尾细长直达飞节，尾根与背腰在同一水平线上。四肢发育健全，姿势端正，蹄部致密而坚实。

乳房要求：前乳房应向前延伸至腹部和腰角垂线之前，后乳房向股间的后上方充分延伸，附着高，使乳房充满股间而突出于体躯的后方。4 个乳区发育匀称，乳头大小、长短适中而呈圆柱状，整个乳房呈浴盆状；其底线略高于飞节。具有薄而细致的皮肤，短而稀疏的被毛，弯曲而明显的乳房静脉。乳房内部结构，腺体组织占 75%～80%，结缔组织占 20%～25%。这种乳房富于弹性，挤乳前、后体积变化较大，称为"腺质乳房"。如果乳房内部结缔组织过分发育，缺乏弹性，挤乳前、后体积差别不大，称为"肉质乳房"，其产乳量较低。乳井是乳静脉在第 8、9 肋处进入胸腔所经过的孔道，其粗细是乳静脉大小的标志。

奶牛的理想外貌要求是"三宽三大"，即背腰宽，腹围大；腰角宽，骨盆大；后挡宽，乳房大。

二、奶牛选择原则

1. 正确选择奶牛品种 奶牛品种是经过长期精心选育和改良，适于生产牛乳的专门化品种。世界上奶牛品种很多，如荷斯坦牛、娟姗牛、更赛牛、爱尔夏等，但至今还没有一个品种的生产性能超过荷斯坦牛。我国饲养奶牛品种中 95% 以上是中国荷斯坦牛。在很多国家（如美国、加拿大、日本、以色列等），荷斯坦牛的饲养比例占奶牛饲养总量的 90% 以上。因此为了使奶牛高产，首先应选择荷斯坦牛。在饲养条件较差的地区可选择其他品种。

2. 根据产乳量和乳脂率进行选择 对每头泌乳牛应定期测定产乳量和乳脂率。从遗传角度讲，产乳量和乳脂率呈负相关。产乳量越高，乳脂率越低。所以挑选高产奶牛，除根据产乳量外，对乳脂率更应重视。低乳脂率的公牛不可选作种用。

3. 根据体型外貌选择 挑选好的体型外貌，特别是好的乳房及肢蹄对提高产乳成绩十分重要。高产牛体型必须有这样的特点：体型高大，中躯容积多，乳用体型明显，乳房附着结实，肢蹄强壮，乳头大小适中。

4. 根据系谱选择　包括：奶牛品种、牛号、出生日期、出生体重、成年体尺、成年体重、外貌评分、等级、母牛各胎次产乳成绩。系谱中还应有父母代和祖父母代的体重、外貌评分、等级，母牛的产乳量、乳脂率、等级。

5. 根据年龄和胎次选择　年龄和胎次对产乳成绩的影响非常大。在一般情况下，初配年龄为 15～17 月龄，体重应达成年牛的 70%。初胎牛和 2 胎牛比 3 胎以上的母牛产乳量低，4～7 胎母牛产乳量达到高峰，7 胎以后产乳量则逐渐下降。乳脂率和乳蛋白率随着奶牛年龄与胎次的增长略有下降。因此为使奶牛或奶牛群高产，应注意年龄与胎次的选择。

6. 根据饲料转化率评定　饲料转化率是一项挑选高产奶牛的指标，也是评定牛乳成本的依据。应收集每头泌乳牛精、粗饲料采食量，并计算其饲料转化率和全泌乳期总产乳量，总饲料干物质。高产奶牛每日采食的干物质量应达该牛体重的 4%。每产 2kg 牛乳至少应采食干物质 1kg，低于这个标准可导致体重下降或引起代谢等疾病。

7. 根据排乳速度选择　测定排乳速度是挑选高产奶牛的一项重要指标。据测定，美国荷斯坦牛每分钟排乳 3.61kg，上海的中国荷斯坦牛为 2.28kg。所以高产奶牛应挑选排乳速度快的个体。

三、奶牛品种

（一）荷斯坦牛

1. 原产地及分布　荷斯坦牛原产于荷兰北部的北荷兰省和西弗里生省，故称荷斯坦-弗里生牛，因其毛色为黑白相间、界限分明的花片，又称黑白花牛。

荷斯坦牛是世界上分布范围最广的奶牛品种。许多国家引入后经过长期的培育，育成了适应当地自然条件、各具特点的荷斯坦牛，多数冠以本国名称。如美国荷斯坦牛、加拿大荷斯坦牛、澳洲荷斯坦牛、中国荷斯坦牛等。由于各国对荷斯坦牛选育方向不同，分别育成了以美国、加拿大、以色列等国家为代表的乳用型和以荷兰、德国、丹麦、瑞典、挪威等欧洲国家为代表的乳肉兼用型两大类型。

2. 外貌特征

（1）乳用型荷斯坦牛。具有典型的乳用型牛外貌特征。成年母牛体型后躯较前躯发达，侧视、前视、背视均呈明显的楔形结构。该牛体格高大，结构匀称，皮薄骨细，皮下脂肪少。乳房庞大，且前伸后延好，乳静脉粗大而弯曲。头狭长清秀，背腰平直，尻方正，四肢端正。被毛细短，毛色呈黑白花斑，界线分明，额部有白星，腹下、四肢下部（腕、跗关节以下）及尾为白色。成年体重公牛 900～1 200kg、母牛 650～750kg，犊牛初生重为 40～50kg。

（2）乳肉兼用型荷斯坦牛。牛体型略小，体躯低矮、宽深，侧视略呈偏矩形。皮肤柔软而稍厚。尻部方正，四肢短而开张，姿势端正，乳房发育匀称，前伸后展，附着良好。毛色与乳用型相同，花片更整齐美观。全身肌肉较乳用型丰满。成年体重公牛 900～1 100kg、母牛 550～700kg，犊牛初生重为 35～45kg。

3. 生产性能　乳用型年平均产乳量 7 500～8 500kg，乳脂率 3.5%～3.8%；乳肉兼用型年平均产乳量 5 500～6 500kg，乳脂率可达 3.8%～4.0%。经育肥的荷斯坦牛屠宰率可达 55%～62.8%，产肉量多，增重速度快，肉质好。

4. 适应性和杂交效果 荷斯坦牛较耐寒，耐热性较差，夏季高温时产乳量明显下降。乳脂率较低，对饲草饲料条件要求较高，适宜我国饲草料条件较好的城市郊区和农区饲养。引自炎热地区如澳大利亚的荷斯坦牛能较好地适应热带、亚热带气候。

用荷斯坦牛与黄牛杂交，其毛色呈显性，对于提高产乳量效果非常明显，杂交一代、二代、三代产乳量分别为 2 000～2 500kg、2 700～3 200kg、4 000～5 000kg。

（二）中国荷斯坦牛

中国荷斯坦牛是利用从不同国家引入的纯种荷斯坦牛经过纯繁，纯种牛与黄牛杂交，并用纯种荷斯坦牛级进杂交，高代杂种相互横交固定，后代自群繁育，经过长期选育而培育成的我国唯一的奶牛品种。1987 年通过品种鉴定验收，称为中国黑白花牛，1992 年更名为中国荷斯坦牛。荷斯坦牛是我国奶牛的主要品种，分布于全国各地，可划分为大、中、小三个类型。

1. 外貌特征 中国荷斯坦牛体型外貌多为乳用体型，华南地区的偏兼用型。毛色黑白花，花色分明，额部多有白斑，腹下、四肢下部及尾端呈白色。体质细致结实，体躯结构较匀称。有角，多数由两侧向前向内弯曲，色蜡黄。尻部平、方、宽。乳房发育良好，质地柔软，乳静脉明显，乳头大小、分布适中。目前大型奶牛主要含有美国荷斯坦牛血统，成年母牛体高 135cm，体重 600kg 左右；中型奶牛主要是通过引进欧洲部分国家中等体型的荷斯坦公牛培育而成，成年母牛体高 133cm 以上；小型奶牛主要是引用国外一些荷斯坦公牛与我国体型小的黄牛母牛杂交培育而成，成年母牛体高 130cm 左右。

2. 生产性能 中国荷斯坦牛 305d 各胎次平均产乳量为 6 359kg，乳脂率 3.56%。近年来随着良种的引入及饲养条件的不断改善，良种场的牛群年均产乳量已达 7 000kg 以上。在饲养条件较好、育种水平较高的北京、上海等地，奶牛场全群平均产乳量已超过 8 000kg。超过 10 000kg 的奶牛个体不断涌现。从总体上看，北方地区产乳量比南方地区高。淘汰母牛屠宰率 50%～63%、净肉率 40%～45%。

3. 适应性和杂交改良效果 中国荷斯坦牛性情温顺、适应性良好、抗病力较强、饲料转化率较高。同我国黄牛杂交效果表现良好，其后代乳用体型得到改善，体型增大，产乳性能也大幅度提高。

针对中国荷斯坦牛还存在着外貌体型不太一致、乳用特征不明显、尖斜尻较多、产乳量较低等缺点，今后选育的方向是：加强适应性的选育，特别是耐热、抗病能力的选育，重视牛的外貌结构和体质，提高优良牛在牛群中的比例，稳定优良的遗传特性。对牛生产性能的选择仍以提高产乳量为主，并具有一定的肉用性能，同时还应注意乳脂率的提高。

（三）娟姗牛

1. 原产地及分布 娟姗牛属于小型乳用品种。原产于英吉利海峡的娟姗岛。由于娟姗岛自然环境条件适于养奶牛，加之当地农民精心选育和良好的饲养条件，从而育成了性情温顺、体型较小、乳脂率较高的乳用品种。目前分布于世界各地。

2. 外貌特征 娟姗牛体格小，清秀，轮廓清晰，具有典型的乳用型牛外貌特征。头小而轻，眼大而明亮，额部稍凹陷。角中等长，呈琥珀色，角尖呈黑色。胸深而宽，背腰平直，后躯发育好，四肢较细，关节明显。乳房容积大，发育匀称，形状美观，乳静脉粗大而弯曲，乳头略小。皮薄，骨骼细，被毛细短而有光泽，毛色为深浅不同的褐色，以浅褐色最多。鼻镜及舌为黑色，嘴、眼周围有浅色毛环，尾为黑色。成年体重公牛 650～750kg、母牛 350～450kg，犊牛初生重为 23～27kg。

3. 生产性能 娟姗牛的最大特点是单位体重产乳量高，乳汁浓厚，乳脂肪球大，易于分离，风味好，适于制作黄油。年平均产乳量为 3 000～4 000kg，乳脂率为 5%～7%，为世界奶牛中乳脂率最高的品种。

4. 杂交改良效果 娟姗牛性成熟较早，初次配种年龄为 15～18 月龄。耐热和乳脂率高为其特点。世界上不少国家引入后，除进行纯种繁育外，还用该品种同乳脂率低的品种进行杂交，改良奶牛的含脂率，取得了良好的效果。我国有少量引入，对提高我国南方奶牛的乳脂率、乳蛋白率、抗病力、耐热性等起到了一定的作用。

（四）其他奶牛品种

1. 爱尔夏牛 爱尔夏牛原产于英国苏格兰的爱尔夏郡。该牛是在地方牛种的基础上，从 1750 年开始引用荷斯坦牛、更赛牛、娟姗牛等乳用品种杂交改良，于 18 世纪末育成乳用品种。该品种先后出口到日本、美国、澳大利亚、加拿大等多个国家。我国广西、湖南等省份曾有引进，目前纯种已很少。

爱尔夏牛毛色为红白色或棕白色，有时被毛有小块的红斑或红白沙毛。鼻镜、眼圈浅红色，尾白色。体型中等，结构匀称。角长而向上弯，也有无角的。这个品种强壮有力，适于放牧。乳房结构很好，前后联系宽广，4 个乳区匀称，乳头中等大。成年母牛体重为 550～600kg、公牛为 680～900kg，初生公犊牛体重为 35kg、母犊牛为 32kg。305d 产乳量平均为 4 500kg，乳脂率为 4.1%。爱尔夏牛早熟性好，耐粗饲，适应性强。肉用性能较好，干乳期母牛易于变肥。

2. 更赛牛 更赛牛属于中型乳用品种，原产于英国的更赛岛。1877 年品种协会成立，1878 年开始良种登记。19 世纪末开始输入我国，1947 年又输入一批，主要饲养在华东、华北地区的一些城市。目前我国没有纯种更赛牛。

更赛牛体型特点是头小，额狭，角较大，向上方弯。颈长而薄，体躯较宽深，后躯发育较好；乳房发达，呈方形，但不如娟姗牛的匀称。被毛为浅黄或金黄色，也有浅褐色个体，腹部、四肢下部和尾多为白色，额部常有白星，鼻镜为深黄或肉色。成年公牛体重 750kg、母牛体重 500kg，犊牛初生重 27～35kg。

更赛牛以高乳脂率、高乳蛋白率以及乳中较高的 β-胡萝卜素含量而著名。1992 年美国登记的更赛牛平均产乳量为 6 659kg，乳脂率为 4.49%，乳蛋白率为 3.48%。此外，更赛牛的饲料转化率较高，产犊间隔较短，初产年龄较早，耐粗饲，易放牧，对温热气候有较好的适应性。

3. 瑞士褐牛 瑞士褐牛原产于瑞士阿尔卑斯山的东南部，在瑞士全境均有分布。瑞士褐牛是一个古老品种，原为乳、肉、役三用，后发展成为以乳用为主。1869 年引入美国。经过系统选育，美国的瑞士褐牛属于乳用型。本品种分布较广，美国、加拿大、俄罗斯、德国、波兰等国家均有饲养，全世界约有 600 万头。

瑞士褐牛全身被毛为褐色，由浅褐、灰褐至深褐色。其特征为：鼻、舌为黑色，在鼻镜四周有一浅色或白色带，角尖、尾尖及蹄为黑色，角长中等。体格粗壮，体型略小于西门塔尔牛。成年公牛和母牛的体重分别为 900～1 000kg 和 500～550kg。一般 18 月龄体重可达 485kg，屠宰率 50%～60%，育肥期平均日增重可达 1.1～1.2kg。性成熟较晚，通常满 2 岁时配种。耐粗饲，适应性强。

■ 任务测试

1. 简述奶牛的外形特点。
2. 简述奶牛的选择原则。
3. 简述荷斯坦牛的主要优缺点。

任务二　奶牛饲养管理

■ 任务导入

某养殖小区许多养殖户在饲养犊牛时采用乳桶喂乳，犊牛小群饲养，生后第 7 天开始补草，第 10 天开始补料。后期发现犊牛生长发育迟缓，发病率较高。

养殖户请教专家，专家通过现场考察和询问后找出以下原因：首先是犊牛在喂乳时不宜采用乳桶饲喂，因为采用乳桶饲喂时，犊牛低头吃乳，食管沟无法闭合，乳容易进入瘤胃进行异常发酵，影响营养物质的吸收。其次是犊牛断乳以前最好采用单栏饲养，以避免犊牛之间互相吸吮、舔舐造成疾病的传播及形成异食癖。最后是补草补料的顺序不正确，犊牛初生期瘤胃功能不健全，先加草容易造成消化不良，应该先加料后加草。

■ 任务实施

一、犊牛培育

（一）初生犊牛的生理特性与消化特点

1. 初生犊牛的生理特性　犊牛是指出生至 6 月龄的小牛。犊牛出生后所处的环境发生了极大变化。由母牛体内的恒温条件、胎盘营养、胎盘气体交换及受母体庇护而免受外界微生物的侵袭等转变为生后通过自我调节体温来应对外界的温度环境，用自己的消化器官获取营养，用肺的活动来做气体交换，用自己的抵抗系统来应对微生物的侵袭。犊牛的生理机能处于急剧变化的阶段，初生犊牛各系统的功能不够完善，抵抗力较差，易发生各种疾病而导致死亡。所以犊牛阶段是最难养的阶段，也是奶牛一生中相对生长强度最大的阶段。该阶段的饲养管理方式和营养水平关系到奶牛乳用特征的形成和产乳潜力的发挥。因此这一时期的主要中心任务是加强犊牛的饲养管理、预防疾病和促进机体防疫机能的发育，提高犊牛成活率。对初生犊牛及时足量喂给初乳，加强护理，细心照料。

2. 犊牛的消化特点　犊牛的消化与成年牛有显著不同。犊牛初生时瘤胃容积很小，机能不发达，皱胃的容积相对较大，约占四个胃总容积的 70%，瘤胃、网胃和瓣胃的容积之和约占全胃总容积的 30%。犊牛初生时缺乏胃液分泌反射，直到吸吮初乳后，初乳刺激皱胃，开始分泌胃液，才初步具有消化机能，但对植物性饲料仍不能消化。因为初生犊牛皱胃中胃蛋白酶作用很弱，仅凝乳酶参与消化；瘤胃、网胃和瓣胃不具有消化作用，也无微生物存在。犊牛出生 1～2 周后，由于采食饲料和饮水，微生物经口腔进入前胃并栖居繁殖，到 3～4 月龄时，瘤胃内才出现微生物区系。此后，瘤胃迅速发育，容积增大，4 月龄时占 80%，12 月龄时接近成年牛水平。犊牛出生大约第 3 周出现反刍，腮腺能分泌唾液，犊牛开始选食饲料。如果早期喂给犊牛植物性饲料，可以促进瘤胃的发育，促进瘤胃微生物的繁殖，而瘤胃内发酵物对瘤胃黏膜乳头的发育也有刺激作用。

食管沟是自贲门向下延伸到网瓣胃口的肌肉皱褶。哺乳期犊牛，在吸吮乳头的刺激作用下，食管沟闭合，形成一中空闭合的管道，将乳绕过瘤胃和网胃，直接进入瓣胃和皱胃进行消化，此过程称为食管沟反射。食管沟反射避免了乳进入瘤胃和在瘤胃中发酵产生消化障碍。在人工哺乳时应注意不要让犊牛吃乳过快而超过食管沟的容纳能力，导致乳进入瘤胃，引起不良发酵。

(二) 乳用犊牛的饲养

1. 哺喂初乳 初乳是指母牛分娩后 5～7d 的乳汁。

(1) 初乳的特殊作用。初乳具有特殊的生物学特性，对初生犊牛是不可缺少的营养物质，必须及时足量供给，这是由初乳特殊的生物学功能和犊牛自身的特征所决定的。

犊牛的饲养与管理

①营养丰富。母牛产后第一天分泌出的初乳干物质总量较常乳高 2 倍。其中蛋白质含量相当于常乳的 4～5 倍。钙、磷等矿物质也比常乳多 1 倍以上。还含有比常乳多几倍甚至十几倍的各种维生素 (表 4-1)。

表 4-1 初乳与常乳的成分比较 (%)

乳别	水分	干物质	蛋白质	蛋白质中		脂肪	乳糖	矿物质	煮沸时的凝固
				酪蛋白	球蛋白				
分娩时	73	27	17.6	5.1	11.4	5.1	2.2	1.0	+
产后 6h	79	21	10.0	3.5	6.3	6.9	2.7	0.9	+
产后 24h	89	13	4.5	2.8	1.5	3.4	4.0	0.9	+
产后 2d	88	12	3.7	2.6	1.0	2.8	4.0	0.8	+
产后 7d	88	12	3.7	2.6	0.8	2.8	4.7	0.8	—
常乳	88	12	3.1	2.4	0.7	3.3	4.5	0.7	—

②防病免疫。初乳中含有溶菌酶和免疫球蛋白，能杀灭多种病原菌。犊牛出生后 24h 内，其小肠黏膜具有直接吸收初乳中免疫球蛋白的能力，早吃到初乳可以增强犊牛的免疫力。初乳具有较大的黏度，能覆盖在消化道表面，起到黏膜的作用，可阻止病原菌侵入体内。初乳的酸度较高，既能有效地刺激胃肠黏膜分泌消化液，促进犊牛的消化，又可使胃液变成酸性，抑制病原微生物的繁殖。

③舒肠健胃。初乳进入犊牛胃后，能刺激皱胃大量分泌消化酶，以促进胃肠机能的早期活动。初乳中含有较多的镁盐，具有轻泻作用，能促进胎粪的排出，防止自体中毒、消化不良和便秘。

（2）哺喂方法。随着泌乳时间的延长，初乳中营养物质含量和防病免疫功能逐渐降低和减弱，犊牛刚出生时对初乳中的免疫球蛋白直接吸收率最高，几乎达 100%，2h 后为 90%，4h 后为 80%，20h 后为 12%，24～36h 后仅吸收少量或不吸收。为使犊牛获得较多的营养和发挥初乳的特殊作用，犊牛生后应在 1h 内哺喂初乳。喂初乳过迟或初乳喂量不足，甚至完全不喂初乳，犊牛都会因免疫力不足而患病，增重缓慢，死亡率升高。

第一次要让犊牛吃足初乳，喂量是 1.5～2kg。第二次饲喂初乳的时间一般在出生后 6～9h，以后随着犊牛食欲的增加，初乳喂量可逐渐增加。每天按体重的 1/8～1/10 计算初乳的喂量，每天 3～4 次。每次即挤即喂，保证乳温。如果初乳挤下时间长，温度下降，应水浴加热至 38℃ 再喂。但加温也不可过高，如温度超过 40℃，初乳会凝固，不易消化。

应尽可能喂犊牛亲生母亲的初乳，如母乳不足或因病不能利用时，可喂产犊日期相近的其他母牛的初乳。如无同期初乳时，可配制人工初乳。配法如下：将鱼肝油 3～5mL 或维生素 A 4 000～5 000IU、鸡蛋 2～3 个、土霉素 40～45mg 加入 1kg 鲜乳中，充分搅拌，加热喂给。最初 1～2d 每天每头犊牛喂给 30～50mL 液状石蜡或蓖麻油，第一次喂乳后灌服，以促进胎粪排除，胎粪排净后停喂。第五天起土霉素减半，2 周时停用。

在初乳期内要用哺乳壶喂乳。当犊牛用力吸吮人工乳头时，由于刺激分布于口腔的感受器，食管沟反射完全，闭合成管状，乳汁会流入皱胃。人工乳头的质量要好，在其顶端用小刀割一"十"字形裂口，使犊牛吃乳时必须用力吸吮才能吸到乳汁。否则，人工乳头顶端裂口过大，犊牛不能产生吸吮反射，食管沟往往闭合不全，乳汁就会漏入瘤胃，引起异常发酵、消化不良、腹泻，严重时导致死亡。每次喂完后，要及时清洗消毒哺乳壶。

犊牛每次哺乳之后 1～2h，应饮温开水（35～38℃）1 次。

如有较多的初乳剩余，可按以下方法进行贮存：

①冷冻法。将新鲜的初乳冷冻到 0℃ 以下保存，一般可存放 6 个月。冷冻初乳解冻后可喂新生犊牛。

②发酵法。将干净的初乳放于塑料桶或木桶内，有条件的加盖密封，待一定时间后（室温 10～15℃ 需 5～7d、15～20℃ 需 3～4d、20～25℃ 需 2d）自然发酵成熟。如需快速发酵，可将发酵好的初乳作为发酵剂，按 5%～6% 的比例加入待发酵的初乳中，10℃ 时 2d、20℃ 以上时 1d 即可成熟。发酵的初乳在贮存期间最好每天搅拌 2 次，以免产生泡沫和大量的凝块。

2. 哺喂常乳　犊牛经哺喂 1 周初乳后，即可转喂常乳。目前国内大部分奶牛场犊牛喂量为 300～400kg，哺乳期 2～3 个月。而少数体型大或高产的牛群可喂到 600～800kg，哺乳期 3～4 个月。

（1）具体喂量。在以常乳为主要营养来源的 1 月龄阶段，每日喂量约为犊牛体重的 1/10。2～3 月龄随着草料的采食量增加，喂量逐周减少，由喂乳逐渐转为全部喂植物性饲料。

（2）哺乳次数。1 月龄内每天可喂 3 次，以后减至 2 次，3 月龄时 1 次，直到停乳。

为保证犊牛的正常消化机能，喂乳要坚持定时、定量、定温。每天按时、按量喂乳，乳温要保持在 37～38℃。

3. 早期饲喂植物性饲料　为促进犊牛的生长发育，特别是瘤胃的发育，应提早训练犊牛采食植物性饲料。

（1）干草。从生后 1 周开始训练其采食干草。在犊牛栏内投给优质干草，任其练习采食、自由咀嚼，这样既可促进瘤胃发育，又可防止舔食脏物、污草。

（2）精饲料。犊牛出生后 10d 开始训练吃精饲料。开始时可将玉米、小麦麸、大麦等混合粉碎，加入少量食盐煮成稀粥并加入少量牛乳，将粥料涂抹在犊牛的鼻镜、嘴唇上，或直接放在乳桶底部任其自由舔食，3～5d 后，饲料由稀粥逐渐变成湿拌料，直至干粉料。将精饲料放入犊牛栏旁的料盘中任其采食。犊牛出生后 15d 开始每天饲喂精饲料 10～20g，随着犊牛的生长逐渐增加喂量，1 月龄时每天喂量 250～300g，2 月龄 500g 左右。

（3）多汁饲料。出生后 20d 开始，在混合精饲料中加入切碎的胡萝卜或甜菜，每天 20～25g，到 2 月龄时日喂量可达 1～1.5kg。

（4）青贮饲料。2 月龄后开始喂给青贮饲料，每天喂给 100～150g，3 月龄时可喂到 1.5～2kg，4～6 月龄增至 4～5kg。

在补料过程中要细心观察犊牛的健康状况，以便及时调整饲喂量。每天早晨要注意犊牛的精神状态、行动和食欲。如发现异常，及时采取措施进行处理，以确保犊牛健康。

（三）乳用犊牛的管理

1. 编号　为了便于管理、识别并能记载个体资料，要对犊牛进行编号。编号是终生的，并能保留在躯体的易观察部位。

根据中国奶业协会（1998 年）制定的中国荷斯坦牛编号方法，编号由 10 位数码、分四部分组成。第一部分 2 位数，是省份编号；第二部分 3 位数，是牛场编号；第三部分 2 位数，是出生年份；第四部分 3 位数，是年度出生顺序号。即（省份）（奶牛场）（年度）（牛序号）。

编号方法很多，下面仅介绍最常用的两种：

（1）打耳标法。使用由塑料或橡胶制成的耳标，用不褪色的专用笔写上编号，然后用耳号钳固定在牛的耳朵上。该法应用较多。

（2）电子标记法。是将一种体积很小的携带有个体编号信息的电子装置如电子脉冲转发器固定在牛身体上的某个部位，它发出的信息可用特殊的仪器识别和读出。该法在国外应用较多，还可用于牛的发情鉴定和生产性能等方面的记录。

2. 哺乳卫生　人工喂养犊牛时，要注意哺乳用具的卫生，必须及时清洗喂乳、盛乳用具，并定期消毒。每次喂乳后，用干净毛巾将犊牛口、鼻周围残留的乳汁擦净，然后用颈枷挟住 10min 左右，防止互相乱舔而形成舔癖。舔癖危害很大，常使被舔的犊牛患脐炎、乳头炎、睾丸炎（公犊），以致降低生产性能或丧失种用价值。同时相互舔吮吞下的被毛会在胃内形成毛球，毛球往往会堵塞食管、贲门或幽门而致犊牛消瘦、死亡。

3. 犊栏卫生　犊牛出生后，要及时放进犊牛栏内。栏的面积为 1～1.2m²，每犊一栏，隔离管理，一般饲养到 7～10d。然后转移到中栏饲养，每栏 4～5 头，用带有颈枷的牛槽饲喂。2 月龄以上放入大栏饲养，每栏 8～10 头。

犊牛栏及牛床要勤打扫，保持清洁干燥，常换垫草，定期消毒。舍内应阳光充足、通风良好、空气新鲜、冬暖夏凉。

4. 保健护理　犊牛时期，要加强防疫卫生和保健护理工作，定期进行检疫。犊牛发病率高的时期是出生后的前几周，注意观察其精神状态、食欲、粪便、体温和行为有无异常。

所患疾病主要是肺炎和腹泻。患肺炎的直接原因是环境温度骤变，而腹泻则是多种疾病表现的临床症状之一。肺炎对幼龄犊牛的健康威胁很大，平时应加强饲养管理，增强犊牛体质，减少感冒。腹泻犊牛的尾巴及肛门周围多黏着粪便。如发现犊牛有轻微腹泻，应减少喂乳量，乳中加水 1~2 倍；腹泻严重时，应暂停喂乳 1~2 次，可饮米汤或温开水，并加入少许 0.01% 高锰酸钾溶液。

5. 运动和调教 犊牛幼龄期活泼好动，应保证其充分的运动时间。在运动中，使犊牛接触阳光进行日光浴，对犊牛的正常生长发育具有十分重要的意义。天气晴好时，生后 7~10d，每日户外自由运动 0.5h，1 月龄不少于 1h，以后逐渐延长运动时间，每天应不少于 4h。在放牧条件下，犊牛有足够的运动量，但要防止过量运动导致体力消耗过大。遇恶劣天气如雨雪、大风等，要减少舍外运动时间。炎热夏季，中午要防止日光直接暴晒，运动场内要设置凉棚防止中暑。冬季遇风雪时，犊牛要进入舍内，防止感冒。

6. 刷拭 刷拭可保持牛体清洁，同时可促进牛体表血液循环，增进牛体健康，又具有调教作用，使犊牛养成愿意接近人和接受护理操作的习惯。刷拭时，以软毛刷为主，必要时辅以铁算子。手法宜轻，以令其舒适。如粪结成块不易刷去，则用水浸软后再除去。尽量避免用刷子乱挠犊牛的额部和角间，否则易使犊牛养成顶撞的坏习惯。

7. 称重 为了掌握犊牛的生长发育情况，适时调整日粮的供给，应在初生、3 月龄或出生后的前 3 个月的每月称重。在 6 月龄测量体高、体斜长、胸围等体尺，为育种提供育种素材。

犊牛去角
技术

8. 去角、去副乳头 一般在犊牛出生 1 周内去角，最迟不能超过 2 月龄。幼龄时去角流血少、痛苦小、不易受到细菌感染。去角的牛比较安静，易于管理，可避免成年后相互打斗而受伤，尤其是乳房部位不致被跟随的牛顶伤。给犊牛去角通常使用氢氧化钠棒去角法和电烙铁去角法。

（1）氢氧化钠棒去角法。将生角部位的毛剪掉，用凡士林涂抹在角基部四周（以防涂抹的氢氧化钠流入眼内伤及皮肤及眼），然后用氢氧化钠棒（一端用蜡纸包裹）在角根部涂擦，擦至角基皮肤有微量血液渗出时为止。如有液体渗出，应用脱脂棉吸去，以免伤及皮肤及眼。操作时，术者要戴橡皮手套，防止烧伤。

（2）电烙铁去角法。去角所用的电烙铁是特制的，其顶端呈杯状，大小与犊牛角的底部一致。通电加热后，电烙铁各部分的温度一致，没有过热和过冷的现象。使用时将电烙铁顶部放在犊牛角部烙 15~20s，待呈白色时，涂以青霉素软膏或硼酸粉，以防发炎。用电烙铁去角时犊牛不出血，在全年任何季节都可进行，但此法只适用于 35 日龄以内的犊牛。

去角后的犊牛要隔离饲养，防止互舔。夏、秋季注意发炎和化脓，如化脓，初期可用过氧化氢冲洗，再涂以碘酒，如出现由耳根到面颊肿胀，须进一步采取消炎处理。

正常情况下奶牛应有 4 个乳头。但实际上牛群中有些奶牛常常有 4 个以上的乳头，处在正常乳头周围的多余乳头被称为副乳头。由于副乳头在奶牛成年后挤乳时不但妨碍乳房清洗，还容易引起乳腺炎，所以应在犊牛阶段剪除副乳头，适宜的时间是 1 周龄左右。剪除的方法是：先将乳房周围部位洗净和消毒，将副乳头向下拉直，用锐利的剪刀从乳头基部将副乳头剪下，剪除后在伤口上涂 2% 碘酊，剪副乳头前要仔细辨认，以免剪错。

9. 预防免疫 根据牛场防疫检疫要求，按时做好结核病和布鲁氏菌病的检疫工作，并按时接种规定的疫苗。

（四）乳用犊牛的早期断乳

1. 早期断乳的优点　犊牛的哺乳期缩短，可节约劳动力；犊牛的哺乳量减少，降低了犊牛的培育成本；节约大量商品乳，满足人们对鲜乳的需求；早期断乳可提早补饲精、粗饲料，可促进犊牛消化器官的发育，提高了犊牛培育的质量；使犊牛瘤胃显著发育，减少了消化道疾病的发生率，从而提高犊牛的成活率。

多数畜牧业发达的国家采用哺乳期 3～5 周龄的早期断乳法。

2. 犊牛早期断乳的关键措施　早期断乳能否取得良好效果，关键在于及早为犊牛提供精、粗饲料和代乳料，人工乳的合理配制与利用，以及制订科学合理的犊牛早期断乳方案。

（1）人工乳的配制及利用。人工乳是一种为节约鲜乳、降低培育成本、代替全乳而配制的人工乳粉或代乳粉，具有较高的营养价值和较低的纤维素含量，富含蛋白质和维生素，能保证犊牛的营养需要。人工乳冲调呈流体状，应有较好的悬浮性及适口性。人工乳的参考配方见表 4-2。

犊牛生后前 3d 喂初乳，从第 4 天开始，以一定量的代乳粉溶于 2L 的水中，水温应在 40～45℃，饲喂时温度不低于 38℃。代乳粉日喂 2 次，间隔时间约 12h。在前 3 周，应选用高质量的代乳粉。代乳粉质量的优劣主要取决于蛋白和脂肪的含量和类型，乳蛋白优于植物蛋白，动物脂肪优于植物脂肪。

在缺乏代乳粉或代乳粉质量不佳时，前几天可选择代乳粉和常乳混合饲喂。第 4 天母乳 2kg 加 0.5kg 人工乳，第 5～6 天母乳 2kg 加 1kg 人工乳，第 7 天为母乳 1kg 加 3kg 人工乳，第 8 天即可完全喂人工乳。

表 4-2　几种商品人工乳的原料成分（%）

组成	1	2	3	4	5	6	7
脱脂乳粉	78.5	72.5	78.37	79.6	75.4	71.5	72.6
动物性脂肪	20.0	13.0	19.98	12.5	10.4	20.0	19.4
植物油	—	2.2	0.02	6.5	5.5	—	—
大豆卵磷脂	1.0	1.8	1.0	1.0	0.3	1.0	1.0
葡萄糖	—	—	—	—	2.5	1.5	4.84
乳糖	—	9.0	—	—	—	—	—
粮食制品	—	—	0.23	—	5.4	5.86	2.0
维生素、矿物质	0.3	1.5	0.4	0.4	0.5	0.14	0.16

（2）犊牛代乳料的配制及喂法。犊牛代乳料（开食料）是根据犊牛的营养需要用精饲料配制而成，是犊牛从以哺乳为主转向完全采食植物性饲料的过渡饲料。代乳料具有营养全面、适口性好、易消化的特点。代乳料形态为粉状或颗粒状，从犊牛生后第二周使用，任其自由采食。若犊牛长时间拒绝采食代乳料，可进行人工诱食。犊牛有舔舐人手的习惯，可用手抓少许料，在其舔舐人手时将其送入口中或涂抹于鼻镜处，或将代乳料放到乳中饲喂。在低乳饲喂条件下，犊牛采食代乳料的数量很快增加。如果犊牛连续 3d 每天可采食 1kg 以上代乳料，就可断乳。这时可减少代乳料的给量，逐渐向普通饲料过渡。

代乳料的配方很多，其原料为植物性饲料和乳的副产品，蛋白质含量在20%以上。代乳料参考配方见表4-3。

表4-3　犊牛代乳料配方（%）

名称	黄玉米	高粱	糠麸类	饼粕类	饲用酵母	磷酸氢钙或碳酸钙	食盐	维生素A（万 IU/kg）
1	30	10	20	35	3	1	1	0.5
2	23	20	20	35	—	1	1	0.5
3	43	—	15	40		1	1	0.5

（3）早期断乳方案的拟订。早期断乳犊牛的喂乳期一般为30～45d。上半年出生的犊牛可用30d的喂乳期。下半年出生的犊牛由于受到高温和低温两种环境的不利影响，喂乳期可延长到50d。在生产实践中，断乳的时间可根据犊牛的日增重和进食量来确定，当犊牛日增重达到500～600g、犊牛料进食量高于1kg时即可断乳。早期断乳犊牛的饲养方案见表4-4。

表4-4　早期断乳犊牛的饲养方案（kg）

日龄	日喂乳	犊牛料	粗料
1～10	4	5～8日开食	训练吃干草
11～20	3	0.2	0.2
21～30	2	0.5	0.5
31～40	2	0.8	1
41～50	2	1.5	1.5
51～60	—	1.8	1.8
61～180	—	2	2

犊牛料配方组成（%）：玉米50，麸皮12，豆饼30，饲用酵母粉5，石粉1，食盐1，磷酸氢钙1。哺乳期为30d的犊牛，30～60日龄每千克犊牛料中添加维生素A 8 000IU、维生素D 600IU、维生素E 60IU、烟酸2.6mg、泛酸13mg、维生素B_2 6.5mg、维生素B_6 6.5mg、叶酸0.5mg、生物素0.1mg、维生素B_{12} 0.07mg、维生素K 3mg、胆碱2 600mg。60日龄以上犊牛可不添加B族维生素，只加维生素A、维生素D、维生素E即可。

犊牛料可按1：1的比例加水拌匀后再加等量干草或5倍的青贮饲料搅拌均匀后喂给。

（五）断乳期犊牛的饲养

断乳期是指犊牛从断乳至6月龄的时期。

断乳时犊牛瘤胃尚未完全发育，补充氨基酸（如赖氨酸、色氨酸和异亮氨酸等必需氨基酸）、过瘤胃保护的纤维素酶和半纤维素复合酶、无公害饲用微生物（乳酸杆菌、双歧杆菌、活性酵母）等，将有助于犊牛的生长，而低聚糖作为新型的绿色饲料添加剂在国外也被广泛地应用于饲料工业。上述饲料添加剂不仅能提高生长速度、饲料转化率，而且不会残留。另外，对于早期断乳的犊牛，由于其消化器官对谷实类饲料、粗饲料的消化能力较差，所以犊牛会出现精神状态差、被毛粗乱，容易患消化不良、腹泻等现象。为此，可接种瘤胃微生物，即当母牛反刍时，从其口中掏取少量食糜塞于犊牛口中，使瘤胃微生物尽早进入犊牛瘤胃，促进瘤胃、网胃的发育，使其提前具有较完善的消化粗饲料的能力。

粗饲料中秸秆饲料不能喂得过多、过早，应确保饲料质量。而且此时正值犊牛消化、吸收、循环系统生长发育旺盛期，养分需要量大，要多喂优质粗饲料。随着犊牛月龄的增长，逐渐增加精饲料的喂量，至 3～4 月龄时精饲料每天喂量应达 1.5～2.0kg，粗饲料以优质的禾本科及豆科牧草为主，精粗饲料比一般为 1：（1～1.5），4 月龄后调整为 1：（1.5～2）。

断乳犊牛精饲料的配制要求：营养浓度要高、营养要平衡、易消化、适口性好。

二、育成牛的饲养管理

6 月龄断乳至初产这一阶段的母牛称为育成牛。育成牛生长发育迅速，较少发病，在饲养管理上容易被忽视。这一时期的培育不仅要获得较高的增重，而且要保证心血管系统、消化呼吸系统、乳房及四肢的发育，提高身体素质，使其将来能充分发挥遗传潜力，提高成年后的生产性能。育成牛培育的主要任务是保证幼年牛的正常发育和适时配种。

育成牛的
饲养管理

（一）育成牛生长发育特点

1. 瘤胃发育迅速　犊牛断乳后即转变为主要依靠采食植物性饲料的饲养阶段。随着年龄的增长，瘤胃功能日趋完善，7～12 月龄时瘤胃容积大增，利用青粗饲料能力明显提高，12 月龄左右接近成年牛水平。

2. 生长发育快　此阶段是牛的骨骼、肌肉发育最快的时期。7～8 月龄以骨骼发育为中心，7～12 月龄是体长生长最快的阶段，以后体躯转向宽、深方向发展，生产中必须利用好这一时期，进行科学的饲养管理，有助于塑造乳用性能良好的体型。

3. 生殖机能变化大　一般情况下，9～12 月龄的荷斯坦育成牛体重达到 250kg 以上时可出现首次发情；13～14 月龄时，育成牛逐渐进入性机能成熟时期，生殖器官和卵巢内分泌功能更趋健全；15～16 月龄体重达到 380kg 以上时可进行第一次配种。

（二）育成牛的饲养

育成牛的饲养要紧紧围绕其生长发育特点和保持优良的乳用体型进行合理饲养。实践表明，为了促进瘤胃的发育，增大消化器官的容量，育成牛的日粮组成应以优质青干草和青贮饲料为主，精饲料只作为蛋白质、钙、磷等的补充，这样才能有望培育出乳用型明显的母牛。

1. 7～12 月龄　这个阶段的育成牛瘤胃的容积大大增加，利用青粗饲料的能力明显提高，所以日粮应以优质青粗饲料为主。饲养上要求供给足够的营养物质，日粮要有一定容积以刺激前胃的继续发育。除给予优质的牧草、干草和多汁饲料外，还需给予一定的精饲料。按 100kg 活重计算，每天给青干草 1.5～2kg，青贮饲料 5～6kg，秸秆 1～2kg，精饲料 1～1.5kg，石粉和食盐各 25g。日粮粗蛋白质水平为 14%。12 月龄育成牛的日粮中可添加适量尿素。

2. 13～16 月龄　13 月龄以上的育成牛瘤胃已具有充分消化粗饲料的功能，在营养满足的前提下可饲喂更多粗饲料。此期母牛生殖器官和卵巢的内分泌功能更趋健全。为了促进育成牛乳腺和性器官的发育，其日粮中要适量增加青贮饲料和块根、块茎饲料的喂量。此阶段的育成牛因营养丰富、过于肥胖易不孕或难产，但营养不足则可使牛发育受阻，延迟发情及配种，因此应注意营养水平的调控。

在良好的饲养管理条件下，一般15～16月龄体重达350～400kg时即可配种。此期矿物质营养特别重要，磷酸氢钙是良好的钙、磷补充料，日粮中还应充分供给微量元素和维生素A、维生素D、维生素E。

3. 16～24月龄 此期的育成牛已配种受胎，个体生长速度减慢，体躯显著向宽、深方向发展。日粮应以品质优良的干草、青草、青贮饲料和块根块茎类饲料为主，精饲料可以少喂或不喂。但到妊娠后期，由于胎儿生长迅速，必须另外补加精饲料，每天2～3kg。按干物质计算，粗饲料占70%～75%，精饲料占25%～30%。

如有放牧条件，育成牛应以放牧为主，在优良草地放牧可减少精饲料30%～50%。但如牧草质量不佳，则精饲料仍不能减少。放牧回舍，如育成牛未吃饱，仍应补喂一些干草和多汁饲料。

总之，培育育成母牛应用大量粗饲料和多汁饲料、少量精饲料，以促进成年后高产性能的发挥；但对育成公牛，则要适当增加日粮中精饲料的给量，减少粗饲料量，以免形成草腹，影响种用价值。

(三) 育成牛的管理

1. 分群饲养 育成牛应根据月龄和体型大小进行分群。在生产实际中一般以3个月以内为限进行组群。这样尽管营养需要差别较大，但避免了频繁转群应激对生长发育的影响。

2. 定期称重 为了掌握育成牛的生长发育情况，应在6月龄、12月龄及配种前进行体尺、体重测定，并记入档案，作为培育选种的基本资料。

3. 加强运动 没有放牧条件的舍饲母牛每天要保证有2h以上的运动，以增强体质、锻炼四肢，促进乳房、心血管及消化、呼吸器官的发育。

4. 按摩乳房 12月龄后开始按摩乳房，每天1次，每次5～10min；18月龄后的妊娠母牛每天按摩2次。每次按摩时用热毛巾敷擦乳房，产前1～2个月停止按摩。按摩期间，切忌擦拭乳头，以免擦去乳头周围的保护物引起乳头龟裂或病原菌从乳头孔侵入导致乳腺炎发生。

5. 调教、刷拭 要训练拴系、定槽认位，以便今后的挤乳管理。为了保持牛体清洁，促进皮肤代谢和使其养成温顺的习性，每天刷拭1～2次，每次5～8min。

6. 初次配种 育成牛的初配时间应根据月龄和发育状况而定，一般16～18月龄体重达到350～370kg，体斜长不低于150cm，胸围不少于165cm即可配种。目前有提前配种的趋势，最常见的是15～16.5月龄初配。

7. 防流保胎 对妊娠的青年母牛要单独组群，防滑倒，防顶架，防拥挤，不急赶，不走陡坡，不饮冰水，禁喂发霉变质的饲料，精心管理。

三、泌乳牛的饲养管理

(一) 牛的泌乳生理

1. 泌乳生理的实践意义 乳腺的机能活动受中枢神经系统支配。乳汁的形成、分泌与激素调节有关。条件反射对奶牛的泌乳起重要作用。良好的条件刺激能促进牛正常泌乳，提高产乳量。不良的条件刺激能阻碍正常泌乳，降低产乳量。因此在正常挤乳工作中，要采用正确的挤乳方法、固定挤乳时间和顺序、保持环境的安静和工作日程的稳定，不断巩固和强化有利于泌乳的条件反射。

2. 乳汁的形成与分泌　牛的乳房分为左右两半，4 个乳区，每个乳区各有一组乳腺组织和一个乳头，各个乳区的导管系统互不相通。

牛乳是乳腺细胞的代谢产物。乳腺生成乳的原料来自血液。每生产 1kg 乳，需 400～800L 血液流经乳房。输送营养后的血液经毛细血管和乳静脉流回心脏。高产奶牛的乳房里分布着粗大而稠密的血管，所以乳静脉的粗细和弯曲度是鉴别奶牛生产力高低的依据之一。

乳腺细胞在形成乳的过程中有选择地从血液中吸收各种营养物质，一部分直接成为乳的成分，另一部分在各种酶的作用下，经过一系列复杂生化反应合成乳。经分析测定，血液与牛乳中的化学成分有很大差别。

当乳头和乳房被吸吮、按摩、挤乳刺激时，这种刺激通过神经传导从而使脑垂体分泌催乳素，促使乳汁分泌。乳腺细胞分泌活动与乳腺泡的充盈程度有关。腺泡内充满乳汁时，压力增大，乳汁的分泌减慢。挤乳后，腺泡内的乳汁排出，压力降低，乳腺分泌机能最为旺盛。所以适当增加挤乳次数可提高产乳量，同时要求对泌乳牛必须定时挤乳。

3. 泌乳规律　奶牛的泌乳量形成一条动态的泌乳曲线。神经活动的"冲动—抑制—冲动"，激素作用的"一张一弛"反复变换，从而使母牛的泌乳行为明显存在不均衡性与节律性。

从日产乳量看，早晨首次挤乳量多于下午和晚上。在整个泌乳期，产犊后产乳量逐渐上升，达到高峰，然后在高峰期维持一段时间，再逐渐下降。因此掌握泌乳的一般规律以及个体特性，对提高牛群或奶牛的个体产乳量，进行合理有效的饲养管理具有重要的意义。

（二）一般饲养管理技术

1. 饲养技术

（1）饲料原料多样化。泌乳牛营养需求高，采食量大，尤其是高产奶牛，其每天饲料干物质采食量高达体重的 3.5%～4%。由于各种饲料之间的容重和营养成分均不相同，任何一种单一饲料的使用都不能满足奶牛在各个时期的营养需求，所以泌乳牛的日粮原料组成应力求多样化。饲料多样化不仅起到养分间的互补作用，从而提高日粮的总营养价值，使奶牛能获得全价的营养，而且是降低成本的有效手段之一。

一般来说，奶牛日粮组成中精饲料至少 4 种，粗饲料要有 3 种以上，此外还须提供多汁饲料及副产品饲料。

（2）精粗饲料要合理搭配。泌乳牛的日粮配制依其瘤胃消化生理特点所决定，应以青粗饲料为主，适当搭配精饲料，精饲料的喂量根据泌乳牛的生理阶段、生产性能和青粗饲料所含的蛋白质水平和能量浓度而定。同时要注意日粮的体积和干物质的含量，既要满足营养需要，又要体积适当便于牛采食。各阶段日粮的改变应该有 7～10d 的过渡期。

（3）饲喂要科学。

①定时、定量、少给勤添。定时使消化液的分泌有规律。定量即每次饲喂都要掌握饲喂

量，保证奶牛吃饱。少给勤添即每次添草、添料数量要少，次数要多，这样可使牛保持旺盛的食欲。

②饲料更换切忌突然。由于奶牛瘤胃内微生物区系的形成需要30d左右的时间，一旦打乱则恢复速度很慢。因此在更换日粮组分时，必须逐渐进行，尤其是在青粗饲料之间的更换时应有7～10d的过渡期，以使瘤胃微生物区系能够逐渐调整，最后适应。需要特别指出的是，奶牛日粮要求稳定，最忌经常变动，饲料供应不稳定不仅造成牛群消化失调，腹泻增多，而且直接影响产乳量。饲料的变化会造成产乳量下降，往往很难在几天内再恢复到原有的水平。

③饲喂有序。目前国内普遍采取3次饲喂、3次挤乳的工作日程。也有人建议，对于泌乳量3 000～4 000kg的奶牛，可实行2次饲喂、2次挤乳制度。但对于产乳量超过5 000kg的奶牛，应采取3次饲喂、3次挤乳制度，否则产乳量平均下降16%～30%。

在饲喂顺序上，应根据精粗饲料的品质、适口性，安排饲喂顺序。当奶牛建立起饲喂顺序的条件反射后，不得随意改动。否则会打乱奶牛采食饲料的正常生理反应，影响采食量。一般的饲喂顺序为先粗后精、先干后湿、先喂后饮。如干草—青贮饲料—块根、块茎类—精饲料混合料。但喂牛最好的方法是精粗饲料混喂，采用混合日粮。

④防异物、防霉烂。由于奶牛的采食特点，饲料不经牛认真咀嚼即被咽下，故牛对饲料中的异物反应不敏感，因此饲喂奶牛的精饲料要用带有磁铁的筛子进行过滤，在铡草机入口处安装磁化铁，以除去其中夹杂的铁针、铁丝等尖锐异物，避免网胃-心包创伤。对于含泥土较多的青粗饲料，还应在水中淘洗，晾干后再饲喂。严防将铁钉、铁丝、玻璃、沙石等异物混入饲料中喂牛。禁止使用霉烂、冰冻的饲料喂牛，保证饲料的新鲜和清洁。

（4）饮水要充足。水对奶牛十分重要，一般牛乳含水量在87%以上。日产乳50kg以上的奶牛每天需水100～150L，中低产奶牛每天需水60～70L。饮水不足会使产乳量下降。最好在牛舍内安装自动饮水器，让奶牛随时都能饮用新鲜而洁净的水。如无此设备，每天至少应饮水3次，夏季天热时5～6次。此外，在运动场内应设置大水槽，经常贮满清水，使牛随时都能饮用。冬季水温不可过低，必要时可饮温水。水质要符合《无公害食品　畜禽饮用水水质标准》（NY 5027）。

（5）放置盐槽。奶牛通过泌乳每天都会排出大量的矿物质，饲料和饮水中矿物质供应不足很容易导致奶牛出现异食癖。为防止此现象，可以在牛运动场中放置配有各种矿物质元素的盐槽，或悬挂盐砖任其自由舔食。

2. 日常管理

（1）适度运动。适度运动对提高舍饲奶牛产乳量、改善繁殖力和体质状况均有益处。运动能促进血液循环、增强体质、增进食欲，可减少消化不良、肢蹄病、难产和胎衣不下等。同时户外运动还可让奶牛接受紫外线照射，运动还有助于观察发情、发现疾病。因此要保证奶牛每天有至少2h的户外运动。

（2）刷拭。牛体刷拭对促进奶牛新陈代谢、保持牛体清洁卫生和保证牛乳卫生均有重要意义。每天刷拭牛体既能清除牛身上的污垢，保持牛体清洁，促进血液循环，增进新陈代谢，有利于健康和增产，又可预防体外寄生虫病，同时有助于培养奶牛温顺性情，便于饲养人员的管理。因此奶牛每天应刷拭2次，且应在挤乳前0.5～1h完成。刷拭时先用较硬的刷子或铁箅子，再用较软的如棕毛刷。刷拭方法：饲养员以左手持铁刷、右手持棕毛刷，由颈部开始，由前到后、由上到下依次刷拭。刷时先用棕毛刷逆毛刷去，顺毛刷回。碰到坚硬刷拭不掉的污垢部分，先用水洗刷，再用铁箅子轻轻刮掉。炎热季节，为了促使皮肤散热，先用清水洗浴牛体后再行刷拭，既有利于卫生，又起到防暑、降温的作用。在冬季，则应以干刷为主。

（3）乳房护理。经常保持乳房清洁，对特大乳房要特别护理，防止外伤。定期检测隐性乳腺炎，充分利用干乳期预防和治疗乳腺炎。

（4）肢蹄护理。护蹄对奶牛产乳、繁殖和长寿健康都具有重要作用。经常护理可以减少肢蹄病的发生，延长使用寿命。要注意保持蹄的卫生，蹄壁及蹄叉要洁净，及时将附着污物清除掉。护蹄方法是保持牛舍通道、牛床、运动场地面干燥、清洁，防止通道及运动场上有碎石或尖锐异物，以免损伤牛蹄。定期用 10％硫酸铜（或硫酸锌）或 3％甲醛溶液浴蹄。为防止蹄壁龟裂，要经常涂凡士林油等。蹄尖过长要及时修削矫正。正常修蹄一般每年春秋季节各一次。

奶牛的修蹄技术

（三）奶牛各泌乳阶段的饲养管理

1. 泌乳初期的饲养管理　母牛产犊后 10～20d 称泌乳初期，也称恢复期。母牛刚分娩不久，气血亏损，消化机能弱，抵抗力差，生殖器官处于恢复阶段，乳腺机能旺盛，泌乳量逐日上升。因此必须加强饲养管理，否则易出现乳房水肿、恶露不尽，严重时发生产后麻痹症等疾病。

为防止消化不良、减轻乳房水肿，产后 3d 内可自由采食优质干草及少量麸皮（0.5kg）。产后 4～5d 的奶牛如食欲良好、健康、粪便正常、乳房水肿消失，则可随其产乳量的增加逐渐增加精饲料和青贮饲料喂量。增量不可过急，特别是饼类饲料，不宜突然大量增加，否则易造成母牛消化机能紊乱从而导致腹泻。在增料过程中，还应注意经常检查乳房的硬度、温度是否正常，如发现乳房红肿、热痛时应及时治疗。一般每天精饲料增加量以 0.25～0.5kg 为宜。这一时期的饲养应以恢复奶牛健康、不过分减重为目标。

有的奶牛产后乳房没有水肿，身体健康，食欲旺盛，可立即喂给适量精饲料和多汁饲料，6～7d 后便可达标准喂量，挤乳次数和方法也可照常。对个别体弱的奶牛，在精饲料内可加些健胃药剂等。

一般奶牛产后 15～20d 体质便可恢复，乳房水肿也基本消失，乳房变软，这时日粮可增加到产乳量所需要的标准喂量。

在管理上，产后头几天可根据乳房情况适当增加挤乳次数，每天最好挤乳 4 次以上。高产奶牛产犊后，因其乳腺分泌活动增强的速度很快，乳房水肿严重，在最初几天挤乳时不要将乳汁全部挤净，留有部分乳汁，以增加乳房内压，减少乳的形成。产后第 1 天，每次只挤 2kg 左右，满足犊牛饮用即可，第 2 天挤出全天产乳量的 1/3，第 3 天挤出 1/2，第 4 天挤出 3/4 或者完全挤干，每次挤乳时要充分按摩与热敷乳房 10～20min，使乳房水肿消失。对低产牛和乳房没有水肿的母牛，可一开始就将乳挤干净。对体弱或 3 胎以上的高产奶牛，产后 3h 内静脉注射 20％葡萄糖酸钙 500～1 500mL，可有效预防产后瘫痪。

产后 1 周内每天必须有专人值班，如发现母牛有疾病应及时治疗。如胎衣不下，夏季 24h、冬季 48h 后应手术剥离。牛舍内要严防穿堂风，牛床上必须铺清洁干燥而充足的垫草，防止牛体受风湿及乳头损伤。

2. 泌乳盛期的饲养管理　母牛产犊后21～100d的这段时期称为泌乳盛期。此期奶牛体况恢复，乳房水肿消退，泌乳机能增强，处于泌乳高峰期，必须要增加营养需要，但是母牛的采食量并未达到最高峰，因而造成营养入不敷出，处于能量负平衡状态。这一方面将导致奶牛动用体脂过多，母牛体重骤减，较高的产乳量难以维持；另一方面，在能量不足和糖代谢障碍的情况下，脂肪极易氧化不完全而引发酮病，尤其是高产奶牛。

另外，正常母牛在产犊大约40d之后开始发情，60d左右时再次配种，此时如果营养负平衡问题严重，将会导致体重下降过快，代谢失常，从而会使配种延迟、繁殖率下降。

（1）营养措施。

①提高日粮能量水平。泌乳盛期的主要任务是提高产乳量与减少体重消耗。此期奶牛大量泌乳，采食量尚未达到高峰，牛体迅速消瘦。饲养上，应增加精饲料，提高日粮能量水平和蛋白质含量。可添加植物性油脂或脂肪酸钙、棕榈酸酯等。

②提高过瘤胃蛋白质的比例。泌乳盛期常会出现蛋白质供应不足的问题，饲料中的蛋白质由于瘤胃微生物的降解，到达真胃的菌体蛋白质和一部分过瘤胃蛋白质很难满足奶牛对蛋白质的需要量，因此要补充降解率低的饲料蛋白质，还可添加蛋白质保护剂，降低其在瘤胃的降解率。也可在日粮中添加经保护的必需氨基酸（如蛋氨酸），从而满足高产期奶牛对蛋白质的需求。

③采用引导饲养法。引导饲养法是为了大幅度提高产乳量，从干乳期的最后15d开始直到泌乳达到最高峰时，喂给奶牛高能量、高蛋白质日粮的一种饲养方法。

具体做法是：从母牛预期产犊前2周开始，在日喂精饲料1.8kg的基础上，逐日增加0.45kg的精饲料，到分娩时精饲料给量可达到体重的0.5%～1%。待母牛分娩后，若体质正常，可在分娩前加料的基础上，继续逐日增加0.45kg的精饲料，直到每100kg体重采食1～1.5kg的精饲料为止，或精饲料达到自由采食。待泌乳盛期过后，再调整精饲料喂量。

整个引导期要保证提供优质饲草，任奶牛自由采食，以减少母牛消化系统的疾病。

引导饲养法可使母牛瘤胃微生物得到及时调整，以逐渐适应产后高精饲料日粮；促进干乳母牛对精饲料的食欲和适应性，防止酮血病发生；而且可使多数母牛出现新的产乳高峰，增产趋势可持续整个泌乳期。

引导饲养法对高产奶牛效果显著，而对中低产奶牛会导致过肥，对产乳不利。对引导无效的奶牛，应淘汰出高产牛群。

④补充矿物质和维生素。在奶牛的整个泌乳盛期，必须满足其对矿物质和维生素的需求。应提高日粮中钙、磷的含量，同时添加含有锌、锰、镁、硒、铜、碘、钴及维生素A、维生素D、维生素E等的复合添加剂。

⑤添加缓冲物质，调节瘤胃pH。为了防止精饲料饲喂过多造成瘤胃pH下降，在日粮中每天添加氧化镁30g或碳酸氢钠100～150g，以调节瘤胃的pH。

泌乳盛期日粮干物质占体重的3.5%以上，每千克干物质含NND（奶牛能量单位）2.4个，粗蛋白质16%～18%，钙0.7%，磷0.45%，粗纤维不少于15%，精粗比60∶40。

（2）管理技术。在管理上，要注意乳房的保护和环境卫生。随着产乳量上升，乳房体积膨大，内压增高，乳头孔内充满乳汁，很容易感染病菌而引起乳腺炎。所以要加强乳房热敷和按摩，每次挤乳后对乳头进行药浴。牛床上应铺有柔软、清洁的垫草，奶牛活动区要经常消毒，保持清洁卫生。挤乳用具要定期消毒，对酒精阳性乳、隐性乳腺炎及临床乳腺炎患牛必须及时治疗。还要做好恢复母牛子宫机能工作，发情后适时配种，以缩短产犊间隔。供应充足清洁饮水。

3. 泌乳中期的饲养管理　泌乳中期是指产后 101～200d。该期特点是产乳量缓慢下降，每月下降幅度 5%～7%，体重、膘情逐渐恢复。多数奶牛处于妊娠早期或中期。饲养管理的主要任务是减缓泌乳量的下降速度。

泌乳中期仍是稳定高产的良好时机。在饲养上，日粮营养逐渐调整到与母牛体重和产乳量相适应的水平，即适当减少精料量，增加青粗饲料的比例，力争保持泌乳量平稳，防止下降过快。泌乳中期，日粮中干物质应占体重的 3.0%～3.2%，每千克饲料干物质含 NND2.13 个，粗蛋白质 13%，钙 0.45%，磷 0.4%，精粗比 40：60，粗纤维含量不少于 17%。

在管理上，加强运动，正确挤乳及乳房按摩，供给充足饮水。对妊娠母牛注意保胎，对未孕母牛做好补配工作。

4. 泌乳后期的饲养管理　泌乳后期是指母牛产犊后 201d 至停乳前的时期。此期的特点是母牛已到妊娠后期，产乳量急剧下降，胎儿生长发育速度很快，此期也是母牛体重恢复的阶段，母牛需要大量营养来满足胎儿快速生长发育的需要。此期的饲养管理既要考虑母牛恢复体况，又要防止母牛过肥。

在饲养上，日粮中应含有较多的优质粗饲料，根据奶牛产乳量、体况确定精饲料补给量，以满足母牛泌乳、恢复体况、胎儿生长的需要，为下胎持续高产打下基础。对体况消瘦的牛，要增加营养，尽快恢复体重。泌乳后期，日粮干物质应占体重 3.0%～3.2%，每千克饲料干物质含 NND1.87 个，粗蛋白质 12%，钙 0.45%，磷 0.35%，精粗比 30：70，粗纤维含量不少于 20%。

在管理上，要注意防流保胎。

（四）初产奶牛的饲养管理

初产奶牛是指第一次妊娠产犊的母牛。初产奶牛本身还在继续生长发育，还要担负胎儿的生长发育，因此母牛在分娩前必须获取足够的营养才能保证自身和胎儿生长发育的营养需要，使第一个泌乳期及其终生具有较高的产乳量。

1. 初产奶牛的饲养　15～17 月龄正常发育的母牛已配种妊娠，18～20 月龄时，母牛处于妊娠前期，胎儿增长较慢，所需营养不多，不必进行特殊饲养。产犊前 2～3 个月，由于胎儿生长发育加快，子宫的重量和体积增加较多，乳腺细胞也开始迅速发育，所以要适当提高饲养水平，以满足自身生长、胎儿发育和贮备营养的需要。日粮应仍以青粗饲料为主，适当搭配精饲料，使母牛体况达到中、上等水平。营养过剩则牛体过肥，影响产乳量。营养不足则影响自身和犊牛的正常发育。临产前 1～2 周，当乳房已经明显膨胀时，应适当减少多汁饲料和精饲料的喂量，以防加重乳房的肿胀，供给优质干草，任其自由采食。

2. 初产奶牛的管理

（1）加强保胎，防止流产。分群管理，不要驱赶过快，防止牛之间互相挤撞，不可喂给冰冻或霉变的饲料，防止机械性流产或早产。

（2）进行乳房按摩，调教挤乳。一般在产犊前4～5个月开始进行乳房按摩，每天按摩2次，每次3～5min。开始按摩时力度要轻，约经10d训练后，即可按经产牛一样按摩，到产前2～3周停止按摩。按摩时，应注意不要擦拭乳头，因为乳头表面有一层蜡状保护物，擦去后易引起乳头龟裂；擦拭乳头时易擦掉乳头塞，使病原菌从乳头孔侵入乳房而发生乳腺炎。

初产奶牛应由有经验的挤乳员进行管理。初产奶牛常表现胆怯，乳头较小，挤乳比较困难。所以挤乳前应该施加安抚，使其消除紧张，便于挤乳操作。否则，如粗暴对待，就会增加挤乳难度，使产乳量下降，还会使牛养成踢人的恶癖。

（3）做好产前、产后的准备和护理工作。初产母牛比经产母牛容易发生难产，产前工作要准备充分，产后要精心护理。

（五）高产奶牛的饲养管理

我国《高产奶牛饲养管理规范》规定，305d产乳量6 000kg以上（初产牛达5 000kg，成年母牛达7 000kg以上），含脂率3.4%的奶牛为高产奶牛。每天需要供应80～100kg饲料，折合干物质20～25kg。牛要消化这些饲料和营养物质，消化系统及整个有机体的代谢强度都很大。代谢机能强、采食饲料多、饲料转化率高、对饲料和外界环境敏感是高产奶牛的特点。因此高产奶牛的日粮营养要齐全，适口性要好，并要易于消化吸收。

1. 高产奶牛的饲养

（1）加强干乳期的饲养。为了补偿前一个泌乳期的营养消耗，贮备一定营养供产后产乳量迅速增加的需要，同时使瘤胃微生物区系在产犊前得以调整以适应高精饲料日粮，干乳期最后2～3周要增加精饲料喂量，实施引导饲养法，防止泌乳高峰时糖原贮备耗尽，体脂肪过分分解产生大量酮体而造成酮血病。

（2）提高日粮干物质的营养浓度。高产奶牛饲养的关键时期是从泌乳初期到泌乳盛期。高产奶牛分娩后，产乳量迅速上升，对营养物质的需要量也相应增加。此期，受采食量、营养浓度及消化率等方面的限制，奶牛不得不动用体内的营养物质来满足产乳需要。一般高产奶牛在泌乳盛期过后体重要降低35～45kg。体重降低过多或持续时间较长容易出现酮血症或一系列机能障碍。因此在分娩后到泌乳高峰期这段时间供给优质干草、青贮饲料、多汁饲料的同时，必须增加精饲料比例，提高干物质的营养浓度，在泌乳中后期减少精饲料比例（表4-5）。

表4-5 高产奶牛的精粗饲料干物质之比和日粮粗纤维含量

阶段	干乳期	围产后期	泌乳前期	泌乳中期	泌乳后期
精粗料干物质之比	25：75	40：60	60：40	40：60	30：70
日粮粗纤维含量（%）	≥20	≥23	≥15	≥17	≥20

（3）保持日粮中能量和蛋白质适当比例。高产奶牛产犊后，乳腺机能活动逐渐旺盛，产乳量逐渐增加，在保证蛋白质供应的同时，要注意能量与蛋白质的比例。奶牛产乳需要很多能量，若日粮中作为能源的糖类不足，蛋白质就要脱氨氧化供能，其含氮部分则由尿排出，

蛋白质没有发挥其自身的营养功能，造成蛋白质资源浪费，也增加了机体代谢的负担。因此在产乳量上升期要避免单独使用高蛋白质饲料"催乳"。

（4）补充维生素。高产奶牛的子宫复原速度缓慢、不能及时发情或发情不明显、受胎率低等现象与某些营养不足有直接关系。尤其是维生素 A、维生素 D、维生素 E 及常量和微量矿物质元素，日粮中添加这些维生素和矿物质可以有效地改善母牛的繁殖机能。添加量分别为每日每头：维生素 A 50 000IU、维生素 D_3 6 000IU、维生素 E 1 000IU、β-胡萝卜素 300mg。另外还应注意矿物质补充。

（5）注意日粮的适口性。日粮要求营养丰富、易消化、易发酵、适口性好。日粮组成上既要考虑营养需要，还要满足瘤胃微生物的需要，促进饲料更快地消化和发酵，产生尽可能多的挥发性脂肪酸，满足奶牛对能量的需要。牛乳中 40%～60% 的能量来自挥发性脂肪酸。

（6）保持高产奶牛的旺盛食欲。高产奶牛产乳量上升时间比采食量上升时间早 6～8 周。母牛采食量大，食物通过消化道速度快，营养物质消化率就会降低，日粮的营养浓度越高，被消化的比例越低。因此要注意保持其旺盛的食欲，提高母牛消化能力，让其每天吃下更多的饲料，则要增加饲喂次数，粗饲料任其自由采食，精饲料每日分 3 次喂给。产犊后，精饲料增加速度不宜过快，否则容易影响食欲，每天增量以 0.5～1kg 为宜，精饲料日喂总量一般不要超过 10kg。在精饲料中加入 1.5% 碳酸氢钠有利于增加食欲，增加产乳量，对预防酮病和瘤胃酸中毒等代谢病作用明显。

（7）增加饲料中过瘤胃蛋白质和瘤胃保护性氨基酸的供给量。由于高产奶牛泌乳量高，瘤胃供给的菌体蛋白和到达皱胃、小肠的过瘤胃蛋白质已不能满足机体对蛋白质的需要，添加额外的过瘤胃蛋白质和瘤胃保护性氨基酸是提高日粮蛋白质营养的有效措施。

（8）添加一定的异位酸和胆碱。异位酸能促进瘤胃内纤维素分解菌的生长繁殖，增加瘤胃内的菌体蛋白，所以在日粮中添加异位酸能提高产乳量。胆碱能促进牛体的新陈代谢，有利于体脂的转化，可减少酮血症的发生。

（9）使用阴离子盐。在产犊前 3 周内喂给母牛硫酸盐、氯化铵、氯化钙等阴离子盐，可减少产犊过程中酸中毒、产后瘫痪和皱胃变位的发病率。另外，在产犊前注射维生素 D_3，产前使用低钙日粮，产犊后恢复高钙日粮，能有效防止产后瘫痪和胎衣不下。

（10）应用 TMR 饲养技术。对机械化程度较高的大中型奶牛场应大力推行 TMR 饲养技术。

2. 高产奶牛的管理　对高产奶牛的管理，除坚持一般的管理措施外，还应注意以下几点：

（1）注意牛体牛舍卫生。必须在牛床上铺上柔软垫料，坚持刷拭，保护肢蹄，保持牛体和环境的清洁卫生。

（2）坚持运动。必须保证每天 3～4h 的运动，以增强体质，维持组织器官正常的功能。对乳房体积大、行动不便的个体可做牵遛运动。

（3）科学干乳。干乳期不少于 60d。干乳后要加强乳房的观察和护理。

（4）采取防暑降温和防寒保暖措施。炎热对奶牛极为不利，尤其是高产奶牛反应更大。要采取有效措施，减少热应激对奶牛的影响。冬季牛舍要防寒保暖、防贼风。

（5）正确挤乳。挤乳操作和挤乳机性能必须符合标准要求，避免或减少机械、挤乳对奶牛的负面作用。

（六）夏季奶牛饲养管理要点

奶牛适宜的环境温度为 0～23℃，高产奶牛为 15～20℃。气温超过 25℃时，奶牛的产乳量明显下降。在炎热的夏季，气温往往达到或超过 30℃，且持续时间较长，如果饲养管理不善，奶牛将会产生热应激反应，造成体温升高，呼吸加快，食欲下降，产乳量及繁殖率降低，甚至死亡。为减轻夏季高温对奶牛的影响，应采取如下措施：

1. 改善环境 在运动场搭凉棚，高 3～4m，宽 5～8m，所用材料应有良好的隔热性能。在牛舍内安装通风设施或电扇，加快牛体散热，喷水与风扇结合使用效果更好。有条件的牛场可在牛舍内安装喷雾设备，适当延长喷雾降温时间，以降低牛体表温度。若相对湿度大，牛体散热受阻加大，会使牛感觉闷热。所以牛舍还需保持干燥、通风。早晚打开门窗，加快湿度的排除和有害气体的排出。

2. 营养措施

（1）适当增加日粮的营养浓度。采食量下降是造成夏季奶牛产乳量降低的重要因素，所以饲料中能量、粗蛋白质营养浓度要高些，但不能过高。夏季饲喂精饲料比平时可增加 10%；平时喂豆饼占混合料的 20%，夏季可增加到 25%，但粗纤维含量不得低于 17%。并多喂些胡萝卜、优质青草、菜类、瓜类等青绿饲料。此外，日粮中还可添加 6% 左右的过瘤胃脂肪。

（2）注意补充矿物质和维生素。在炎热的夏季，奶牛的呼吸和排汗增加常常会引起矿物质的不足，所以应增加钙、磷、镁、钠、钾等的喂量，日粮干物质添加 1.5% 钾、0.6% 钠和 0.35% 镁，每头供给 9～12mg 有机铬及维生素 C、烟酸等有助于缓解奶牛的热应激。

3. 饲喂方法

（1）适当增加饲喂次数。可由日饲喂 3 次改为 4 次，增加夜间饲喂（4：00—5：00 或 22：00 以后）。

（2）饲喂稀料。将部分精饲料调制成粥料，既能增加营养，又能满足牛对水分的需要。粥料成分为：精饲料 1.5kg，胡萝卜和干粗 1.25～2.5kg，水 58kg；给奶牛喂盐水麸皮汤能增强奶牛食欲，保证饮水量，调节代谢，有效控制产乳量下降。每次每头牛喂 50kg 水，加食盐 50g、麸皮 1～1.5kg，每天喂 3 次。

（3）提供充足、新鲜、洁净的饮水。饮水充足则有利于体液蒸发，带走多余的体热。因此运动场要有充足的新鲜自来水，以保证奶牛饮水需要。水槽应放在阴凉、奶牛容易饮到的地方。在饮水中加入 0.5% 的食盐可促进奶牛消化。

4. 搞好牛舍和环境卫生 牛舍不干净不仅影响牛体皮肤正常代谢，有碍牛体健康，而且严重影响牛乳卫生。因此要勤打扫牛舍，清除粪便，通风换气，保持牛舍清洁、干燥、凉爽，定期消毒；夏季要经常用清水冲洗和刷拭牛体，以利牛体散热，保持牛体卫生；夏季蚊蝇多，不仅会干扰奶牛休息，还易传播疾病，因此要注意灭蚊蝇。

5. 预防为主，减少疾病 防治乳腺炎、子宫炎、腐蹄病、胃肠疾病、食物中毒等，是保证奶牛夏季产乳量的关键。应采取如下措施：

（1）从 5 月开始用 1%～3% 次氯酸钠液浸泡乳头。

（2）母牛生产后要注意胎衣脱落和恶露排出情况，产后 15d 检查生殖器官，发现问题及时治疗。

（3）每月用清水洗刷牛蹄 2 次，并涂以 10％～20％硫酸钠溶液。

（4）每天刷洗 1 次食槽和水槽。

（5）做好卫生防疫和环境消毒工作。

（七）泌乳牛冬季的饲养管理

根据我国的气候情况以及牛本身的耐寒性能，冷应激对牛的影响不像热应激那样突出，而且防止冷应激的措施也要比防止热应激容易和简便。但寒冷也会给奶牛带来许多不利的影响，主要是奶牛能量的损失和产乳量的下降，因此冬季要做好奶牛的防寒保暖工作。

1. 防寒保暖　如果牛舍的温度低于奶牛等热区的温度下限，奶牛将开始增大热能的消耗，故应将牛舍的西面、北面的门窗、墙缝堵严，严防风霜雨雪侵入舍内。要给奶牛铺垫厚干草，以免夜间趴卧休息时受凉患病。要保持舍内地面干燥清洁，勤除粪便，勤换勤晒垫草。在做好防寒保暖的同时，也要做好牛舍通风。

2. 饮用温水　冬季天气寒冷，此时泌乳牛饮冷水会消耗体内大量热能，从而降低产乳量。因此每天要提供 16～18℃的温水。

3. 增加营养　天气寒冷，牛体要维持体温就需要增加更多的消耗，冬季要结合气温变化补给能量饲料。

4. 补充食盐　冬季奶牛多采食干草，胃液分泌量增加，食盐的需求量也相应增加。因此，冬季日粮中要适当增加食盐含量，以刺激奶牛食欲，提高其对饲草的消化率。

5. 加强运动　每天保持舍外适当运动（一般中午前后将牛赶出户外），多晒太阳，勤给奶牛刷刨（采用干刷）。这样可加快其新陈代谢，有利于增强其御寒能力、提高产乳量。

6. 增加光照　冬季昼短夜长，奶牛产乳量会因光照不足而下降，所以应当在牛舍内安装电灯补充光照。

7. 做好卫生工作　冬季应给牛驱虫一次，还要做好防疫注射，防止传染病发生。

（八）TMR 饲养技术

1. TMR 饲养技术的概念与优势

（1）TMR 饲养技术的概念。是根据奶牛不同泌乳时期所需的各种营养成分的数量和比例，把铡切成适当长度的粗饲料及精饲料、矿物质饲料、饲料添加剂等按一定比例，经专用饲料搅拌机充分混合，而得到一种营养全面且相对平衡的日粮，由发料车发料，让散放牛群自由采食的饲养技术。

奶牛 TMR 饲养技术

此项技术始于 20 世纪 60 年代，首先在英国、美国、以色列等国家推广应用，已被奶牛业发达国家普遍采用。在我国被许多大型集约化奶牛场应用。

（2）TMR 饲养技术的优势。

①可进行大规模工厂化生产，使饲养管理省工、省时，提高规模效益及劳动生产率。也可实现一定区域内小规模牛场的日粮集中统一配送，从而提高乳业生产的专业化程度，适应现代奶牛生产的发展趋势。

②便于控制日粮的营养水平，改善饲料的适口性，提高奶牛干物质采食量、产乳量、乳

脂率和非脂固体物含量。

③可有效地防止消化系统机能紊乱。TMR饲养技术将日粮各组分按比例均匀地混合在一起，避免牛的挑食，奶牛每次采食的饲料都含有营养均衡的养分。可防止奶牛在短时间内因过量采食精饲料而引起瘤胃 pH 突然下降，与同等情况下精粗分饲的奶牛相比，其瘤胃 pH 稍高，更有利于纤维素的消化分解。能维持瘤胃微生物的数量、活力及瘤胃内环境的相对稳定，使发酵、消化、吸收及代谢正常进行，有利于改善饲料利用率，减少一些疾病（如真胃移位、酮血症、产乳热、酸中毒等）的发生。

④有利于充分利用当地饲料资源、降低饲料成本、提高经济效益。

⑤可保证奶牛稳定的日粮结构，同时又可灵活地安排最优的饲料与牧草组合，从而提高草地的利用率。有利于非蛋白氮的合理利用，可防止奶牛的氨中毒。

⑥可根据不同牛群或不同泌乳阶段的营养或生理需要随时调整配方，使奶牛达到适宜体况，充分发挥奶牛泌乳的遗传潜力和繁殖力。

2. TMR 的制作

（1）TMR 搅拌机机型的选择。常用的 TMR 搅拌机有立式、卧式和牵引型等。最好选择立式搅拌机。这种机型草捆无须另外加工，混合均匀度高，搅拌罐内无剩料，维修方便，使用寿命长。

（2）严格按日粮配方投料。保证各组分精确计量，定期校正计量控制器。

（3）精选原料。加料过程中，防止铁器、石块、包装绳等杂质混入搅拌车中造成车辆损伤。

（4）控制每批次填料量。根据搅拌车的说明，掌握适宜的填料量，避免过多装载影响搅拌效果。通常装载量占总容积的 60%～75% 为宜。

（5）填料顺序。合适的填料顺序是先粗后精、先干后湿、先轻后重。按照干草、农作物副产品、青贮饲料、糟渣类饲料、精饲料的顺序加入，边加料边搅拌。

（6）搅拌时间。掌握搅拌时间的原则是确保搅拌后 TMR 中至少有20%的粗饲料长度大于 3.5cm。一般情况下，最后一种饲料加入后搅拌 3～6min 即可，避免过度混合。

（7）效果评价。搅拌好的 TMR 精粗饲料混合均匀，松散不分离，色泽均匀，新鲜不发热、无异味，不结块。

（8）水分控制。根据青贮饲料及农作物副产品等的含水量，控制好 TMR 水分，一般为40%～50%。

3. TMR 饲养技术要点

（1）合理分群。定期测定个体牛的产乳量、乳脂率、乳蛋白，每月评定奶牛体况，根据奶牛产乳量的高低、泌乳阶段、体况好坏，将成年母牛分为若干个牛群。如果牛群的平均产乳量差异不超过15%，则可用一个 TMR 配方，如果两组产乳量相差达40%以上，考虑使用两个配方。合群使用一个 TMR 配方简便易行、省力省事，可避免频繁转群产生的应激反应，有利于高产奶牛更好地发挥其遗传潜力。对产乳量特别高的奶牛，挤乳时可额外添加少量精饲料或颗粒饲料进行补饲，有条件的可用电子识别自动补饲槽补充额外的精饲料。

（2）确定日粮组成。根据牛群生产状况和奶牛体况制订精饲料配方和微量元素、维生素复合添加剂配方；根据当地饲料资源，确定粗饲料的品种及用量，根据奶牛的采食量和饲料价格进行调整。还应考虑饲料的适口性，合理使用诱食剂。核实各种饲料混合后奶牛能否采食到应有的数量，是否能够满足奶牛的营养需要，并适当调整。

（3）经常检测各种原料的养分含量。测定组成 TMR 原料的营养成分是科学配制日粮的首要条件，即使是同一种饲料，因产地、收割期及加工方法的不同，干物质及其他营养成分也有较大差异，所以应根据实测的营养结果来配制。对于制成的 TMR，亦应经常测定其干物质和养分含量，调整组成结构，使各营养含量达到合适的水平，以使实际采食量与推算采食量相等，确保奶牛得到应有的营养。

（4）饲槽中不宜长时间断料。由于 TMR 饲养技术是以群为单位的自由采食，需要保证群内的每头牛都能采食到足够数量的饲料，这就必须做到饲槽中白天不断料、夜间断料时间不宜超过 2h。为了使奶牛采食旺盛并便于人员操作，一般采用日喂两次的模式。

（5）观察奶牛的食欲、体重、体况及产乳量、乳成分变化。应每天观察奶牛的采食状况和群体产乳量，每 10～15d 记录奶牛的采食量、个体产乳量和乳脂率、乳蛋白率及膘情，每月记录奶牛的体况、繁殖状况。对记录做详细分析，及时解决存在的问题。要根据牛群的具体情况，结合各种原料的价格，调整 TMR 内精饲料成分配比和粗饲料用量，保证泌乳后期奶牛体况得到恢复，降低生产成本。

（6）保证 TMR 达到技术指标。TMR 的各种指标是以营养浓度数值表示的相对量，要求计算正确、科学，估测的奶牛采食量不可有较大偏差，各种原料在混合前计量准确、混合均匀。专用搅拌机车要能接近牛舍，操作过程实行电脑程序式控制，准确卸料，科学分发。

四、干乳牛的饲养管理

奶牛一般在产犊前 2 个月左右需要停止挤乳，停乳后的母牛称妊娠干乳牛，干乳的这段饲养期称为干乳期。干乳期饲养管理是成年母牛饲养管理过程中的一个重要环节，干乳期饲养管理的好坏对胎儿的正常生长发育、母牛的健康以及下一个泌乳期的产乳表现均有重要的影响。

奶牛干乳
技术

（一）干乳的意义

1. 恢复母牛体况　母牛经过长期的泌乳和妊娠消耗了体内大量的营养物质，干乳期的饲养可以弥补母牛体内亏损，满足胎儿发育，并且能贮积一定营养，有利于下一个泌乳期更好地泌乳。

2. 有利于乳腺组织周期性休整　母牛乳腺组织经过一个泌乳期的分泌活动必然会受到不同程度的损伤，干乳期可以为乳腺提供一个休整时机，以便乳腺分泌上皮细胞进行再生、更新、重新发育。

3. 使瘤网胃机能恢复　母牛的瘤网胃经过一个泌乳期高水平精饲料日粮的应激，其消化代谢机能进入疲劳状态。干乳期大量饲喂粗饲料可以恢复瘤网胃的正常机能。

4. 更好地使胎儿生长发育　干乳期正好是母牛产前 2 个月，这时胎儿发育速度加快，需要大量营养；同时胎儿体积增大，压迫母牛消化器官，消化能力减弱。为了保证胎儿营养需要、减轻母牛负担，应该采取干乳措施。

5. 有利于某些疾病的防治　某些在泌乳期难以治愈的疾病，如隐性乳腺炎通过干乳可以得到有效防治，同时干乳还能调整代谢紊乱，特别是有利于产乳热的预防。

（二）干乳的时间

干乳期一般控制在 45～75d。对于头胎牛、体弱牛、老龄牛、高产牛，干乳期可适当延长，以 60～70d 为宜，但不要超过 75d，否则影响其健康和生产性能。而对于身体强壮、营养状况良好、产乳量较低的母牛，干乳期可缩短为 45～50d。

干乳期如少于 35d 则会使下一个泌乳期的产乳量下降，主要是因为过短的干乳期妨碍了乳腺上皮细胞的更新或再生，从而直接影响下一个泌乳期的产乳量。如果干乳期长于 75d，则会增加干乳期饲养成本，降低奶牛当胎的产乳量和经济收益。

（三）干乳方法

干乳是通过改变泌乳活动的环境条件来抑制乳汁分泌。根据产乳量和生理特性，生产中常用的干乳方法有两种，即逐渐干乳法和快速干乳法。

1. 逐渐干乳法　在预计干乳前 1～2 周，通过变更饲料，逐渐减少青草、青贮饲料、多汁饲料及精饲料的喂量，同时限制饮水，延长运动时间，停止乳房的按摩，减少挤乳次数（3 次减为 2 次再减为 1 次），改变挤乳时间等办法，抑制乳腺的分泌活动，当产乳量降到 4～5kg 时，挤净最后一次即可停止挤乳。这种方法安全，但比较麻烦，需要时间长，适用于高产奶牛及有乳腺炎病史的奶牛。

2. 快速干乳法　在预计干乳日突然停止挤乳，以乳房内乳汁充盈的高压力来抑制乳汁的分泌活动，从而达到停乳。

具体做法是：在预计干乳日，用 50℃温水洗擦并充分按摩乳房，将乳彻底挤净后即停乳。挤完后用 5％的碘酊浸一浸乳头，并在每个乳头孔内注入长效抑菌药物，然后用火棉胶封闭乳头。乳房中存留的乳汁经 3～5d 后逐渐被吸收。这种方法因饲养管理没有改变，快速果断，断乳时间短，省时、省力，不影响母牛健康和胎儿生长发育。但对曾患过乳腺炎或正在患乳腺炎的母牛不适合使用该方法。

无论采用哪种方法，为预防乳腺炎的发生，最后一次挤乳必须完全挤净，并向每个乳头内注入抗生素制剂的油膏封闭乳头。在停止挤乳后 3～4d，要随时观察乳房的变化，如果乳房肿胀不消，局部增温，有硬块、疼痛等症状出现，母牛表现不安，应重新把乳房中乳汁挤净，再继续采取干乳措施。患乳腺炎的牛应治愈后再进行干乳。还应注意，干乳前必须检查妊娠情况，确定妊娠后再干乳，但操作应谨慎，以防流产。

（四）干乳期母牛的饲养管理

1. 干乳期的饲养　干乳期母牛的饲养管理可分干乳前期和干乳后期两个阶段。

（1）干乳前期的饲养。从干乳开始到产犊前 2～3 周为干乳前期。此期对营养状况不良的母牛要给以较丰富的营养，使其在产前有中上等膘情，体重比泌乳末期增加 50～80kg。一般可按每天产乳 10～15kg 时所需的饲养标准进行饲养，日给 8～10kg 的优质干草、15～20kg 多汁饲料与 3～4kg 混合精饲料。但粗饲料与多汁饲料不宜喂得过多，以免压迫胎儿引起早产。对营养良好的母牛，一般只给优质的粗饲料即可，食盐和矿物质可任其自由舔食。

（2）干乳后期的饲养。产犊前 2～3 周至分娩为干乳后期。此期应提高母牛日粮中精饲料水平，以贮备产犊后泌乳的营养，尤其是高产母牛的精饲料水平应更高些。母牛产前 $4\sim7d$，如乳房过度膨胀或水肿严重，可适当减少或停喂精饲料及多汁饲料。产前 $2\sim3d$，日粮中加入麸皮等具有轻泻性的饲料，以防止便秘。

2. 干乳期的管理

（1）做好保胎工作，防止流产。饲喂干乳母牛的日粮应必须新鲜、干净，绝不能供给冰冻、腐败、变质的草料，而且不宜喂冷水。冬季饮水温度应在 $10\sim15℃$。当妊娠母牛腹围不随妊娠月龄增大时，产前 14d 进入产房，进产房前应对产房彻底消毒，铺垫干净柔软的干草，并设专人值班。有条件的牛场可设干乳牛舍，将产前 3 个月的头胎牛和干乳牛进行集中饲养。注意干乳期不宜进行采血、接种和修蹄。

（2）适当运动。每天要保持适当的运动，运动和光照有利于奶牛的健康，有利于减少难产和胎衣滞留。但不可驱赶，以自由运动为宜。

（3）坚持皮肤刷拭，保持牛体卫生。干乳牛新陈代谢旺盛，皮肤容易产生皮垢，因此要加强对牛体的刷拭，要求每天至少刷拭 2 次，同时保持牛床清洁干燥，勤换褥草。

（4）坚持按摩乳房。当乳房变软收缩后，可实施乳房按摩，每天 1 次，每次 5min，将有助于促进乳腺发育，但对产前出现水肿的牛应停止按摩。

（5）保证阴阳离子平衡。在产前的 $2\sim3$ 周为奶牛提供阴离子盐（如氯化铵、硫酸镁等），能有效降低产后瘫痪的发病率。

五、挤乳程序与操作

挤乳操作是奶牛饲养管理的重要环节，也是牛场技术性较强的工作，正确的挤乳对维持奶牛健康、提高牛乳产量、改善牛乳的质量具有重要作用。

（一）挤乳前的准备工作

1. 保持个人卫生 挤乳员勤剪指甲，挤乳前用肥皂水洗手，保持手臂清洁。

2. 用具清洗、消毒，保证牛体清洁 首先要将所有用具和设备洗净、消毒。然后清除牛体上的污物，清扫牛床。准备好 $40\sim45℃$ 温水、挤乳桶、过滤用的纱布、毛巾、小凳等。

3. 用温水擦洗乳房 保持乳房表面的清洁，用温水擦洗清洁乳房，促使乳腺神经兴奋形成排乳反射，加快乳汁的分泌与排出，提高产乳量。方法是：先用湿毛巾擦洗乳头孔、乳头、乳房中沟及整个乳房，再用干毛巾自下而上擦干整个乳房。清洗乳房用的毛巾应清洁、柔软，最好各牛专用。洗擦后立即进行乳房按摩。

4. 按摩乳房 通过按摩乳房，使乳房膨胀，加速乳汁的分泌和排出。按摩乳房时，用双手抱住右侧乳房，两手拇指放在乳房外侧，其余手指放在乳房中沟，自上而下、由外向内反复按摩，然后拇指在乳沟，其余手指在外侧，用同样方法按摩左侧乳房。

5. 药浴乳头 用消毒液浸泡各乳头 $20\sim30s$，用纸巾擦干后即可挤乳。

（二）挤乳方法与程序

挤乳的方法有机器挤乳和手工挤乳两种。机器挤乳是实现奶牛业现代化不可缺少的生产环节，可大大减轻劳动强度、提高劳动效率，牛乳受污染的机会少，可使产乳量提高约 10％。但从当前来看，奶牛场中有些奶牛个体因前乳房指数小、乳头小等原因尚不适应机器挤乳，仍需手工挤乳。

奶牛手工
挤乳

1. 手工挤乳　手工挤乳时，挤乳员和挤乳方法不宜经常更换。具体程序如下：

挤乳员坐小凳于牛右侧后 1/3～1/2 处，与牛体纵轴呈 50°～60°的夹角。乳桶夹于两大腿之间，左膝在牛右侧飞节前附近，两脚向侧方张开呈"八"字形。手工挤乳通常采用压榨法。用拇指和食指扣成环状压紧乳头基部，切断乳汁向乳池回流的去路，再用中指、无名指和小指依次压榨乳头，使乳汁由乳头流出，然后拇指和食指松开，其余各指也依次舒展，通过左右两只手有节奏地压榨与舒展，并交替连续进行。挤乳速度要快，一般要求每分钟压榨 80～120 次，握力一般是 15～20kg。整个挤乳时间在6～8min。

另外一种是滑挤法。用拇指和食指捏住乳头基部，向下滑动将乳挤出。此法容易使乳头变形或受损伤。除少数初产牛因乳头特别短小者，一般不采用。

注意事项：挤乳员蹲坐的姿势要求正确，既要便于操作又要注意安全。开始挤出的第一、二把乳因为含有大量细菌，应收集在专用的器具内，不应挤入乳桶内，也不应挤在牛床上，以防污染垫草而传播疾病。检查乳汁是否正常，如纱布上发现干酪似的乳块或异物，或发现乳房内有硬块或者出现红肿，乳汁的色泽、气味出现异常，应及时报告，尽早进行治疗。挤乳时若遇到不安静的牛，不可粗暴对待，更不许鞭打，以防养成牛踢人的恶癖。

为保证牛乳清洁卫生，挤乳前后应做好以下工作：

①挤乳前 30min，将牛舍内粪便、剩料（尤其是青贮饲料）彻底清扫干净，确保牛床等环境卫生。

②挤乳前 20min，将准备挤乳的母牛认真梳刷，确保体表清洁。

③挤乳员穿工作服，洗手。

④挤乳时不宜给牛喂干草等粗饲料。

⑤最好在温水清洗乳房后用干毛巾（或纸巾）充分擦干乳头。

⑥挤乳完毕后，用消毒液浸浴乳头。

2. 机器挤乳　机器挤乳是牛、机器和挤乳员相互配合的挤乳工作。牛乳是最易受污染的食品，所以机器挤乳前，除机器、牛和人保持清洁卫生外，挤乳厅、贮乳间必须保持清洁卫生。

奶牛挤乳机
挤乳技术

（1）挤乳机的选择。挤乳机有桶式、车式、管道式、坑道式、转盘式等。养殖企业可以根据泌乳牛头数的多少选择挤乳机。如果 10～30 头泌乳牛或中小牛场的产房则选用提桶、小推车式挤乳机；30～200 头用管道式；草原地区可以用车式、管道式挤乳机；200～500 头最好用坑道式挤乳台；500 头以上坑道式、转盘式均可。但要选择性能最优的挤乳机。

（2）机器挤乳操作规程。

①检验头把乳。套杯挤乳前用手挤出前两把乳，检查有无异常。如无异常立即药浴，等待 30s 擦干；如果患乳腺炎应改为手工挤乳，挤下的乳另做处理。

②套杯、开动气阀。套挤乳杯时不要吸入空气。在挤乳过程中，挤乳员要密切注意挤乳过程，发现问题及时处理。挤乳器位置不当可能使挤乳机向乳头上端移动，容易造成乳头损伤。同时还要避免过度挤乳，过度挤乳不仅延长挤乳时间，而且还会造成乳房疲劳，影响以

后的排乳速度，甚至导致乳房疾病。所以在使用挤乳杯不能自动脱落的挤乳机时，在挤乳快要完成时，用手向下按摩乳区，帮助挤干乳，然后关闭挤乳器，卸下挤乳杯。

③乳头消毒。一般用0.5％碘剂或3％次氯酸钠溶液浸泡或喷洒乳头末端2/3的部分。

④清洗机具。每次挤完乳后，清洗与乳接触的器具和部件，先用温水预洗，然后浸泡在专用洗涤剂中进行刷洗，再用热水清洗，晾干。

真空装置和挤乳器具应定期检修、保养、清洗、疏通。

■ 任务测试

1. 简述初生犊牛的生理特性。
2. 初乳对初生犊牛具有哪些特殊作用？
3. 犊牛早期断乳有哪些优点？
4. 乳用犊牛的管理要点有哪些？
5. 育成牛有哪些特性？
6. 简述泌乳初期、泌乳盛期、泌乳中期、泌乳后期母牛的特点及饲养管理技术。
7. 泌乳母牛为什么要进行干乳？如何进行干乳？
8. 怎样饲养好高产奶牛？

任务三　奶牛评定

■ 任务导入

某奶牛养殖户饲养的奶牛产乳量个体差距较大，从平均年产乳量4 000kg以上到近10 000kg不等。为什么出现这种情况呢？这就需要做好奶牛的评定。奶牛的评定主要包括外貌评定和产乳性能测定。影响奶牛生产性能的因素包括遗传、生理和环境等方面，这些因素都会对奶牛的产乳性能有一定的影响，只有在充分掌握的基础上，才能最大限度地减少不利因素、发挥有利因素，使奶牛多产乳、产安全优质的牛乳。

■ 任务实施

一、奶牛外貌评定

牛的外貌是体躯结构的外部形态，不同经济用途的牛体质外貌存在显著差异。个体的外貌特征既是其遗传基础与其所处的外界环境条件相互作用的结果，又是内部结构与生理功能的外部表现。

（一）观察鉴定

观察鉴定是用肉眼观察牛的外形及品种特征，同时辅以手的触摸，以初步判断牛的品质和生产性能的高低。

进行肉眼鉴定时，使被鉴定的牛自然站立在宽阔而平坦的场地上。鉴定人员站在距离被鉴定牛5～8m的地方。首先进行一般观察，对整个牛体环视一周，以便认识牛轮廓，并掌握牛体各部位的发育是否匀称。然后站在牛的前面、侧面和后面分别进行观察。从前面观察牛头部的结构、胸和背腰的宽度、肋骨的扩张程度和前肢的姿势等；从侧面观察胸部的深度、整个体型、肩及尻的倾斜度，颈、背、腰、尻等部位的长度，乳房的发育情况以及各部位是否匀称；从后面观察体躯的容积和尻部发育情况。肉眼观察完毕，再用手触摸，以了解皮肤、皮下组织、肌肉、骨骼、毛、角和乳房等发育情况。最后让牛自由行走，观察四肢的动作、姿势和步态。

此法鉴定易行，但鉴定人员必须具有丰富的经验才能得出比较正确的结果。

（二）测量鉴定

奶牛体尺测量

1. 体尺测量　体尺测量是牛外貌鉴定的重要方法之一，它是鉴定各种牛生长发育情况和体型的重要数据，是一项重要的品种特征，也是选种的重要依据之一。

进行体尺测量时应使牛站在宽敞平坦的场地上，姿势端正。后视后腿掩盖前腿，侧视左腿掩盖右腿，四蹄平行，头自然前伸，不偏向左右，不高抬也不低垂。一般常用体尺的测量方法（图4-2）如下：

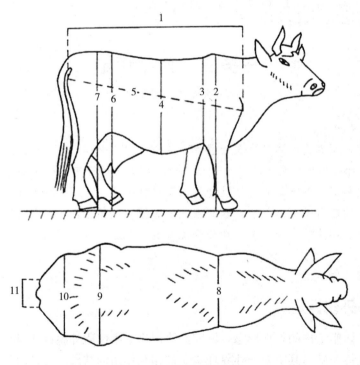

图4-2　牛体尺测量部位

（丁洪涛，2001. 畜禽生产）

1. 体直长　2. 体高　3. 胸深　4. 腹围　5. 体斜长　6. 十字部高　7. 荐高
8. 胸宽　9. 腰角宽　10. 髋宽　11. 臀端宽

（1）体高。自鬐甲最高点到地面的垂直距离，亦称鬐甲高。

（2）体斜长。肩端前缘（肱骨突）至同侧臀端后缘的直线距离。

（3）体直长。分别从肩端前缘（肱骨突）和臀端后缘向地面引垂线，两垂线间的水平距离。

(4) 胸围。肩胛骨后缘绕体躯一周的周径。

(5) 管围。前肢管部上 1/3 处（最细处）的水平周径。

(6) 腹围。腹部最粗部位绕体躯一周的周径。

(7) 腰高。亦称十字部高，为两腰角连线中点至地面的垂直高度。

(8) 臀高。又称尻高或荐高，为荐骨最高点至地面的垂直高度。

(9) 胸宽。肩胛骨后缘胸部最宽处左右两侧间的距离（即左右第六肋骨间的最大距离）。

(10) 胸深。沿肩胛骨后缘，从鬐甲后部到胸骨下缘之间的垂直距离。

(11) 腰角宽。两腰角外缘隆凸间的距离，即后躯宽。

(12) 髋宽。两侧臀角外缘间的直线距离。

(13) 坐骨宽。也称臀端宽或尻宽，为两臀端外缘间的宽度。

(14) 臀长。又称尻长，为腰角前缘至臀端后缘间的距离。

2. 体尺指数　体尺指数是指体尺指标之间的数量关系，以百分率表示，表示不同体躯部位的相对发育程度，反映牛的体态结构及可能的生产性能，在牛的选育上有一定的应用。表 4-6 列出了常用体尺指数的计算公式与含义。

表 4-6　牛的常用体尺指数

体尺指数（%）	计算公式（×100）	含义
体长指数	体斜长/体高	说明长和高的相对发育程度
肢长指数	(体高-胸深)/体高	说明四肢的相对长度
髋胸指数	胸宽/腰角宽	说明胸部与髋部的相对发育程度
胸宽指数	胸宽/胸深	说明胸部宽与深的相对发育程度
体躯指数	胸围/体斜长	说明牛的躯干是粗短还是修长
尻高指数	尻高/体高	反映前后躯高度的相对发育程度
尻宽指数	坐骨端宽/腰角宽	反映尻部的发育程度
管围指数	管围/体高	反映骨骼的相对发育程度
额宽指数	最大额宽/头长	说明头部宽与长的相对发育程度
头长指数	头长/体高	说明牛头的相对发育程度

（三）奶牛体况评分

1. 奶牛体况评分的目的和意义　奶牛体况是指奶牛脂肪沉积的状况，俗称膘情。它与奶牛泌乳、繁殖关系极为密切。奶牛体况评分是检查奶牛膘情的主观方法，是奶牛能量代谢正常与否及饲养效果的反映，也是奶牛高产与健康的标志之一。奶牛体况评分具有重要意义：①可以反映奶牛饲养是否得当；②可反映奶牛的繁殖机能，过于瘦弱或肥胖均不利于繁殖性能的发挥；③可以反映奶牛的健康状况。在集约化管理的条件下，生产中经常会出现体况与生理要求偏离的情况，导致代谢病的发生。因此对奶牛体况进行监测是奶牛营养与健康管理的一项重要手段。

奶牛体况评分是根据目测和触摸奶牛尾根、腰区、后躯皮下脂肪的蓄积量进行直观评分，一般每月评分一次，通常采用 5 分制。评分时不受饲养规模、品种及场地等限制，操作简单，便于推广。

2. 奶牛体况评分标准　根据奶牛体况评分标准（表 4-7），按照准确、简明、实用、易操作的原则进行评分。奶牛体况评分侧重于背线、腰臀及尾根等部位的肌肉和脂肪沉积程度，其中主要是脊峰形态。

表 4-7　奶牛体况评分标准

观测性状	性　状　表　现				
脊峰	尖峰状	脊突明显	脊突不明显	稍呈圆形	脊突埋于脂肪中
两腰角之间	深度凹陷	明显凹陷	略有凹陷	较平坦	圆滑
腰角与臀	深度凹陷	凹陷明显	较少凹陷	稍圆	丰满，呈圆形
尾根部	凹陷很深，呈 V 形	凹陷明显，呈 U 形	凹陷小，有脂肪沉积	凹陷更小	大量脂肪沉积，无凹陷
整体	极度消瘦，皮包骨	瘦，骨骼轮廓清晰	骨节不明显，肥瘦适中	皮下脂肪沉积明显	过度肥
评分	1 分	2 分	3 分	4 分	5 分

3. 奶牛的适宜体况　母牛在泌乳的各阶段应有一个合适的体况，以使其产乳潜力能够最大限度地发挥，同时又能保证正常的繁殖机能、消化机能以及奶牛的健康不受影响。一般奶牛产犊时的体况评分为 3.0～3.5 分较合适，体况差的母牛产乳量较少。一般情况下，奶牛产犊后体况评分下降幅度不应超过 1.5 分。为此，奶牛泌乳初期应最大限度地增加采食量，泌乳中期应该给奶牛提供额外的饲料，以使奶牛逐渐恢复体况。调整奶牛体况的一个关键时期是产后 225～250d，其方法是对偏瘦牛补喂优质粗饲料和适当增加精饲料，因该阶段合成代谢率高。如果干乳期奶牛过肥，则应在泌乳中期复膘阶段控制体重；如果奶牛体况太差，可提前转入处于临产期的牛群。

二、奶牛产乳性能测定

（一）影响产乳性能的因素

影响奶牛产乳量的因素有很多，归纳起来有遗传（如品种、个体）、生理（如年龄、胎次、体型大小、初产年龄、产犊间隔和泌乳期）、环境（包括如挤乳技术、饲养管理等）三大因素。

1. 遗传因素

（1）牛种和品种。不同牛种的遗传基础不同，产乳量和乳的组成差异很大。一般家牛、瘤牛、牦牛和水牛虽然都可作为乳用牛饲养，但就产乳量而言，差异很大。一般乳用牛的产乳量高于肉用牛和役用牛，在乳用牛品种中，经过高度培育的品种产乳量显著高于培育程度低的品种，如纯乳用型荷斯坦牛 305d 平均产乳量可达 7 500～8 500kg，而中国荷斯坦牛305d 平均产乳量在 6 000kg 左右。在正常条件下，荷斯坦牛是世界上产乳量最高的品种，而乳脂率则以娟姗牛为最高。在相同的饲养条件下，产乳量较高的品种的乳脂率相应较低，如荷斯坦牛产乳量高，乳脂率较低；娟姗牛产乳量较低，但乳脂率高。

（2）个体。同一品种内不同个体的牛因遗传基础有差异，即使在相同饲养管理条件下，其产乳量和乳脂率差异也很大，甚至大于品种间的差异。如荷斯坦牛个体间产乳量变异范围在 3 000～12 000kg，乳脂率为 2.6%～6.0%。

2. 生理因素

（1）年龄与胎次。奶牛的产乳量随着年龄与胎次的变化而发生规律性的变化。初产母牛的年龄一般在 2～2.5 岁，随着年龄与胎次的增加，产乳量也随之增加，成年时达泌乳高峰，之后随着年龄与胎次增加，泌乳力逐渐下降。第 1 胎产乳量为最高泌乳胎次产乳量的 60%～70%；第 2 胎为 70%～87%；第 3 胎为 90%～95%；4～7 胎时产乳量达到高峰，在此之前，奶牛的产乳量随胎次增加逐渐上升，以后奶牛的产乳量依胎次增加呈下降趋势。这一规律也受奶牛性成熟时间与饲养条件的影响。早熟型的牛产乳高峰期来得较早，但下降也较早。良好的饲养管理条件可以保持较缓慢的下降速度。牛乳的成分含量有随着年龄和胎次的增长而略呈降低的趋势，乳脂率与产乳量则呈负相关。

（2）初产年龄与产犊间隔。初产年龄过早，头胎产乳量少，不仅影响个体本身的发育，而且影响终生产乳量。初产年龄过晚则产犊胎次减少，这样不仅减少了产乳量，而且减少了犊牛的头数。一般在正常饲养管理条件下，奶牛体重达到该品种成年体重的 70%，15～17 月龄配种，24～26 月龄第一次产犊，不但不会影响牛体的正常生长发育，而且对其产乳量和繁殖力有良好的影响，能增加终生产乳量。如果饲养管理条件差，发育不良，提早配种将影响产乳量。奶牛最理想是一年泌乳 10 个月、干乳 2 个月，产犊间隔应保持一年一胎。若产犊间隔过长，产乳量受到影响，且牛一生中产犊头数减少，终生产乳量低，繁殖率降低。产犊间隔由 12 个月延长到 14 个月，则平均产乳量由 6 864kg 下降到 6 123.5kg；若产犊间隔缩短，泌乳期也短，因而也影响产乳。因此奶牛产犊后应尽量使其在 60～90d 再次受孕，特别是 76～85d 的配种受胎率最高，超过 90d 则受胎率明显下降。

（3）泌乳期内不同阶段。母牛从产犊后开始泌乳到停止泌乳的这段时间称为泌乳期。奶牛在一个泌乳期中产乳量呈规律性变化，分娩后头几天产乳量较低，随后产乳量不断增加，在 20～60d 日产乳量达到该泌乳期的最高峰（低产母牛在产后 20～30d、高产母牛在产后 40～60d），高峰期维持 1～2 个月（高产奶牛高峰期可达 2 个月左右），然后产乳量逐渐下降。全泌乳期日产乳量随泌乳时间的变化而形成一个动态曲线，称为泌乳曲线（图 4-3）。该曲线反映了奶牛泌乳的一般规律，在生产实践中，可按这一规律来掌握生产周期，安排生产作业，进行科学饲养管理。

（4）干乳期的长短。母牛从停止挤乳到分娩这段时间称为干乳期。为了使乳腺组织获得一定的休整和更新时间，并补偿因长期泌乳母牛体内营养物质的消耗，恢复牛的体况，促使母牛体内贮存必要的营养物质，提高下一胎产乳量，保证胎儿更好地生长，必须让母牛在分娩前有 2 个月左右的干乳期。实践证明，没有干乳期或干乳期太短会降低下一个泌乳期产乳量和犊牛初生重，但干乳期过长会使当胎的产乳量下降。

干乳期长短根据母牛的年龄、体况、泌乳性能、饲养管理条件等情况而定。一般为 45～75d，平均为 60d。对年产乳量 6 000～7 000kg 的高产牛、营养不良牛、体弱及老龄牛、初产或早配母牛，干乳期要适当延长，以 60～70d 为宜。而对低产牛、营养状况较好、体质健壮的壮年牛，干乳期可缩短到 45～50d。

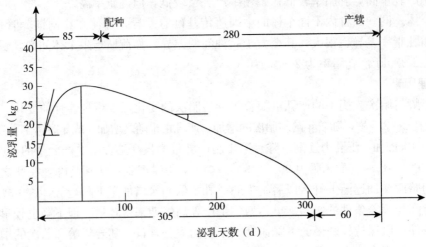

图 4-3   奶牛的泌乳曲线

（5）体型大小。在一般情况下，奶牛体型大，消化器官容积大，采食量多，泌乳器官也大，故产乳量较高。在一定限度下，每 100kg 体重可相应产牛乳 1 000kg，但超过一定限度时并无明显增加。荷斯坦牛体重在 600～700kg 时产乳量相对较高。奶牛体型大小是一项重要的育种指标。但过大的体型并不一定产乳量就多，而且体重过大时，饲料消耗相应增加，占用牛舍面积较大，在饲养管理上并不有利。

（6）发情与妊娠。发情期间，由于性激素的作用，产乳量会出现暂时性的下降，下降幅度一般为 10%～12%。在此期间，乳脂率略有上升。母牛妊娠对产乳量的影响明显而持续，妊娠初期影响极微，从第 5 个月开始泌乳量显著下降，第 8 个月则迅速下降，直至干乳。

3. 环境因素

（1）挤乳技术。主要包括挤乳次数、挤乳顺序、挤乳间隔和乳房按摩等重要环节。

①挤乳次数。挤乳次数直接影响母牛的产乳量。每天挤乳 3 次比挤乳 2 次可增加产乳量 10%～20%，而 4 次挤乳比 3 次挤乳提高 10%～12%。但挤乳次数过多会增加劳动强度，也会影响牛的休息。一般日产乳量在 15kg 以下的奶牛，可采用 2 次挤乳制。而对日产乳量在 15kg 以上的奶牛，则应采用 3 次挤乳制。通常对高产奶牛和初产奶牛增加挤乳次数，以促进泌乳机能的充分发挥，特别是高产奶牛。

②挤乳顺序。手工挤乳一般按以下顺序进行：挤乳顺序以交叉挤乳（先同时挤右侧前乳头和左侧后乳头，然后再挤左侧前乳头和右侧后乳头，交替进行）效果较好。挤乳时牛的顺序按牛舍内的固定饲喂顺序进行。

③挤乳间隔。乳是在两次挤乳之间形成的，在挤乳后的 1h 内乳形成速度最快，以后逐渐减慢。在挤乳时，增加挤乳次数，尽量使乳房内压减小甚至排空，则有利于乳的形成。因乳房中积存的乳不仅不能成为下次挤乳量的积存量，并且对乳的分泌来说是一种障碍，既影响泌乳速度和挤乳量，又使牛乳在挤乳过程中成分不均匀，还容易造成乳腺炎，因此每次挤乳都要将乳完全挤净，且挤乳间隔应尽量均衡，并要不影响日常工作。如 3 次挤乳中可采用 2 次各相距 7h、1 次间隔 10h 的挤乳，而且挤乳时间次序一旦建立起来不可轻易改变，无规

律的挤乳对产乳量影响很大。

④乳房按摩。由于排乳是在神经系统和内分泌的共同作用下完成的反射过程，所以挤乳前用热水擦洗和按摩乳房可刺激神经反射，提高产乳量和乳脂率。试验证明，在不按摩乳房或按摩不充分的情况下，乳腺泡中的乳只有 10%～25% 进入乳池；在充分按摩乳房的情况下，乳腺泡中的乳有 70%～90% 进入乳池。不同区域内乳的脂肪含量不同，乳池中的乳脂肪含量为 0.8%～1.2%，输乳管中的乳脂肪含量为 1%～1.8%，乳腺泡中的乳脂肪含量为 10%～20%。因此每次挤乳时按摩乳房有利于乳腺泡中的乳全部挤尽，能使泌乳量提高 10%～20%、乳脂率增加 0.2%～0.4%。

合理的挤乳次数、适宜的挤乳间隔、乳房的精心按摩和熟练的挤乳技术是提高产乳量的重要条件。

（2）饲养管理。奶牛的饲养方式、饲喂方法、营养水平等都对产乳量有影响。其中营养物质的供给对产乳量的影响最为明显。全价的营养、精心的管理可以显著提高产乳量。注意各种营养物质的合理搭配，给予一定量的青绿饲料和青贮饲料，根据泌乳母牛的营养需要实行 TMR 饲养，经常刷拭牛体和修蹄、保证适当的运动、加强牛体和圈舍的清洁卫生、保持适宜的温度等日常管理是维持奶牛健康和高产的前提和保证。

（3）外界气候条件。荷斯坦牛对温度的适应范围是 0～23℃，适宜的温度是 10～20℃。外界温度升高到 25℃ 时，奶牛的呼吸频率加快，食欲不振，产乳量开始下降；空气相对湿度以 50%～70% 为宜，夏季湿度超过 75% 时，产乳量明显下降，若湿度大，气温高于 24℃ 就影响产乳。荷斯坦牛怕热不怕冷，气温在 −13℃ 时产乳量才开始下降。但低温、大风对产乳量影响较大，冬季风力达到 5 级以上时，产乳量下降明显。

（4）产犊季节。母牛的产犊季节对泌乳量有一定的影响，在我国母牛最适宜的产犊季节是冬、春季。因为母牛分娩后的泌乳盛期恰好在青绿饲料丰富和气候温和的季节，母牛体内促乳素分泌旺盛而平衡，且无蚊蝇侵袭，有利于产乳量的提高。夏季虽然饲料条件好，但由于气候炎热，母牛食欲不振影响产乳量。

（5）疾病。奶牛健康状况较差或患病时，泌乳量随之降低。尤其患乳腺炎、乳头损伤、酮病、产乳热和消化道等疾病时，产乳量显著下降，乳的成分和品质也发生变化。其他如结核病、布鲁氏菌病、口蹄疫等均可降低产乳量，牛乳的品质也下降。

（二）产乳量的测定与统计

1. 个体产乳量的测定与统计

（1）测定方法。个体产乳量的记录是产乳量统计的基础，其最准确的方法是将每头牛每日每次所挤乳直接称重，并且每日、每月、每年进行统计，但过于繁琐。因此许多奶牛场用每月测 3d 的产乳量，各次测定间隔 8～11d，然后用下式估算全月的产乳量。

$$全月产乳量（kg）=(M_1 \times D_1)+(M_2 \times D_2)+(M_3 \times D_3)$$

式中，M_1、M_2、M_3 为测定日全天产乳量；D_1、D_2、D_3 为两次测定日间隔天数。

（2）个体产乳量的统计指标。

①305d 产乳量。指从产犊第 1 天开始到 305d 为止的总产乳量。实际产乳不足 305d 者，记录实际产乳量并记录产乳天数；超过 305d 者，超出部分不计算在内。目前，中国奶业协会以 305d 产乳量作为统计一个泌乳期个体产乳量的标准。

②305d 校正产乳量。是根据泌乳期实际产乳量并经系数校正以后的产乳量。此项指标有利于对种公牛尽早进行后裔测定，也便于个体间产乳量的比较。各乳用品种可依据本品种母牛泌乳的一般规律拟订出校正系数表作为换算的统一标准。表 4-8 是中国奶业协会拟定的中国荷斯坦牛 305d 校正产乳量的校正系数。

表 4-8　泌乳不足或超过 305d 的校正系数

实际产乳天数（d）	1 胎	2～5 胎	6 胎以上	实际产乳天数（d）	1 胎	2～5 胎	6 胎以上
240	1.182	1.165	1.055	310	0.987	0.988	0.988
250	1.148	1.133	1.123	320	0.965	0.970	0.970
260	1.116	1.103	1.094	330	0.947	0.952	0.956
270	1.086	1.077	1.070	340	0.924	0.936	0.939
280	1.055	1.052	1.047	350	0.911	0.925	0.928
290	1.031	1.031	1.025	360	0.895	0.911	0.916
300	1.011	1.011	1.009	370	0.881	0.904	0.913
305	1.000	1.000	1.000				

注：使用系数时，如产乳 265d 使用 260d 校正系数，产乳 266d 则用 270d 校正系数，即"五舍六入法"。

③全泌乳期实际产乳量。是指产犊后第 1 天开始到干乳为止的累计产乳量。

④终生产乳量。终生产乳量是将母牛各个胎次的产乳量相加得到的产乳量。各个胎次产乳量应以全泌乳期实际产乳量为准进行计算。

2. 群体产乳量的统计指标　群体产乳量的统计有成年母牛（应产乳母牛）全年平均产乳量和泌乳母牛（实际产乳母牛）全年平均产乳量两种。

$$成年母牛全年平均产乳量（kg）=\frac{全群全年总产乳量}{全年平均每天饲养成年母牛头数}$$

$$泌乳母牛全年平均产乳量（kg）=\frac{全群全年总产乳量}{全年平均每天饲养泌乳母牛头数}$$

式中，全群全年总产乳量是从每年 1 月 1 日至 12 月 31 日的全群牛产乳总量；全年平均每天饲养成年母牛头数是指全年每天饲养的成年母牛数（包括泌乳牛、干乳牛、不孕牛、转入后和转出或死亡前的成年母牛）的总和除以 365；全年平均每天饲养泌乳母牛头数是指全年每天饲养泌乳母牛头数的总和除以 365。

（三）乳脂率的测定与计算

1. 乳脂率测定方法　为了检测牛乳的质量，需测定乳中的乳脂率。常规的乳脂率测定采用巴氏法和盖氏法，目前已有罗兹-哥特里氏蒸馏法，该法测定效率可大大提高，但所用仪器价格昂贵，应用还不普遍。

2. 平均乳脂率的计算　在全泌乳期的 10 个月内每月测定 1 次，将测得的数值分别乘以该月的实际产乳量，然后将所得乘积相加，再除以总产乳量即得平均乳脂率。计算公式为：

$$平均乳脂率 = \frac{\sum(F \times M)}{\sum M} \times 100\%$$

式中，$\sum$ 为累计的总和；F 为每次测得的乳脂率；M 为该次取样期内的产乳量。

乳脂率测定工作量大，为简化手续，中国奶业协会提出在全泌乳期的第 2、5、8 个泌乳月内各测定 1 次，然后用以上公式计算出平均乳脂率。

3. 4%标准乳的换算 不同个体牛所产的乳的乳脂率并不相同，为便于比较不同个体间产乳性能，以 4% 乳脂率的牛乳作为标准乳，将不同乳脂率的牛乳校正为 4% 标准乳，然后再进行比较。校正公式为：

$$FCM = M \times (0.4 + 15F)$$

式中，FCM 为 4% 标准乳的乳量；M 为含脂率为 F 的乳量；F 为实际乳脂率。

（四）排乳性能的测定

1. 排乳速度 排乳速度是评定奶牛生产性能的重要指标之一。最高流速是排乳速度中最有价值的因素，因最高流速与全期产乳量之间呈高的正相关，但最高流速测定困难，而最初 2min 乳量占该次挤乳量的百分率这一性状的遗传力较高，且与最高流速的遗传相关也很高。因此可以测定最初 2min 乳量占该次挤乳量的百分率这一性状。测定时间为产后 15~45d、135~165d、255~285d 各测定 1 次，以中午挤乳时测定为准，连续 2d 取其平均数。挤乳厅挤乳可直接读数，手工挤乳可用弹簧秤悬挂在三脚架上直接称取，以 0.5min 或 1min 排出的乳量（kg）为准。排乳速度快的奶牛有利于集中挤乳。

2. 前乳房指数 前乳房指数表示乳房对称的程度，4 个乳区的匀称发育是适应机器挤乳的必要条件。前后乳区的均匀程度不仅影响产乳量的高低，而且影响乳房健康状况。理想的前乳房指数应为 45% 以上。测定方法是用有 4 个乳罐的挤乳机进行测定，4 个乳区的乳分别流入 4 个玻璃罐内，由自动记录的秤或罐上的容量刻度可测得每个乳区的乳量，计算 2 个前乳区的产乳量占全部产乳量的百分比，即为前乳房指数。

$$前乳房指数 = \frac{前两个乳区的乳量（kg）}{总乳量（kg）} \times 100\%$$

（五）产乳指数

产乳指数指成年母牛（5 岁以上）一年（一个泌乳期）的平均产乳量与其平均活重之比，这是判断产乳能力高低的一个有价值的指标。奶牛产乳指数一般大于 7.9。

（六）饲料转化率的计算

饲料转化率是鉴定奶牛品质好坏的重要指标之一。其计算方法有以下两种：

1. 每千克饲料干物质生产牛乳的千克数 是将母牛全泌乳期总产乳量除以全泌乳期实际饲喂的各种饲料干物质总量。

$$饲料转化率 = \frac{全泌乳期总产乳量（kg）}{全泌乳期饲喂各种饲料干物质总量（kg）}$$

2. 每生产 1kg 牛乳需要消耗饲料干物质千克数 是将全泌乳期实际饲喂各种饲料的干

物质总量（kg）除以同期的总产乳量。

$$饲料转化率 = \frac{全泌乳期实际各种饲料干物质总量（kg）}{全泌乳期总产乳量（kg）}$$

（七）牛乳的体细胞数

乳腺被感染时，血细胞将进入牛乳中，即为牛乳中的体细胞，牛乳中体细胞的数量可反映乳腺的感染程度和牛乳的卫生质量，可用牛乳体细胞计数仪进行测定。每毫升正常牛乳中的体细胞数不能超过 30 万个。

■ 知识拓展

奶牛生产性能（DHI）测定

一、DHI 概述

DHI 是英文单词 dairy herd improvement 的缩写，其含义是奶牛群体改良，在国内一般称为奶牛生产性能测定。DHI 是对鲜乳指标测定分析，结合奶牛个体资料而形成的反映奶牛场饲养管理状况的一套完整技术。

DHI 从开创到目前已经过 100 多年的发展完善，已成为奶牛生产上一项非常成熟的技术，被广泛地应用，目前世界上乳业发达国家大部分牛群参加 DHI 测定。DHI 已成为世界奶牛发展的方向，为奶牛场科学、精细化管理及奶牛生产水平大幅度提高发挥作用。

二、DHI 主要指标介绍

1. 泌乳天数（DIM） 指从分娩第一天到测乳日的时间，反映了牛群的繁殖性能和产犊间隔。牛群全年均衡配种、产犊，牛群平均泌乳天数应在 150～170d，明显大于 170d 则表明该牛群存在繁殖问题。

2. 日产乳量（HTW） 测定奶牛的产乳量。将牛群中每头泌乳牛的日产乳量精确地测量出来。这一结果是牛场管理上对泌乳牛进行分群管理，将泌乳牛分为高产、中产、低产的依据，继而达到按奶牛生产水平高低所需营养物质量不同设计能满足各自需要但又不造成浪费的饲料配方。同时将此次平均日产乳量与前一次日产乳量对比，如果比前一次日产乳量降低幅度大，表明牛场饲养管理出现问题。

3. 校正乳量（HTACM） 将实际产量校正到产乳天数为 150d、乳脂率为 3.5% 所得的数据。校正乳量可用于比较不同泌乳阶段奶牛的生产水平，也可用于不同牛群间生产性能的比较。

4. 乳脂率（F%）和蛋白率（Pr%） 乳脂率是指乳中脂肪的百分比，蛋白率指乳中蛋白的百分比。对于某头奶牛来说，产乳量没有明显变化时，乳脂率下降可能是饲料品质、精粗饲料搭配或饲料加工出现问题。当奶牛在泌乳早期乳蛋白率太低，表明干乳期日粮配方不合理、分娩时膘情较差、泌乳早期饲料中蛋白含量不足。

5. 脂肪蛋白比（F/P） 指牛乳中乳脂率与乳蛋白率的比值。正常情况下为 1.12～1.30。这一指标可用于检查奶牛日粮结构是否合理。脂肪蛋白比过高可能是日粮中添加了脂肪或日粮中蛋白不足尤其是非降解蛋白不足所致，而低脂肪蛋白比可能是日粮中含有太多的谷物精饲料或缺乏纤维素所致。

6. 体细胞数（SCC）　指每毫升牛乳中的细胞总数，多数是白细胞。体细胞数反映了牛乳质量及奶牛的健康状况。体细胞数是诊断牛是否感染乳腺炎或隐性乳腺炎的主要指标之一，当奶牛乳房受到病菌侵袭或乳房损伤时，乳腺分泌大量白细胞，随着炎症的加剧，体细胞数急剧增加，当炎症消失后，体细胞数逐渐减少。牛乳中体细胞数明显增加表明奶牛乳房健康状况出现问题，结合泌乳天数就可以初步判断该奶牛乳房健康问题发生在什么时间或奶牛的某一阶段管理不善，如体细胞数增多发生在泌乳早期，可能表示干乳期护理较差，或干乳时奶牛患有轻度或隐性乳腺炎而没有治疗或治愈，也可能是围产期牛舍卫生条件差；如果泌乳早期体细胞数较低，但随着泌乳天数增加体细胞数量持续上升，预示着该牛可能感染乳腺炎。

7. 体细胞评分（LSCC）　体细胞数量可以通过数学计算而得到，用于确定乳量的损失。体细胞评分与体细胞数、乳损失之间的关系见表4-9。

8. 乳损失（MLOSS）　通过牛的产乳量和体细胞数进行计算得到的数据。可以通过乳房受细菌感染程度估测牛乳的损失量。乳损失与体细胞数及体细胞评分的关系见表4-9。

表4-9　体细胞评分、体细胞数与牛乳损失的关系

体细胞评分	体细胞数（×1 000）	体细胞范围（×1 000）	1胎牛乳损失（kg）	2胎牛乳损失（kg）
0	12.5	0～17		
1	25	18～34		
2	50	35～68		
3	100	69～136		
4	200	137～273	180	360
5	400	274～546	270	540
6	800	547～1 092	360	720
7	1 600	1 093～2 185	450	900
8	3 200	2 186～4 371	540	1 080
9	6 400	4 372 以上	630	1 260

9. 前次体细胞数（PreSCC）　指上次测乳日测得的体细胞数。如果上次测得的体细胞数多，经过1个月的调理、预防或治疗，反映治疗效果。

10. 累计乳量（LTDM）　指该牛从分娩之日起至测乳日所产牛乳累计产量。对于完成胎次泌乳牛而言，代表着每胎产乳量，可直接反映奶牛的生产水平。

11. 305d 乳量（305M）　指奶牛305d的累积产乳量。对于泌乳天数不足305d的奶牛为预计产量，泌乳天数达到305d时指实际产乳量，超过305d的只计算305d产乳量，超过天数的乳量不计。连续测乳3次即可得到305d的预测乳量。这一指标反映了牛场不同牛的生产性能和牛群整体生产水平，是奶牛淘汰的决策依据之一。

12. 高峰乳量（PeakM） 指日最高产乳量，高峰乳量的高低直接影响奶牛胎次产乳量。高峰乳量每提高 1kg，相对于头胎奶牛产乳量提高 400kg、2 胎奶牛产乳量提高 270kg、3 胎奶牛产乳量提高 256kg。

13. 高峰日（PeakD） 从分娩后到产乳高峰时的泌乳天数。通常泌乳高峰到达的时间为产后 50～70d，如果高峰日明显推迟，说明该牛在分娩时膘情不佳，表明干乳期饲养管理不当或泌乳早期营养不够。

14. 泌乳持续力（Persist） 根据个体牛测试日乳量与前次测试日乳量计算得出的数值。用于比较个体牛的产乳持续能力。胎次、泌乳天数不同，奶牛的泌乳持续力不同（表 4-10）。

表 4-10 奶牛胎次和泌乳天数与泌乳持续力关系

胎次泌乳持续力（%）	泌乳天数（d）		
	0～65	66～200	>200
1 胎泌乳持续力	106	96	92
2 胎及以上泌乳持续力	106	92	86

15. 总泌乳日（LacLen） 指从产犊后第一天到该胎次泌乳结束的时间，即实际泌乳天数。反映了过去一段时间内奶牛及牛场繁殖状况，泌乳天数太长说明奶牛繁殖存在一定问题。

■ 任务测试

1. 为什么外貌评定是牛选种的基本方法？
2. 对奶牛进行外貌评定有什么作用？如何评定？
3. 影响乳用性能的因素有哪些？

肉牛养殖技术

学习目标

1. 能正确识别我国引入的肉牛品种和培育的肉牛品种。
2. 能正确识别我国良种黄牛品种。
3. 能对肉用犊牛进行培育。
4. 能对育成牛进行合理饲养管理。
5. 能对妊娠母牛和哺乳母牛进行饲养管理。
6. 会选择合适的肉牛育肥方式。
7. 会组织犊牛肉生产。
8. 会组织架子牛育肥。
9. 会组织高档牛肉生产。
10. 能对肉牛生产力进行评定。

任务一　肉牛品种介绍

任务导入

　　小张看到邻村王师傅养肉牛发了财，也想致富，就到附近的肉牛交易市场买了23头牛，回家后就分群饲养，准备3~5个月后出栏，也能发点"牛财"。小张便每天对新购进的肉牛悉心饲养管理，倍加呵护。

　　已经过去了2个月，牛腹肥背圆，临近牛出栏的日子越来越近。可令他没想到的是，有5头牛的体重却一直跟不上其他牛。小张很着急，便去咨询王师傅。王师傅来到小张的牛场，仔细观察后告诉他，是刚开始选择的幼牛有问题。"像这几头牛肯定四肢短小、骨骼粗大，体躯狭短，甚至前躯要比后躯发达，而良好肉用型牛外貌整体呈四方砖形或圆筒状，背腰宽广平直……"王师傅说。这时候，小张才明白，要想让牛生长发育快，育肥效果好，不能一味贪图便宜，在刚开始就需选择具有良好肉用潜力的幼牛，应按照肉牛不同品种的外貌特点，根据牛的毛色、骨架、腰身、体型、生长态势、重量等要素来进行挑选。

　　因此，要想达到较为理想的育肥效果，选择合适的肉牛品种十分关键。不同的品种育肥性能各有差异，应结合地方生态环境及饲料资源选择优良肉牛品种。

　　我国引入的肉牛有哪些共同特点？谈谈如何利用。常见的肉牛品种有哪些？从哪些方面来选择肉牛品种？

■ **任务实施**

一、肉牛品种

(一) 引入品种

1. 夏洛莱牛

(1) 原产地及分布。夏洛莱牛是现代大型肉用品种，原产于法国。我国引进后主要分布在东北、西北及黄牛产区。我国第一个肉牛品种夏南牛就是用该牛种与南阳牛杂交培育而来。

(2) 外貌特征。体格大，体质结实，全身肌肉非常丰满，尤其是后腿肌肉圆厚，并向后突出，形成"双肌"特征。头中等大，颜面部宽，颈粗短多肉。体躯呈圆筒状，四肢直立。被毛细长，毛色为白色或乳白色，见图5-1。成年公牛体重1 100～1 200kg，母牛 700～800kg。平均初生重公犊为45kg，母犊为42kg。

(3) 生产性能。夏洛莱牛 15 月龄以前的日增重超过其他品种，在育肥期日增重最高可达 1.88kg，因而可以在较短的时期内以较低的成本生产出更多的肉量。屠宰率60%～70%，胴体产肉率为80%～

图5-1　夏洛莱牛

85%。在我国的饲养条件下，6 月龄平均日增重为 1 168g；公犊 1 岁体重可达 378kg，母犊达 320kg，18 月龄公牛体重达 734kg，母牛达 464kg。

(4) 杂交改良效果。夏洛莱牛杂交一代毛色为乳白色或浅黄色，初生体重较地方黄牛提高 30%，1 岁体重提高 50%，屠宰率提高 5%，但繁殖性能稍差，难产率高，不宜用作小型黄牛的第一父本，在经济杂交中宜作终端父本。

2. 利木赞牛

(1) 原产地及分布。利木赞牛原产于法国中部利木赞高原。我国引进后主要分布在东北、华北、西北、山东、安徽、湖北、四川等地。

(2) 外貌特征。体躯呈圆筒形，头短、额宽。公牛角粗而较短，向两侧伸展，并略向外卷曲。胸宽深，肋圆，背腰较短，尻平，背腰及臀部肌肉丰满。毛色由红色到黄色，深浅不一。口鼻、眼周围、四肢内侧及尾毛色较浅，见图5-2。成年公牛体重950～1 200kg，母牛 600～800kg。

(3) 生产性能。利木赞牛早期生长发育速度快，产肉性能高，胴体质量好，眼肌面积大，前后肢肌肉丰满，出肉率高，肌肉呈大理石纹状。在较好的

图5-2　利木赞牛

饲养条件下，6 月龄公犊体重可达 250kg，平均日增重 1.1kg；12 月龄公牛体重达 525kg。

该牛种 8 月龄就可生产出大理石纹状的牛肉,屠宰率一般为 63%～70%,胴体产肉率为 80%～85%。

(4)杂交改良效果。利木赞牛具有早熟、生长速度快、难产率低、适宜生产小牛肉的特点。改良我国地方黄牛时,杂种体型改善,肉用特征明显,生长快,18 月龄体重比地方黄牛高 31%,22 月龄屠宰率达 58%～59%。

3. 皮埃蒙特牛

(1)原产地及分布。皮埃蒙特牛原产于意大利北部的皮埃蒙特地区。由于其具有"双肌"基因,是目前国际公认的终端父本。我国引进后主要分布在河南、黑龙江、甘肃、陕西等省。

(2)外貌特征。头较小,颈短厚,角中等大小,角形为平出稍前弯,角尖黑色。被毛有"变色"特征。犊牛出生时为乳黄色,生后 4～6 月龄胎毛褪去,呈成年牛毛色。公牛性成熟后,颈部、眼圈和四肢下部为黑色,其余部位为白色。各龄公、母牛的鼻镜部、蹄及尾均呈黑色,见图 5-3。成年公牛体重可达 1 000kg 以上,母牛体重为 500～600kg。平均出生重公犊为 41.3kg,母犊为 38.7kg。

图 5-3 皮埃蒙特牛

(3)生产性能。公牛屠宰适期为 14～15 月龄,体重可达 550～600kg。母牛 14～15 月龄体重可达 400～500kg。母牛一个泌乳期的产乳量平均为 3 500kg,乳脂率 4.17%。

(4)杂交改良效果。皮埃蒙特牛在河南南阳地区用以改良南阳牛,通过 244d 的育肥,2 000 多头皮南杂交后代取得了 18 月龄耗料 800kg、体重 500kg、眼肌面积 114.1cm^2 的良好成绩,被认为是目前肉牛终端杂交的理想父本。

4. 蓝白花牛

(1)原产地及分布。蓝白花牛原产于比利时。我国引进后主要分布在新疆、青海、内蒙古、河北等省份。

(2)外貌特征。蓝白花牛体格高大,体躯强壮,背直,肋圆,呈长筒状。体表肌肉明显发达,臀部丰满,后臀部尤其突出。头部轻,尻微斜。毛色为白身躯中有蓝色或黑色斑点,色斑大小变化较大;鼻镜、耳缘、尾多黑色,见图 5-4。成年公牛体重为 1 200kg,母牛为 700kg。

(3)生产性能。蓝白花牛 1.5 岁左右初配,妊娠期 282d。犊牛初生重较大,初生公犊平均为 46kg,母犊为 42kg。犊牛早期生长速度快,日增重达 1.4kg,1 岁公牛体重可达 500kg 以上。胴体中可食部分比例大,屠宰率达 65% 以上。

图 5-4 蓝白花牛

(4)杂交改良效果。蓝白花牛属大型优良肉用品种,杂交效果显著,杂交后代臀部丰满、双肌明显、生长迅速,具有较大的发展潜力。

5. 南德温牛

（1）原产地及分布。南德温牛原产于英国的南德温郡。我国引进后主要分布在黑龙江、辽宁、内蒙古、甘肃、河南、广东等省份。

（2）外貌特征。南德温牛全身肌肉丰满。角中等大，呈乳白色，角尖黑色，母牛角向上弯曲，公牛角较短并外伸，也有选育的无角南德温牛。被毛为红色，皮肤为黄色，乳房、尾及腿部有少量白色，见图5-5。成年公牛体重为800～1 000kg，母牛为540～630kg。

图5-5　南德温牛

（3）生产性能。犊牛初生重35～40kg。在良好的饲养条件下，日增重可达1.3～1.5kg，最高可达2.3kg。年产乳量为1 500～2 000kg，高产个体可达3 300kg左右，乳脂率达4.2%。

（4）杂交改良效果。南德温杂交牛很少发生难产，且杂交牛生长快、肉品质好、效益高，具有较好的发展前景。

6. 安格斯牛

（1）原产地及分布。安格斯牛原产于英国的安格斯和阿伯丁地区。我国引进后主要分布在东北、内蒙古、新疆、山东、湖南等省份。

（2）外貌特征。安格斯牛以被毛黑色、无角为其重要的外貌特征，故亦被称为无角黑牛。此外，也有少数红色安格斯牛，主要分布在加拿大、英国、美国。该牛种头小额宽，颈短，体躯呈圆筒形，四肢短粗，全身肌肉丰满，具有典型的肉用牛外貌，见图5-6。公牛成年体重700～900kg，母牛500～600kg。犊牛初生重25～32kg。

图5-6　安格斯牛

（3）生产性能。安格斯牛有良好的肉用性能。生长发育快、早熟易肥、胴体品质好、出肉率高、肌肉的大理石纹好。哺乳期平均日增重900～1 000g，育肥期平均日增重为700～900g。屠宰率一般为60%～65%。

（4）杂交改良效果。安格斯牛遗传性能稳定，繁殖性能好，极少难产。与蒙古牛杂交，杂交一代育肥期日增重较母本高13.79%。该牛种杂交后代无角，便于管理，适合做山区小型黄牛的改良父本。

7. 德国黄牛

（1）原产地及分布。德国黄牛也称格菲牛，原产于德国和奥地利。我国从1996年开始陆续引入。主要分布在辽宁、河南、甘肃、广西等省份。

（2）外貌特征。德国黄牛毛色为浅黄色、黄色或淡红色，眼圈周围颜色较浅。体躯长而欠宽阔，胸深，背直，后躯发育好，全身肌肉丰满，见图5-7。成年公牛体重1 000～1 300kg，母牛650～800kg。

（3）生产性能。犊牛平均日增重 985g，育肥期日增重为 1 160g，平均屠宰率为 62.2%，净肉率 56% 以上。该牛种乳用性能好，母牛产乳量可达 4 164kg，乳脂率 4.15%。

（4）杂交改良效果。在粗放饲养管理条件下，德国黄牛杂交一代黄牛与地方黄牛相比，在体型外貌、生长速度、肉用性能等方面均有显著提高。

图 5-7　德国黄牛

8. 海福特牛

（1）原产地及分布。海福特牛原产于英格兰西部的海福特郡。我国引入的海福特牛主要分布于东北、西北地区。

（2）外貌特征。该牛种具有典型的肉用牛体型，分有角和无角两种，有角者角向两侧伸展。体型较小，头短额宽，颈粗短，多肉，垂皮发达，体躯呈圆筒状，腰宽平，臀宽厚，肌肉发达，四肢短粗。毛色橙黄或黄红色，有"六白"（即头、颈下、鬐甲、腹下、尾和四肢下部为白色）的特征，见图 5-8。成年公牛体重为 850～1 100kg，母牛为 600～700kg。

图 5-8　海福特牛

（3）生产性能。海福特牛增重快，肉质柔嫩多汁，肌肉呈大理石纹状，屠宰率一般为 60%～65%。犊牛初生重为 28～34kg，7～8 月龄日增重 800～1 300g，9～12 月龄日增重可达 1 400g，1 岁体重达 410kg。

（4）杂交改良效果。海福特牛与我国黄牛杂交效果好，杂交后代体格增大，体型改善，具有明显的杂种优势。一般用作经济杂交的父本及中小型黄牛向肉用方向发展的改良者。

9. 西门塔尔牛

（1）原产地及分布。原产于瑞士阿尔卑斯山区，以西门塔尔平原为最多。我国育成了乳肉兼用的中国西门塔尔牛。主要分布在东北、西北、内蒙古、河北、山东等省份。

（2）外貌特征。西门塔尔牛头大额宽，角细呈白色并向外上方弯曲。体躯长，肋骨开张，有弹性，胸部发育好，尻部长而平，四肢端正结实，大腿肌肉发达。被毛为黄白花或红白花。头、腹下和尾多为白色，肩部和腰部有条状白毛片，见图 5-9。成年公牛体重为 1 000～1 300kg，母牛 650～800kg。公牛体高 142～150cm，母牛 134～142cm。犊牛初生重为 30～45kg。

图 5-9　西门塔尔牛

（3）生产性能。欧洲各国西门塔尔牛的平均产乳量为 3 500～4 500kg，乳脂率达 4.0%～4.2%；在我国核心群平均产乳量已超过 4 500kg。

犊牛在放牧条件下日增重可达 800g，舍饲育肥条件可达到 1 000g，1.5 岁体重为 440～

480kg。公牛育肥后屠宰率65％，胴体肉多，脂肪少而分布均匀。

（4）杂交改良效果。2001年，中国西门塔尔牛正式通过了国家畜禽遗传资源委员会牛专业委员会的审定，现已被普遍推广。

（二）地方品种

1. 秦川牛

（1）产地及分布。秦川牛产于陕西省渭河流域的关中平原地区。主要分布在渭南、临潼、蒲城、富平、大荔、咸阳、兴平、乾县、礼泉、泾阳、三原、高陵、武功、扶风、岐山等地。

（2）外貌特征。秦川牛毛色有紫红色、红色、黄色三种，以紫红色和红色居多，见图5-10。公牛头大额宽，整体粗壮、丰满，有明显肩峰。胸宽深，肋骨开张良好，背腰平直，前躯发育良好而后躯发育差。成年公、母牛平均体重分别为594kg和381kg，平均体高分别为141.46cm和124.51cm。

图5-10　秦川牛

（3）生产性能。秦川牛在中等饲养水平条件下，18月龄公牛、母牛、去势公牛的宰前重依次为436.9kg、365.6kg和409.8kg；平均日增重相应为700g、550g和590g。18月龄公牛、母牛、去势牛平均屠宰率为58.28％，净肉率为50.5％，胴体产肉率为86.65％，瘦肉率为76.04％。

2. 南阳牛

（1）产地及分布。南阳牛产于河南南阳地区。主要分布在南阳市郊、唐河、邓州、社旗、新野、方城和驻马店地区的泌阳等地。

（2）外貌特征。公牛以胡萝卜头角为多，母牛角细；毛色以黄色最多，其余为红色、草白色等，面部、腹下和四肢下部毛色浅，见图5-11。成年公、母牛体重分别为716kg和464kg，体高分别为153cm和132cm。

图5-11　南阳牛

（3）生产性能。公牛8月龄开始育肥，18月龄体重为441kg，日增重为0.81kg，屠宰率为55.6％，净肉率为46.6％；3～5岁去势公牛在强度育肥后，屠宰率达64.5％，净肉率为56.8％。肉质细嫩，肉色鲜红，大理石纹状结构明显。

3. 鲁西牛

（1）产地及分布。鲁西牛产于山东省西南部黄河以南、运河以西的济宁、菏泽两地区。分布于菏泽地区的郓城、鄄城、巨野和济宁地区的嘉祥、金乡、汶上、梁山等县市以及聊城、泰安和山东的东北部地区。

（2）外貌特征。鲁西牛外形细致紧凑，骨骼细而肌肉发达，角较粗，为平角或龙门角，鬐甲高，胸深宽，呈明显的前高后低体型。被毛有棕色、深黄色、黄色和淡黄色，而以黄色居多，具有"三粉"特征，即口轮、眼圈、腹下至股内侧呈粉色或毛色较浅，见图5-12。成年公、母牛平均体重分别为645kg和365kg，平均体高分别为146cm和124cm。

图5-12　鲁西牛

（3）生产性能。在一般饲养条件下，日增重500g以上。该牛种18月龄平均屠宰率为57.2%，净肉率为49.0%；成年牛平均屠宰率为58.1%，净肉率为50.7%。肉质细嫩，脂肪分布均匀，大理石纹明显。

4. 晋南牛

（1）产地及分布。晋南牛原产于山西省南部汾河下游的晋南盆地。主要分布于运城地区的万荣、河津、临猗、永济、夏县、闻喜、芮城、新绛，以及临汾地区的侯马、曲沃、襄汾等县市。

（2）外貌特征。晋南牛毛色以枣红色居多，黄、褐色次之。鼻镜、蹄壳为粉红色，见图5-13。成年公、母牛体重分别为650.2kg和382.3kg；体高分别为139.7cm和124.7cm。

图5-13　晋南牛

（3）生产性能。在一般育肥条件下，16~24月龄屠宰率为50%~58%、净肉率为40%~50%，育肥期平均日增重631~782g；在强度育肥条件下，16~24月龄屠宰率、净肉率分别为59%~63%和49%~53%，平均日增重为681~961g。

5. 延边牛

（1）产地及分布。延边牛产于吉林省延边朝鲜族自治州。

（2）外貌特征。体格粗壮结实，结构匀称。公牛角呈倒"八"字形，颈短厚，肌肉发达；背腰平直，尻斜。前躯发育比后躯好。毛色为深浅不一的黄色，见图5-14。成年公、母牛平均体重分别为465.5kg和365.2kg，平均体高分别为130.6cm和121.8cm。

（3）生产性能。延边牛产肉性能良好，易育肥，肉质细嫩，呈大理石纹状结构。18月龄育肥牛平均屠宰率57.7%、净肉率47.2%。

6. 蒙古牛

（1）产地及分布。原产于蒙古高原。分布于内蒙古、东北、华北北部和西北各地，是我国黄牛中分布最广、数量最多的品种。

（2）外貌特征。该牛种头短而粗重，角长，向前上方弯曲，垂皮小。毛色较杂，但以黑色、黄色者居多，见图5-15。成年公牛体重为350~450kg，母牛为206~370kg，地区类型间差异明显。成年公、母牛体高分别为113.5~120.9cm和108.5~112.8cm。

（3）生产性能。蒙古牛上等膘情母牛屠宰率51.5%，下等膘情母牛屠宰率40.2%。蒙古牛泌乳力较好，泌乳期为5~6个月，平均产乳量518kg，乳脂率5.22%。

图 5-14 延边牛

图 5-15 蒙古牛

（三）培育品种

1. 三河牛

（1）原产地及分布。三河牛产于我国内蒙古自治区三河地区。是我国培育的第一个乳肉兼用品种，1986 年鉴定验收并命名。主要分布在内蒙古的中部、东部以及与其相邻的吉林、黑龙江、辽宁、河北省。

（2）外貌特征。三河牛毛色为红（黄）白花，花片分明，头白色，额部、腹部有白斑，见图 5-16。成年特级公、母牛体重分别为 1 000kg 和 600kg；一级分别为 950kg 和 550kg。公、母牛体高分别为 155cm 和 130cm。公、母犊初生重分别为 35.8kg 和 31.2kg；6 月龄公牛平均体重 178.9kg，母牛为 169.2kg。

图 5-16 三河牛

（3）生产性能。三河牛在较好的饲养条件下产乳量可达 3 600kg，在 5、6 胎达到最高水平，平均乳脂率 4.1% 以上。在产肉性能方面，42 月龄经放牧育肥的去势公牛宰前重 457.5kg、胴体重 243kg、屠宰率 53.11%、净肉率 40.2%。2～3 岁公牛屠宰率 50%～55%、净肉率 44%～48%。

2. 中国草原红牛

（1）原产地及分布。中国草原红牛原产于吉林、河北和内蒙古，中国草原红牛育成于 1985 年，1988 年被正式命名为中国草原红牛。主要分布在东北、华北、内蒙古等地。

（2）外貌特征。中国草原红牛大部分牛有角，呈倒"八"字形，略向内弯曲。全身被毛为紫红色或深红色，部分牛的腹下或乳房有小片白斑，眼圈、鼻镜多呈粉红色，见图 5-17。成年公、母牛平均体高分别为 137.3cm 和 124.2cm；体重分别为 760.0kg 和 453.0kg。公、母犊初生重分别为 31.3kg 和 29.6kg。

（3）生产性能。在以放牧为主的条件下，1 胎平均产乳量为 1 127.4kg，以后则为 1 500～2 500kg，

图 5-17 中国草原红牛

泌乳期 210d 左右，乳脂率为 4.03%。18 月龄的去势公牛经放牧育肥，屠宰率为 50.84%、净肉率为 40.95%。在放牧加补饲的条件下，平均产乳量为 1 800～2 000kg，乳脂率为 4.0%。肉质良好，纤维细嫩，肌间、肌束内脂肪分布均匀，呈大理石纹状，肉味鲜美。

（4）适应性及利用。中国草原红牛对严寒、酷热气候的耐力很强，且抗病力强，发病率很低。

3. 新疆褐牛

（1）原产地及分布。新疆褐牛原产于新疆伊犁、塔城等地区。主要分布在伊犁、塔城、阿勒泰、博州、石河子、昌吉、乌鲁木齐、阿克苏等地区。

（2）外貌特征。新疆褐牛被毛为深浅不一的褐色，额顶、口轮周围及背线为灰色或黄白色。体格中等，体质结实、匀称，肌肉丰满，背腰平直，胸较宽深，腰丰满，臀部方正，见图 5-18。成年公、母牛体重分别为 950.8kg 和 430.7kg；体高分别为 144.8cm 和 121.8cm。公犊初生重 30kg，母犊为 28kg。

图 5-18　新疆褐牛

（3）生产性能。新疆褐牛平均产乳量 2 000～3 500kg，高的个体产乳量达 5 162kg；平均乳脂率为 4.03%～4.08%，乳中干物质含量为 13.45%。该牛种在牧区天然草场放牧 9～11 个月，1.5 岁、2.5 岁和去势公牛的屠宰率分别为 47.4%、50.5% 和 53.1%，净肉率分别为 36.3%、38.4% 和 39.3%。

4. 夏南牛

（1）品种来源。夏南牛是我国育成的第一个肉牛品种。以夏洛莱牛为父本、我国地方良种南阳牛为母本，在河南省泌阳县培育而成。于 2007 年通过国家鉴定。

（2）外貌特征。夏南牛毛色为黄色，以浅黄色、米黄色居多；公牛角呈锥状，水平向两侧延伸。成年牛结构匀称、体躯呈长方形；胸深肋圆，背腰平直，尻部宽长，肉用特征明显，见图 5-19。成年公牛体高 142.5cm，体重 850kg 左右，成年母牛体高 135.5cm，体重 600kg 左右。

图 5-19　夏南牛

（3）生产性能。在农户饲养条件下，公、母犊牛 6 月龄平均体重分别为 197.35kg 和 196.50kg。17～19 月龄的未育肥公牛屠宰率为 60.13%、净肉率为 48.84%。

（4）适应性及利用。夏南牛体质健壮、性情温顺、适应性强、遗传性能较稳定，具有生长发育快、易育肥的特点。

5. 延黄牛

（1）品种来源。延黄牛是我国育成的第二个肉牛品种。是在吉林延边地区以延边黄牛为母本、利木赞牛为父本培育而成，2008 年 2 月通过国家鉴定。

（2）外貌特征。毛色为黄色；公牛头方正，额平直，母牛头部清秀，额平，口端短粗；

公牛角呈锥状，水平向两侧延伸。成年牛结构匀称、体躯呈长方形；胸深肋圆，背腰平直，尻部宽长，四肢较粗壮（图5-20）。成年公、母牛体重分别为1 061kg和629.4kg。

图5-20　延黄牛

（3）生产性能。公、母犊牛初生重分别为30.9kg和28.9kg，6月龄平均体重分别为168.8kg和153.6kg，12月龄公、母牛体重分别为308.6kg和265.2kg；舍饲短期育肥至30月龄公牛，宰前重578.1kg，胴体重345.7kg，屠宰率59.8%，净肉率49.3%。

（4）适应性及利用。延黄牛具有体质健壮、性情温顺、适应性强、生长发育快等特点。适宜吉林、辽宁等北方地区养殖，是生产高档牛肉的良好牛源。

6. 辽育白牛

（1）品种来源。辽育白牛是我国育成的第三个肉牛品种。是以夏洛莱牛为父本、辽宁地方黄牛为母本培育而成，2009年11月通过国家鉴定。

（2）外貌特征。辽育白牛全身被毛呈白色或草白色，鼻镜肉色，蹄角多为蜡色。体型大，体质结实，肌肉丰满，体躯呈长方形。头宽且稍短，额阔唇宽，耳中等偏大，大多有角，少数无角，见图5-21。颈粗短，母牛颈部平直，公牛颈部隆起，无肩峰，母牛颈部和胸部多有垂皮，公牛垂皮发达。胸深宽，肋圆，背腰宽厚、平直，尻部宽长，臀端宽齐，后腿部肌肉丰满。四肢粗壮，长短适中，蹄质结实。尾中等长度。母牛乳房发育良好。辽育白牛成年公、母牛体重910.5kg、451.2kg，肉用指数分别为6.3、3.6。

图5-21　辽育白牛

（3）生产性能。初生重公牛41.6kg、母牛38.3kg；6月龄体重公牛221.4kg、母牛190.5kg；12月龄体重公牛366.8kg、母牛280.6kg；24月龄体重公牛624.5kg、母牛386.3kg。母牛初配年龄为14～18月龄；公牛适宜初次采精年龄为16～18月龄。6月龄断乳后持续育肥至18月龄，宰前重、屠宰率和净肉率分别为561.8kg、58.6%和49.5%；持续育肥至22月龄，宰前重、屠宰率和净肉率分别为664.8kg、59.6%和50.9%。11～12月龄体重350kg以上发育正常的辽育白牛短期育肥6个月，体重达到556kg。

（4）适应性及利用。辽育白牛耐寒性强，能够适应广大北方地区温带大陆性季风气候；适应能力强，饲料范围广，采用舍饲、半舍饲半放牧和放牧方式饲养均可；耐粗饲，饲养成本低，体型大、增重快和繁殖性能优，适宜吉林、辽宁等北方地区养殖，是生产高档牛肉的良好牛源。

7. 中国西门塔尔牛

（1）品种来源。中国西门塔尔牛属于乳肉兼用型培育品种，广泛分布于黑龙江、吉林、内蒙古、河北、河南、山东、山西、浙江、湖南、湖北、四川、甘肃、青海、新疆、西藏等近20个省份。

（2）外貌特征。中国西门塔尔牛毛色多为红白花、黄白花，肩部和腰部有条状大片白毛；头白色，前胸、腹下、尾和四肢下部为白色。额部较宽，公牛角平出，母牛角多数向外上方伸曲。体躯深、宽、高大，结构匀称，肌肉发达，肋骨开张，胸部宽深，尻长而平，四肢粗壮，大腿肌肉丰满（图 5 - 22）。行动灵活。乳房发达，发育良好，结构紧凑。

图 5 - 22 中国西门塔尔牛

（3）生产性能。中国西门塔尔牛母牛常年发情，在中等饲养水平下，母牛初情期始于 13～15 月龄、体重 230～330kg，初配年龄为 18 月龄、体重 380kg 左右。发情周期为 18～21d，发情特征明显，发情持续期 20～36h，一般的情期受胎率在 69％以上，妊娠期 282～290d，难产率低。中国西门塔尔牛标准要求，自 6 月龄到 18 或 24 月龄期间，平均日增重公牛 1.0～1.1kg、母牛 0.7～0.8kg。在短期育肥后，18 月龄以上的公牛或去势牛屠宰率达 54％～56％、净肉率达 44％～46％。成年公牛强度育肥后屠宰率达 60％以上、净肉率达 50％以上。核心群母牛平均胎次产乳量（4 327.5±357.3）kg，其中 1 119 头为（5 252.1±607.2）kg，平均乳脂率 4.03％。

（4）适应性及利用。中国西门塔尔牛有很好的适应性，在舍饲和半放牧条件下均能很好地生长发育并表现出较好的生产性能。

二、杂交母牛品种资源

1. 西门塔尔牛与地方牛的杂交母牛群 西门塔尔牛公牛与地方牛所产杂交母牛体型趋向于父本，前后躯发达，中躯呈圆筒状，骨骼结实，肌肉发育良好，整个体躯呈圆筒形。被毛浓密，额及颈部被毛卷曲，毛色多黄色、红白花，头、尾和四肢下部多白色。西门塔尔牛杂交母牛哺乳性能良好，觅食性强，放牧采食范围广，食量大，抗病力强，比较适应当地的气候及生态条件。

西门塔尔牛杂交母牛与地方母牛相比较，其体尺、体重、平均日增重方面明显高于地方母牛，可作为优良的母牛群用以肉牛扩群繁殖。

另外，德系西门塔尔牛受胎率、生长性能都优于普通西门塔尔牛，显示出较好的杂交优势。德系西门塔尔乳肉兼用牛的后代适应性强、抗病力强、耐粗饲、生长发育表现较好，在我国广大地区均具有较好的推广前景。

2. 利木赞牛与地方牛的杂交母牛群 我国于 20 世纪 70 年代开始数次从法国引入利木赞牛，用以改良地方黄牛，最早是在河南、山东、内蒙古等地与地方黄牛进行杂交。我国地方黄牛经利木赞牛杂交后其生长性能、育肥效果、屠宰性状都有了很大提高，尤其是杂交牛的背部和臀部比我国黄牛有了很大改善，特别是杂交母牛群肉用体型也十分显著，一般表现为体格较大、被毛黄色或红黄色、背腰平直，臀部有显著改善，非常适于做肉牛生产杂交改良的母本。

在山东省以利木赞牛为父本、鲁西牛为母本，通过杂交获得含 62.5％利木赞血液和 37.5％鲁西牛血液的牛群，然后横交，定向选优培育利鲁牛。利鲁牛毛色比鲁西牛深；肉用体型明显，公牛肩峰不明显，各项体尺性状除体高外均显著提高；母牛乳房发育较好，泌乳能力略有提高；生长发育快，初生、6月龄、12月龄和成年体重均显著高于鲁西牛，屠宰率和净肉率也显著提高。利鲁牛成年公牛体重（830.7±40.7）kg，成年母牛体重（508.4±36.2）kg。在普通条件下育肥，日增重1.0kg；架子牛强度育肥日增重1.5kg。肉色纯、脂肪白、肌纤维细、口感好，适宜生产优质牛肉和高档牛肉。

3. 皮埃蒙特牛与地方牛的杂交母牛群 皮埃蒙特牛与地方牛的杂交母牛群毛色以灰白和灰黄色为主，另外部分为灰黑色，前后躯发达，中躯呈圆筒状，骨骼结实，肌肉发达，整个体躯呈圆筒形。该群体的生产性能和肉用性能均得到明显改进，是作为肉牛繁殖生产的优良母牛群体。

在河南省，采用皮埃蒙特公牛与南阳牛母牛杂交，选育皮南牛，皮南杂交一代牛初生重平均35.0kg，比南阳牛增长5.0kg，6月龄断乳重平均197kg，18月龄体重479kg，屠宰率61.4%，净肉率53.8%，眼肌面积141cm²。

■ 任务测试

1. 我国引入的肉牛品种主要有哪些？各有何特点？
2. 我国培育的肉牛品种有哪些，叙述其主要特征。
3. 简要叙述我国五大良种黄牛的主要外貌特征及优缺点。

任务二　肉牛饲养管理

■ 任务导入

由于肉牛行情非常好，某肉牛场管理工作的主要精力都放在肉牛育肥方面，认为肉牛育肥结束即可直接出栏，获得经济效益，而忽视了肉用犊牛的培育，结果大量犊牛在出生后1月龄左右就表现出食欲不振、消化不良，甚至部分犊牛出现腹泻和气喘等症状，严重影响了犊牛的生长发育。场长这才认识到加强犊牛饲养管理的重要性，因此养殖户需做好犊牛的饲养管理工作，着力提高犊牛的成活率，保证犊牛的正常生长。

目前农村养牛户在犊牛培育过程中因管理粗放、不科学，发病率和病死率较高，断乳体重也偏低，导致经济效益下降。因此培育出健康的犊牛是提高养殖户经济效益的关键，犊牛的培育是养牛业成功的基础，所以培育犊牛的好坏不仅影响牛的生长快慢，更重要的是还影响成年牛的体型结构及将来的生产性能。

根据所提供的案例，谈谈科学开展肉牛饲养管理的重要性和提高犊牛成活率的措施。

■ 任务实施

一、犊牛的饲养管理

（一）犊牛饲养

1. 哺乳方法

（1）尽早吃足初乳。犊牛初生期的饲养关键是喂足初乳。犊牛出生后应在1h内让其吃到初乳。健康犊牛在能够自行站立时，让其接近母牛后躯吮吸母乳，见图 5-23。体弱者可人工辅助，挤几滴母乳于干净手指上，让犊牛吸吮手指，而后将其引导到乳头帮助其吮乳。吃不到亲生母牛初乳的犊牛最好为其找保姆牛，先把保姆牛的乳汁或尿液抹在犊牛头部和后躯，以混淆保姆牛的嗅觉，直到母牛认犊为止。

（2）饲喂常乳。肉用犊牛随母哺乳时，每昼夜 7～9 次，每次 12～15min。应注意观察犊牛哺乳时的表现，当犊牛哺乳时频繁地顶撞母牛乳房，而吞咽次数不多，说明母牛产乳量低，犊牛不够吃。如犊牛吸吮一段时间后，口角出现白色泡沫，说明犊牛已吃饱，应将犊牛拉开，否则易造成哺乳过量而引起消化不良。一般而言，大型肉犊牛平均日增重 700～800g，小型肉犊牛日增重 600～700g，若日增重达不到上述要求，应加强母牛的饲养水平或对犊牛直接补饲。

对母牛死亡或找不到保姆牛的犊牛可采用人工哺喂（图 5-24），将牛乳隔水加热至 38～40℃，2 周龄内每天喂 4 次，3～5 周龄每天喂 3 次，6 周龄以上每天喂 2 次。喂量可参考表 5-1。哺乳期一般为 5～6 个月，不留作后备牛的犊牛可实行 4 月龄断乳或早期断乳，但必须加强营养。

图 5-23　犊牛吃初乳

图 5-24　人工哺喂犊牛

表 5-1　肉用犊牛的喂乳量（kg/d）

周龄	1～2	3～4	5～6	7～9	10～13	14 以后	全期用量
小型牛	3.7～5.1	4.2～6.0	4.4	3.6	2.6	1.5	400
大型牛	4.5～6.5	5.7～8.1	6.0	4.8	3.5	2.1	500

要经常观察犊牛的精神状态及粪便。健康的犊牛体躯舒展、行为活泼、被毛顺而有光泽；若被毛乱而蓬松，垂头弓腰，行走蹒跚，咳嗽，流涎，叫声凄厉，则是有病的表现；若粪便变白、变稀，这是最常见的消化不良的表现，此时只需减少 20%～40% 喂乳量，并在乳中加入 30% 的温开水饲喂，即可很快痊愈，不必用药。

（3）犊牛饲养方案。犊牛饲养方案见表 5-2。

2. 补饲　母牛产后 2 个月产乳量就开始下降，为使犊牛能够正常生长发育，并锻炼其消化器官的功能，必须尽早开食补饲。一般犊牛生后 7～10 日龄即可训练采食干草，在犊牛栏草架上放置优质干草，供其采食咀嚼；15～20 日龄训练采食精饲料，开始时在喂完乳后将料涂抹在犊牛嘴唇上诱其舔食，经 2～3d 后可在犊牛栏内放置料盘，任其自由采食，见

图 5-25、图 5-26。最初每头每天饲喂精饲料 20～30g，数日后可增到 80～100g，并随日龄增加逐渐加大喂量。

表 5-2　犊牛饲料方案

日龄	喂乳量			喂料量		备注
	日量（kg）	次数	总量（kg）	日量（kg）	总量（kg）	
1～7	4～6	3	28～42	0	0	混合料比例：豆饼 20%～25%，玉米面 35%～40%，杂粮 20%，麸皮 20%～10%，钙粉 3%，盐 2%；青贮饲料、块根、干草自由采食不限量
8～15	5～6	3	40～48	0.2～0.3	1.42～2.1	
16～30	6～5	3	90～75	0.4～0.5	3.2～4.0	
31～45	5～4	2	75～60	0.6～0.8	9～12	
46～60	4～2	1	60～30	0.9～1	13.5～15	
合计	24～23	12	293～255	2.1～2.6	27.1～33.1	

图 5-25　犊牛补草料

图 5-26　犊牛补精饲料

补饲的精饲料要求含粗蛋白质 18%～20%、粗脂肪 6%～7%，粗纤维含量小于 5%，含钙 0.60%、磷 0.42%，另添加维生素和微量元素添加剂。根据这个原则，可结合本地条件确定配方和喂量。

> 补饲精饲料参考配方：
> 玉米 30%，燕麦 20%，小麦麸 10%，豆饼 20%，亚麻籽饼 10%，酵母粉 7%，维生素、矿物质 3%；或玉米 50%，小麦麸 15%，豆饼 15%，棉籽粕 13%，酵母粉 3%，磷酸氢钙 2%，食盐 1%，微量元素、维生素、氨基酸复合添加剂 1%。

必须让犊牛尽早饮水，生后 1 周可在饮水中加入适量牛乳，借以引导。开始饮 36～37℃ 的温开水，20 日龄后可改饮常温水，5 周龄后在运动场内备足清水，任其自由饮用，但水温不宜低于 15℃。

（二）犊牛的管理要点

1. 哺乳卫生　人工喂养犊牛时，要注意哺乳用具的卫生，必须及时清洗喂乳、盛乳用具，并定期消毒。每次喂乳后，用干净毛巾将犊牛口、鼻周围残留的乳汁擦净，然后用颈枷挟住 10min 左右，防止互相乱舔而形成舔癖。

2. 犊栏卫生 犊牛出生后，要及时放进犊牛栏内。栏的面积为 $1\sim1.2m^2$，每犊一栏，隔离管理，一般饲养到 $7\sim10d$。然后转移到中栏饲养，每栏 $4\sim5$ 头，用带有颈枷的牛槽饲喂。2 月龄以上放入大栏饲养，每栏 $8\sim10$ 头。

犊牛栏及牛床要勤打扫，保持清洁干燥，常换垫草，定期消毒。舍内应阳光充足、通风良好、空气新鲜、冬暖夏凉。

3. 保健护理 犊牛时期，要加强防疫卫生和保健护理工作，定期进行检疫。犊牛发病率高的时期是出生后的前几周，患的疾病主要是肺炎和腹泻。患肺炎的直接原因是环境温度骤变，而腹泻则是多种疾病表现的临床症状之一。

4. 加强运动 犊牛幼龄期活泼好动，应保证其充分的运动时间。在运动中，使犊牛接触阳光进行日光浴。从出生 $8\sim10d$ 起即可开始在运动场做适当运动。天气晴好时，生后 $7\sim10$ 日龄，每日户外自由运动 0.5h，1 月龄不少于 1h，以后逐渐延长运动时间，每天应不少于 4h。

5. 刷拭 刷拭可保持牛体清洁，同时可促进牛体表血液循环，增进牛体健康，又具有调教作用，使犊牛养成愿意接近人和接受护理操作的习惯，见图 5-27、图 5-28。

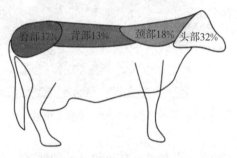

图 5-27 不同部位刷拭比例

图 5-28 刷拭

6. 编号 常用的有耳标法等，见图 5-29、图 5-30。

图 5-29 耳标枪

图 5-30 打耳标

7. 去角 一般在犊牛出生 1 周内去角，常采用氢氧化钠（钾）棒去角。将生角部位的毛剪掉，用凡士林涂抹在角基部四周［以防涂抹的氢氧化钠（钾）流入眼内，伤及皮肤及眼］，然后用氢氧化钠（钾）棒稍湿水涂擦，擦至角基皮肤有微量血液渗出时为止，见图 5-31、图 5-32。如有液体渗出，应用脱脂棉吸去，以免伤及皮肤及眼。操作时，术者要戴橡皮手套，防止烧伤。

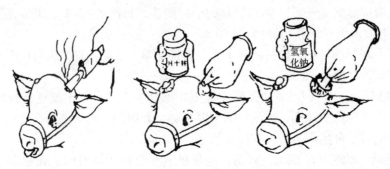

图 5-31　氢氧化钠棒去角

去角后的犊牛要隔离饲养，防止互舔。夏、秋季注意发炎和化脓，如化脓，初期可用过氧化氢冲洗，再涂以碘酒，如出现由耳根到面颊肿胀，须进一步采取消炎处理。

8. 预防免疫　严格按《无公害食品　肉牛饲养兽医防疫准则》（NY 5126—2002）进行疫病预防和免疫。

二、育成牛饲养管理

（一）饲养

图 5-32　犊牛去角后

肉用品种较乳用品种牛代谢强度低，放牧是首选的饲养方式。有放牧条件的地区，肉用育成母牛应以放牧为主，视草地牧草情况，适当补饲精饲料。

育成母牛在不同年龄阶段的生理变化与营养需求不同。断乳至 1 岁的育成母牛性器官与第二性征发育很快，体躯向高度方向急剧生长，达到生理上的最高生长速度。因此在饲养上要求供给足够的营养物质。除给予优质的干草和多汁饲料外，还必须给予一定的精饲料。同时日粮要有一定的容积，以刺激前胃的继续发育。为断乳至 1 岁牛配制日粮时，粗饲料可占日粮总营养的 50%～60%，混合精饲料占 40%～50%，到 1 岁时粗饲料逐渐加到 70%～80%，精饲料降至 20%～30%。不同的粗饲料要求搭配的精饲料质量也不同，用豆科干草做粗饲料时，精饲料需含 8%～10% 的粗蛋白质；若用禾本科干草做粗饲料，精饲料粗蛋白质含量应为 10%～12%；用青贮饲料做粗饲料，则精饲料应含 12%～14% 粗蛋白质。

12～18 月龄，消化器官更加扩大，为了进一步刺激其增长，日粮应以粗饲料和多汁饲料为主。以干物质计算，粗饲料占 75%、精饲料占 25%。日粮中可消化粗蛋白质的 20%～25% 可用尿素替代。

18～24 月龄，生长速度变缓，体躯显著向宽、深方向发展，并已进入配种繁殖期。丰富的饲养条件容易在体内沉积大量脂肪，因此在这一阶段的日粮营养不能过于丰富，应以品质优良的干草、青草、青贮饲料及氨化秸秆为主，精饲料可以少喂或不喂。但到妊娠后期，由于体内胎儿生长迅速，必须另外补加混合精饲料 2～3kg/d。

（二）管理

1. 分群　育成母牛在 6 月龄时与育成公牛分开，并以年龄阶段组群，将年龄及体格大小相近的牛分在一起，最好是月龄差异不超过 1～2 个月，活重亦不超过 30kg。

2. 定槽　对于圈养拴系式管理的牛群，定槽是必不可少的，可以使每头牛有自己的牛床和食槽。牛床和饲槽要定期消毒。

3. 加强运动　充足的运动是培育育成牛的关键之一。在饲舍条件下，每天至少要有 2h 的驱赶运动。

4. 转群　育成母牛在不同生长发育阶段生长速度不同，应根据年龄、发育情况按时转群。一般在 12 月龄、18 月龄、受胎后或至少分娩前 2 个月共 3 次转群。转群的同时称重，并结合体尺测量，对发育不良的进行淘汰。

5. 乳房按摩　为了刺激乳腺的发育和促进产后泌乳，对 12～18 月龄育成母牛每天按摩 1 次乳房，妊娠母牛每天按摩 2 次，每次按摩时用热毛巾敷擦乳房。产前 1～2 个月停止按摩。

6. 刷拭　为了保持牛体清洁，促进皮肤代谢和驯成温顺的性格，每天刷拭 1～2 次，每次 5min。

7. 初配　育成母牛满 18 月龄、体重达成年时的 70% 即可配种。育成母牛不如成年母牛发情明显和规律，所以在配种前 1 个月应注意其发情表现，以防漏配。

8. 其他　春秋驱虫，定期检疫和防疫注射。做好防暑防寒工作。

三、繁殖母牛饲养管理

（一）妊娠母牛的饲养管理

妊娠母牛的饲养管理主要任务是保证母牛的营养需要和做好保胎工作。妊娠母牛的营养需要与胎儿生长有直接关系。妊娠母牛营养不足会导致犊牛初生重小、生长慢、成活率低。妊娠 5 个月以前胎儿生长发育速度较慢，可以和空怀牛一样饲养，一般不增加营养，只保持中上等膘情即可。胎儿增重主要在妊娠的最后 3 个月，此期的增重占犊牛初生重的 70%～80%，需要从母体吸收大量营养。若胎儿期生长不良，出生后将难以补偿，将使犊牛增重速度减慢、饲养成本增加。同时母牛还需要在体内蓄积一定养分，以保证产后泌乳。到分娩前母牛至少需增重 45kg，才足以保证产后的正常泌乳与发情。

1. 妊娠母牛的饲养

（1）舍饲饲养。饲养的总原则是根据不同妊娠阶段按饲养标准供给营养，以混合干草为主，适当搭配精饲料。

妊娠 5 个月以前，如处在青草季节，母牛可以只喂青草而不喂精饲料，冬季日粮应以青贮饲料、干草等粗饲料为主，缺乏豆科干草时少量补充蛋白质饲料和尿素，以降低饲养成本。

妊娠 6～9 个月，若以玉米秸或麦秸为主，母牛很难维持其最低营养需要，必须搭配 1/3～1/2 豆科牧草，另外加 1kg 左右混合精饲料。精饲料应选择当地资源丰富的农副产品，如麦麸、饼类，再搭配少量玉米等谷物饲料，并注意补充矿物质和维生素 A。其配方可参考玉米 27%，大麦 25%，饼类 20%，麦麸 25%，矿物质 1%～2%，食盐 1%～2.5%，每千克精饲料另加维生素 A 3 000～3 600IU。

妊娠母牛要禁喂未脱毒的棉籽饼、菜籽饼、酒糟及冰冻、发霉变质饲料。饮水温度应不低于 10℃。

每天饲喂 2～3 次、饮水 3 次，可采用先粗后精的饲喂顺序，即先喂粗饲料，待牛快吃饱时，在粗饲料中拌入部分精饲料和多汁饲料碎块，引诱牛多采食，最后将余下的精饲料全部投饲。

（2）放牧饲养。由舍饲转入放牧，要有过渡阶段，严防"抢青"腹泻，甚至流产。夏秋季节可尽量延长放牧时间，一般不补饲。冬春枯草季节要补饲，特别是对妊娠最后 2～3 个月的母牛应进行重点补饲，根据牧草质量和母牛的营养需要确定补饲草料的种类和数量。精料补饲量每头 0.8～1.1kg/d。

> 精料补充料参考配方：
>
> 玉米 50%、糠麸类 10%、饼类 30%、高粱或大麦 7%、石灰石粉 2%、食盐 1%；每千克精饲料另加维生素 A 2 800～3 200IU。

2. 妊娠母牛的管理　肉牛难产率较高，尤其初产母牛，运动是防止难产的有效途径，同时还可增强母牛体质、促进胎儿发育，所以必须加强运动。但要防止母牛发生挤、碰、滑、跌及角斗。刷拭能增强母牛健康，也是一项重要的管理工作。特别是头胎母牛，除刷拭外，还要进行乳房按摩，以利乳房发育和产后犊牛哺乳。产前 15d，要将母牛移入产房，由专人饲养和看护，发现临产征兆，估计分娩时间，准备接产工作。

（二）哺乳母牛的饲养管理

母牛泌乳量的高低关系到犊牛的断乳重，也是犊牛全活全壮的基础。所以哺乳母牛的饲养管理主要任务是要使其达到足够的泌乳量，并尽早发情配种。饲养的总原则是哺乳阶段不掉膘，也不使牛过肥。

1. 舍饲　母牛在分娩后最初几天体力尚未恢复，消化机能很弱，必须给予容易消化的日粮。粗饲料应以优质干草为主，精饲料最好是麦麸，每天 0.5～1.0kg，逐渐增加，3～4d 后就可转入正常日粮。母牛产后恶露未排净之前，不可喂给过多精饲料，以免影响生殖器官的复原和产后发情。

当母牛消化正常、体力恢复后，为促进其泌乳，除喂给干草、青贮饲料外，应加喂一些青草和多汁饲料，并搭配混合精饲料。特别是产后 70d 内是泌乳母牛饲养的关键，采食量及营养需要在母牛各生理阶段中最高。热能需要增加 50%，蛋白质需要量加倍，钙、磷需要量增加 3 倍，维生素需要量增加 50%。如果供应不足，就会使母牛产乳量下降，犊牛生长停滞，患腹泻、肺炎和佝偻病等。实际饲养中，除每天供给优质干草 5～7kg（或青草 30kg 或青贮饲料 22kg）外，另加 1.5～2.0kg 精饲料。如粗饲料为秸秆类，则精饲料需增加 0.4～0.5kg。

饲喂时要增加饲喂次数，并保证充足、卫生的饮水。

精料补充料参考配方：

①玉米 50％、麦麸 20％、豆饼 10％、棉仁饼 5％、胡麻饼 5％、花生饼 3％、葵花子饼 4％、磷酸氢钙 1.5％、碳酸氢钙 0.5％、食盐 0.9％、微量元素和维生素添加剂 0.1％。

②玉米 50％、豆饼 20％、玉米蛋白 10％、酵母饲料 5％、麦麸 12％、磷酸氢钙 1.6％、碳酸钙 0.4％、食盐 0.9％、微量元素和维生素添加剂 0.1％。

2. 放牧 放牧时，应将哺乳母牛分配至附近的良好牧场，防止游走过多体力消耗大而影响母牛泌乳和犊牛生长。牧场牧草产量不足时要进行补饲，特别是体弱、初产和产犊较早的母牛。以补粗饲料为主，必要时补一定量的精饲料。一般是日放牧 12h，补精饲料 1～2kg，饮水 5～6 次。

繁殖母牛的妊娠、产犊、泌乳和发情配种是相互紧密联系的过程。饲养时既要满足其营养需要，达到提高繁殖率和犊牛增重的目的，又要降低饲养成本，提高经济效益。这就需要对放牧和舍饲、粗饲料和精饲料的搭配等做出合理安排，有计划地安排好全年的饲养工作。

■ **任务测试**

1. 养好犊牛的关键技术有哪些？
2. 如何管理好肉用育成牛？
3. 妊娠母牛与哺乳母牛饲养管理的区别是什么？

任务三 肉牛育肥技术

■ **任务导入**

小郑抚摩着正吃着饲料的肉牛，高兴地说："'肉牛浓缩饲料＋酒糟＋青饲料'组合营养套餐，肉牛爱吃肯长，一头牛每天都能吃 2kg 以上的'套餐'饲料，外加干草料，每天几乎能增重 1kg，一般 4 个月左右时间就能出栏。"上一年他出售肉牛 117 头，纯利润达 14 万元；当年从 4 月开始到 7 月下旬已出售肉牛 110 头，纯收入 15.4 万元。"一家富"不如"百家富"，他把自己掌握的养牛技术传授给养牛的移民户，把自家产仔的小牛低价卖给移民户，自己当起"牛郎中"奔波于养牛移民户中，防病治病，并联系销路。在他的帮助带动下，全村发展养牛户 20 户，共养殖肉牛 1 000 头。

同村的罗女士是一位农村家庭妇女，圈舍里 50 多头肉牛在她的精心饲养下长得特别健壮。她一边给牛喂着饲料，一边对记者说："现在饲养的一头肉牛平均长到 600kg 就可以向市场出售了。平均按 20 元/kg 计算，一头牛就可卖到 12 000 元；除去成本，一头肉牛一般要赚 1 600～1 800 元。"她是从 2010 年开始抱着试一试的态度饲养肉牛的，在养殖成功后，她将养殖数量不断增多。目前，存栏已达 50 多头。

各级政府实施了"创业工程"和"科技下乡工程"两项惠民工程，通过积极开展培训，提高养牛户的自我发展能力，为他们全年提供技术服务，手把手传授实用性强的科学技术，切实提高养殖业的产量和质量。村民学会了肉牛自繁自育技术、疫病自防自治技术以及饲料调配等技术。在处理牛粪上，小郑也有自己的"生意经"。除了做农家肥营养农田外，剩下的牛粪就用来和村里的村民们交换草料；牛尿引进沼气池发酵，实行生态饲养。他不但进一步扩大肉牛养殖场，还采取养牛综合开发，在牛舍旁建沼气池，利用沼气类渣发展池塘养鱼和种菜，形成了一条生态产业链，正向着科学化、规模化、标准化、产业化迈进。

小郑和罗女士等养牛专业户凭着一股永不松懈的"牛劲"，不但实现了自我跨越发展的理想，还为周围村民带来了发家致富的希望。根据所提供的案例，谈谈肉牛育肥方式的优缺点。如果你想创业养殖肉牛，你会怎么去做？

■ 任务实施

一、肉牛育肥前的准备工作

为了搞好育肥工作、提高育肥效果，在育肥前应根据育肥牛的具体情况和育肥方式，做好以下几方面的工作：

1. 健康检查 育肥前要对待育肥牛进行逐头检查，将患消化道疾病、传染病、无齿或其他无育肥价值的牛剔除，以保证育肥安全和育肥效果。

2. 驱虫及防疫 体外寄生虫影响牛休息和正常采食，降低育肥期增重；体内寄生虫会产生毒素，危及牛体健康，影响牛生长和育肥效果。因此所有育肥牛在育肥前都要进行彻底驱虫，清除体内外寄生虫。驱虫时根据牛的体重计算出用药量，逐头进行，一周后再驱虫一次。药物可选用阿维菌素或依维菌素（0.2mg/kg，皮下注射）、左旋咪唑（7.5mg/kg，肌内注射）、丙硫苯咪唑（10mg/kg，口服）等。并根据当地疫情进行防疫注射，以免发病及影响育肥效果。

3. 分组编号 按品种、性别、年龄、体重及营养状况分群育肥，以便正确确定营养标准，合理配制日粮，促进育肥效果。分组的同时给牛编号，以便于管理和测定育肥成绩。

4. 去势 为了利用公牛生长快、瘦肉率高的特性，一般 2 岁前屠宰的牛育肥时可不去势，如果生产高档牛肉应在 1 岁前去势，成年公牛育肥须在育肥前 20d 去势，以提高肉的品质。

5. 称重 为了计算日增重和饲料转化率，确定育肥日粮营养及用量，育肥前应对牛称重。连续称取 2d 早晨空腹重，取其平均值作为育肥始重。

6. 牛舍及草料准备 育肥前要因地制宜地准备好牛舍。育肥牛舍比较简单，只需做到夏季防暑、冬季保温、干燥、通风良好即可。设备应实用、廉价和安全，要定期消毒。

育肥前还应按牛头数、育肥天数及每头牛需要量准备好各类草料，以避免育肥中途大幅度换料，引起牛消化道不适，影响育肥效果。

二、肉牛的育肥方式

肉牛的育肥主要有三种方式。

1. 持续育肥 持续育肥是指犊牛断乳后直接转入育肥阶段，用高水平营养饲料育肥直到出栏为止。该育肥方式的特点是充分利用了牛饲料利用率最高的生长阶段，能保持较高的增重和肌肉组织生长，缩短生产周期，提高出栏率，故总的育肥效率高。生产的牛肉肉质鲜嫩、脂肪少、品质好，能满足市场对高档优质牛肉的需求，是一种值得推广的育肥方法。

2. 后期集中育肥　对 1.5～2 岁未经育肥或不够屠宰体况的牛，在较短时间内集中地用较多的精饲料和糟渣类饲料饲喂，让其增膘的方法称后期集中育肥。这种育肥方式还包括淘汰的乳用、役用及肉用繁殖母牛的育肥。后期集中育肥对于改良牛肉品质、提高育肥牛经济效益有明显的作用。育肥方法有放牧加补饲及秸秆加精饲料、青贮饲料加精饲料、糟渣加精饲料等日粮类型的舍饲育肥。

3. 放牧育肥　利用草原资源，采用放牧方式，适当补饲精饲料，也能收到良好的育肥效果。放牧育肥的时间应选择每年的 7—10 月牧草茂盛、牧草结籽期的时期。

放牧时采用早出晚归，中午天气炎热时在通风阴凉处休息，晚上到有食槽处补饲，每天行走距离不要超过 5km。补料时一头一个槽，避免抢料格斗。补料量根据牛体重和草质而异，一般为体重的 1%～1.5%。

当气温下降到 7℃左右时，应出栏上市。

三、育肥牛的饲养管理

（一）育肥牛的饲养

1. 饲料　肉牛的各类粗饲料喂前均需加工处理。秸秆类饲料可先用揉搓机揉搓成 0.5～1.0cm 长的丝状，或先铡短再粉碎成 0.5～0.7cm 长，然后进行氨化处理；干草有条件可制粒，无条件可粉碎；青贮原料切成 0.8～1.5cm（最好不超过 1cm）长后青贮。饲喂前，将所用各类饲料包括粗饲料、精饲料及添加剂等充分拌匀，至少来回翻动 3 次，以看不到各类饲料的层次为准。这样使牛不能挑食，上槽先后所食饲料一样，有利于育肥牛整齐发育。

理想的育肥牛饲料应当有青贮饲料或糟渣类饲料，因此可将其他饲料与这类饲料混合均匀拌成半干半湿状态（含水量 40%～50%）喂牛，效果最好。育肥牛不宜采食干粉状饲料，因为牛一边采食一边呼吸，极易把粉状饲料吹起，也影响牛本身的呼吸。

育肥牛在采食半干半湿混合料时要特别注意，防止混合料发酵产热。发酵产热后的饲料适口性降低，影响牛的采食量。所以应采取多次拌料，每次少拌，用完再拌；拌好的料应放在阴凉处，厚度以 10cm 为好。

2. 饲喂方式

（1）饲料喂法。舍饲育肥有限制采食和自由采食两种饲喂方法。前者是将按照育肥所需营养配合的日粮，每日限定饲喂时间、次数和给量，一般每天饲喂 2～3 次；后者是将配合日粮投入饲槽，昼夜不断，使牛任意采食。

自由采食能满足牛生长发育的营养需要，因此生长速度快，牛的屠宰率高，出肉多，育肥牛能在较短时间内出栏，省劳力，但饲料浪费较多。限制采食时，牛不能根据自身需要采食饲料，因此限制了牛的生长发育速度，且需要劳力多，但饲料浪费少。牛有争食的习性，群饲时采食量大于单槽饲养。因此有条件的育肥场应采用群饲方式喂牛。

投料采用少给勤添，使牛总有不满足之感，争食而不厌食或挑食。但少给勤添时要注意牛的采食习惯，一般的规律是早上采食量大，因此第一次添料要多些，喂量太少容易引起牛争料而顶撞斗架；晚上最后一次添料也要多一些，以供牛夜间采食。

（2）饲料更换。随着牛体重的增加，各种饲料的比例会有调整。更换饲料应采取逐渐更换的办法，要有 3～5d 的过渡期，逐渐让牛适应新更换的饲料，绝不可骤然改变，以免影响牛的消化。在饲料更换期间，饲养人员要勤观察，发现异常及时采取措施，以减少饲料更换造成的损失。

（3）饮水。饮水不足影响育肥牛的生长发育。饮水充足时，牛精神饱满，被毛有光泽，食欲好，采食量大。一般育肥牛每采食 1kg 饲料（干物质）需饮水 3～5kg。饮水最好采用自由饮水装置，如因条件限制而采用定时饮水时，每天至少 3 次。

（二）育肥牛的管理

为了提高育肥效率，管理上要做好以下几项工作：

1. 选择好育肥季节　肉牛育肥以秋季最好，春、冬季次之。夏季气温超过 30℃，牛食欲下降，增重缓慢，自身代谢快，饲料转化率低，必须做好防暑降温工作。

2. 采用围栏或拴系饲养　肉牛饲养分围栏饲养和拴系饲养，育肥牛每头占地面积为 4m² 左右，环境温度控制为 7～24℃。围栏饲养比拴系饲养不仅能提高增重，还可提高屠宰率和净肉率，有条件的育肥场应采用围栏饲养。

3. 限制运动　限制运动可减少营养消耗、提高育肥效果。将育肥牛圈于休息栏内或每头牛单木桩拴系，拴系缰绳长度为 50～60cm，以牛刚能卧下为好。

4. 坚持刷拭　刷拭可促进牛体血液循环和提高皮肤弹性，提高采食量和增重速度。育肥时应从头到尾每天刷拭 2 次，每次 10min。

5. 定期消毒　育肥过程中要对牛舍和环境定期消毒，尤其是刷拭、喂饮等用具。

6. 坚持五查、五净　查精神、查采食、查饮水、查反刍、查粪便，发现异常及时诊治。同时要做到草料净、饲草净、饮水净、牛体净、圈舍净。

四、犊牛肉生产技术

（一）肉牛体组织生长发育规律

1. 肉牛的生长与增重　体重增长是衡量肉牛生长最直接的指标。肉牛的体重生长速度受品种、初生重、性别、饲养管理等因素的影响。肉用品种比非肉用品种增重快。同是肉用品种，大型品种快于小型品种，若养到相同体组织比例，则大型晚熟品种的饲养期较长，小型早熟品种饲养期则短；初生重大的牛断乳重也大，断乳后的增重相对较快；从性别上讲，公牛增重比去势公牛快，而去势公牛又比母牛快；营养水平越高，增重越快。

牛在一生中各阶段体重的生长速度不同。正常饲养条件下，在胎儿期，4 个月前生长较慢，4 个月后较快，分娩前 2 个月最快。出生后到断乳生长速度较快，断乳至性成熟最快，性成熟后逐渐变慢，到成年基本停止生长。从年龄看，12 月龄前生长速度快，以后逐渐变慢（图 5-33）。身体各部分的生长特点在各个时期也有所不同，一般是头部、内脏、四肢发育较早，而肌肉、脂肪发育较迟。

生长发育最快的时期也是把饲料营养转化为体重的效率最高时期。掌握体重生长特点，在生长较快的阶段给予充分饲养，便可在增重和饲料转化率上获得最佳效果。

2. 肌肉、脂肪、骨骼在牛生长中的变化及影响因素 牛的体组织主要是肌肉、脂肪和骨组织，其生长直接影响到增重、屠宰率、净肉率和肉的质量。

肌肉的生长在出生后主要是肌纤维体积增大而致肌束增大。生长速度是出生到8月龄强度生长，8～12月龄生长速度减缓，18月龄后更慢。肉的纹理随年龄增长而变粗，因此青年牛的肉质比老年牛嫩。

脂肪生长速度在12月龄前较慢，稍快于骨，以后变快。生长顺序是先贮积在内脏器官附近，即网油和板油，使器官固定于适当的位置，然后是皮下，最后沉积到肌纤维之间形成大理石纹状肌肉，使肉质变得细嫩多汁。这说明大理石纹状肌肉必须饲养到一定肥度时才会形成。老年牛经育肥，使其脂肪沉积到肌纤维间，亦可使肉质变好。

骨的发育较早，在胚胎期生长速度快，出生后生长速度慢且较平稳，并最早停止生长。三大组织的生长规律见图5-33。

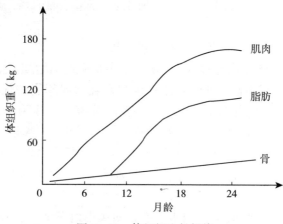

图5-33 体组织生长规律

三大组织在整个体组织中的比例在生长过程中变化较大。肌肉是先增加后下降；脂肪比例持续增加，年龄越大，比例也越大；骨的比例持续下降。所以幼龄牛育肥要求饲料中蛋白质含量要高，大龄牛则蛋白质含量降低，能量要提高。

不同类型牛体组织的生长形式有不同特点，小型早熟品种一般在体重较轻时便达到成熟年龄的体组织比例，可以早期育肥屠宰，大型晚熟品种必须在骨骼和肌肉生长完成后，脂肪才开始贮积。一般早熟品种和晚熟品种在生长的最初阶段肌肉和骨骼所占的比例相似，当体重达120kg时，早熟品种脂肪组织生长速度快于晚熟品种，但肌肉生长速度慢于晚熟品种，骨的生长比例一直相似。

公牛与去势公牛相比，公牛的骨骼稍重且肌肉较多，脂肪生长延迟，日增重和屠宰率均超过去势公牛。

在体重损失和恢复过程中，体组织按一定规律变化。当体重损失时，肌肉与脂肪的损失同时发生，而肌肉损失较多；当体重恢复时，肌肉组织恢复较快，脂肪组织较慢。骨一般变化不大。

（二）小白牛肉生产技术

所谓小白牛肉是指犊牛从出生到100日龄内，体重达到100kg左右，完全由乳或代乳粉饲喂所产的牛肉。因饲料含铁量极少，故其肉为白色，肉质细嫩，味道为乳香味，十分鲜美。蛋白质含量比一般牛肉高 27.2%～63.8%，而脂肪却低 95% 左右，并且人体所必需的氨基酸和维生素齐全，是理想的高档牛肉，现已成为旅游业、贸易业、星级宾馆饭店的紧缺货，发展前景十分广阔。由于生产小白牛肉不喂其他任何饲料，甚至连垫草也不让其采食，因此饲喂成本高，但售价也高，其价格是一般牛肉价格的 8～10 倍。

1. 犊牛选择　肉用公犊和淘汰母犊是生产小白牛肉的最好牛源，但在目前条件下我国专门化肉用品种极少，所以可选择荷斯坦牛公犊，利用其前期生长速度快、育肥成本较低的优势生产小白牛肉。要求乳用犊牛初生重 45kg 以上，若选用良种黄牛或杂种牛犊牛，初生重要求达 35～38kg。健康无病，头大嘴大，管围粗，身腰长，后躯方，无任何生理缺陷，见图 5-34。

图 5-34　优质犊牛群

2. 育肥技术　出生后人工哺喂 3～4d 初乳，每天 3 次。喂完初乳后喂常乳或代乳粉，喂量随日龄增长而逐渐增加，要求平均日增重 800～1 000g。由于用乳量多、成本高，所以近年来用与常乳营养相当的代乳粉饲喂，每千克增重需代乳粉 1.3～1.5kg。代乳粉配方可参考：乳清粉 38%，半浓缩乳清粉 25%，大豆改性蛋白 17.5%，脂肪（含脂肪 60%、蛋白质 7%）17.5%，微量元素和维生素添加剂 1.5%，赖氨酸 0.3%，蛋氨酸 0.2%。严格限制代乳粉中的含铁量，强迫犊牛在缺铁条件下生长，这是小白牛肉生产的关键技术。代乳粉与加水量的比例前期为 1：（7～8），后期为 1：（6～6.5）。

管理上采用圈养或犊牛栏饲养，每圈 10 头，每头占地面积 2.5～3.0m²。犊牛栏全用木制，长 140cm、高 180cm、宽 45cm，底板离地 50cm 高。舍内要求光照充足，通风良好，温度 15～20℃，干燥。小白牛肉全乳饲喂生产方案可参考表 5-3。

表 5-3　小白牛肉全乳饲喂生产方案（kg）

日龄	期末增重	日喂乳量	日增重	需乳总量
1～30	40.0	6.40	0.80	192.0
31～45	56.1	8.30	1.07	133.0
46～100	103.0	9.50	0.84	513.0

（三）小牛肉生产技术

犊牛出生后饲养至 7～8 月龄或 12 月龄以前，以乳（或代用乳）为主，辅以少量精饲料培育所产的肉称为小牛肉。小牛肉富含水分，鲜嫩多汁，蛋白质含量多而脂肪含量少，肉质呈淡粉红色，胴体表面均匀地覆盖一层白色脂肪，风味独特，营养丰富。小牛肉分大胴体和小胴体，犊牛育肥至 6～8 月龄，体重达到 250～300kg，屠宰率 58%～62%，胴体重 130～150kg 称为小胴体；如果育肥至 8～12 月龄，屠宰活重达到 350kg 以上，则称为大胴体。

1. 犊牛选择　尽量选择早期生长快的品种，如肉用公犊、肉用淘汰母犊、乳用公犊、奶牛或肉牛与黄牛的高代杂种公犊。初生重一般要求在 35kg 以上，健康无病，无缺损。

2. 育肥方法　喂 3～5d 初乳后人工哺喂常乳，1 月龄内按体重 10%～12% 饲喂。7～10d 开始喂混合精饲料，青草或青干草自由采食。1 月龄后日喂乳量基本保持不变，3 月龄后喂乳量逐渐减少，喂料量则要逐渐增加，青草或青干草仍自由采食，自由饮水。喂乳（或代用乳）直到 6 月龄止，可在此时出售，也可继续育肥至 7～8 月龄或 12 月龄出栏。下面介绍一种小牛肉生产方案（表 5-4），供参考。

表 5-4　小牛肉生产方案（kg）

周龄	始重	日增重	日喂乳量	配合饲料日喂量	青干草
0～4	40～59	0.6～0.8	5.0～7.0	自由采食	自由采食
5～7	60～79	0.9～1.0	7.0～7.9	0.1	自由采食
8～10	80～99	0.9～1.1	8.0	0.4	自由采食
11～13	100～124	1.0～1.2	9.0	0.6	自由采食
14～16	125～149	1.1～1.3	10.0	0.9	自由采食
17～21	150～199	1.2～1.4	10.0	1.3	自由采食
22～27	200～250	1.1～1.3	10.0	2.0	自由采食
合计			1 918	188.3	150

为节省用乳量、提高增重效果并减少疾病发生，所用育肥精饲料要具有能量高、易消化的特点，并可加入少量抑菌制剂。

5 月龄后拴系饲养，减少运动，但每天应晒太阳 3～4h。舍内温度要求达 18～20℃，相对湿度 80% 以下。

育肥精饲料参考配方：

玉米 60%，豆饼 12%，大麦 13%，蛋粉 3%，油脂 10%，磷酸氢钙 1.5%，食盐 0.5%，每千克饲料中加入维生素 A 100 万～200 万 IU。

1～3 月龄再加入 2 200mg 土霉素。

生长牛生产案例

❖ **方案一**

6 月龄断乳生长牛，体重 150kg，育肥期采用高营养饲喂法，使牛的日增重保持在 1～2kg，1 岁左右时活重达 400～500kg，结束育肥，出栏。

体重 150～250kg 阶段：氨化秸秆自由采食，每头每天补苜蓿干草 0.5kg。其中体重 150～200kg 时日喂精饲料 3.2kg；体重 200～250kg 时日喂精饲料 3.8kg。精饲料配方：玉米 55%，棉籽饼 26%，麸皮 16%，骨粉 1.5%，食盐 1.0%，碳酸氢钠 0.5%。

体重 250～400kg 阶段：氨化秸秆自由采食，每头每天补苜蓿干草 0.8kg。其中体重 250～300kg 阶段日喂精饲料 4.2kg；体重 300～350kg 阶段日喂精饲料 4.7kg；体重 350～400kg

阶段日喂精饲料 5.1kg。精饲料配方：玉米 61%，棉籽饼 18%，麸皮 18%，骨粉 1.5%，食盐 1.0%，碳酸氢钠 0.5%。

❖ **方案二**

生长牛育肥方案见表 5-5。

表 5-5　生长牛育肥方案（kg）

月龄		7	8	9	10	11	12	合计
体重	肉用牛 乳用公牛	175～211 200～242	212～247 243～284	248～285 285～326	286～319 327～368	320～355 369～410	356～400 411～453	
日增重	肉用牛 乳用公牛	1.2 1.4	1.2 1.4	1.2 1.4	1.2 1.4	1.2 1.4	1.2 1.4	225 262
夏、秋季各种青草不限量时，精饲料日喂量	肉用牛 乳用公牛	3.4 4.3	3.6 4.7	3.8 5.0	3.9 5.5	4.0 5.8	4.1 6.2	695 995
冬、春季各种干草、玉米秸、谷草、氨化秸秆、碱化秸秆不限量	精饲料 日喂量　肉用牛 乳用公牛	4.0 5.0	4.4 5.5	4.8 5.9	5.0 6.4	5.3 6.9	5.5 7.4	914 1 172
	胡萝卜 日喂量　肉用牛 乳用公牛	1.0 1.0	1.0 1.0	1.0 1.5	1.5 1.5	1.5 2.0	2.0 2.0	256 286
	精饲料 日喂量　肉用牛 乳用公牛	2.6 2.8	2.6 2.8	2.6 2.8	2.5 2.9	2.5 2.9	2.5 2.9	479 536
	酒糟 日喂量　肉用牛 乳用公牛	5.6 6.0	6.5 7.5	7.5 8.5	8.5 10.0	9.5 11.0	11.0 12.5	1 543 1 765
	玉米青贮 日喂量　肉用牛 乳用公牛	2.3 2.5	3.0 2.5	3.4 2.5	4.0 3.0	4.6 3.0	5.3 3.0	720 519
	胡萝卜 日喂量　肉用牛 乳用公牛	1.0 1.0	1.0 1.0	1.0 1.5	1.5 1.5	1.5 2.0	2.0 2.0	256 286

精饲料的配方：玉米 58%，糠麸 25%，高粱 15%，骨粉 1%，食盐 1%。另外每 100kg 加 100 万 IU 维生素 A。

❖ **方案三**

犊牛 2 月龄断乳 70kg，16 月龄出栏，体重 472kg。

3～6 月龄（体重 70～166kg）：每天每头采食青干草 1.5kg，青贮饲料 1.8kg，日喂精饲料 2kg。

7～12 月龄（体重 167～328kg）：每天每头采食青干草 4kg，青贮饲料 8kg，日喂精饲料 4kg。

13～16 月龄（体重 329～472kg）：每天每头采食青干草 4kg，青贮饲料 8kg，日喂精饲料 4～4.5kg。

精饲料配方：玉米 40%，棉籽饼 30%，麸皮 20%，鱼粉 4%，骨粉 2%，食盐 0.6%，微量元素维生素复合添加剂 0.4％、沸石 3％。6 月龄后按每 1kg 精饲料喂量添加 15g 尿素。

五、架子牛育肥技术

（一）架子牛的选择与运输

架子牛是指断乳之后经过一定时期的生长，体重在 300kg 左右，年龄 1～2 岁，未经育肥，虽有较大骨架但不够屠宰体况的牛，目前多指公牛。对这类牛进行屠宰前 3～5 个月短期育肥称为架子牛育肥。架子牛育肥所需饲养期短、周转速度快、比较经济，是目前我国肉牛育肥的主要形式。育肥的具体方法多采用易地育肥。育肥原理是利用肉牛的补偿生长特点。

犊牛断乳后到育肥前的 8～10 个月甚至更长时间的生长期称吊架子期。吊架子期牛对粗饲料的利用率较高，主要是保证骨骼正常发育，饲养以降低成本为主要目标，不追求高速生长，日增重维持在 0.5kg 即可。

1. 架子牛的选购　牛育肥前的状况与育肥速度及牛肉品质关系很大，是确保育肥效率的首要环节。育肥牛的品种、年龄、性别、体重、体型外貌和健康状况不同，育肥速度不一样。

（1）品种选择。应选择肉用牛的杂交后代，如夏洛莱、利木赞、西门塔尔、海福特、皮埃蒙特、南德温牛等与地方牛的杂交后代（见图 5-35，西门塔尔杂交牛群），或我国育成的肉用品种夏南牛、延黄牛及秦川牛、晋南牛、南阳牛、鲁西牛、延边牛等地方良种黄牛。这类牛增重快、瘦肉多、脂肪少、饲料转化率高。

（2）年龄和体重选择。架子牛育肥一般可选择 14～18 月龄的杂种牛或 18～24 月龄的良种黄牛，活重在 300kg 以上。这个阶段的牛因补偿生长原理增重迅速，生长能力比其他年龄和体重的牛高 25％～50％。

（3）性别选择。性别选择要根据育肥目的和市场而定。公牛生长快，瘦肉率和饲料转化率高，但肉的品质不如去势公牛和母牛。所以 18 月龄前屠宰，宜选择公牛育肥；若是生产一般优质牛肉可在 1 岁去势；生产高档牛肉，则宜选择早去势的公牛。

（4）体型外貌选择。应选择体型大，较瘦，体躯长，胸部深宽，背腰宽平，臀部宽大，头长而宽，口方整齐、四肢强健有力、蹄大、十字部略高于体高，后肢飞节较高，皮肤柔软有弹性、被毛细软密实，角尖凉，角根温，鼻镜干净湿润，眼睛明亮有神，性情温顺的牛，见图 5-36。这样的牛健康，采食量大，生长能力强，饲养期短，育肥效果好。

图 5-35　西门塔尔杂交牛群

图 5-36　架子牛育肥体型

■ **知识拓展**

美国架子牛的等级评定标准

架子牛共分为3种架子10个等级，即大架子1级、大架子2级、大架子3级，中架子1级、中架子2级、中架子3级，小架子1级、小架子2级、小架子3级和等外。具体见图5-37、图5-38。

大架子：要求有稍大的架子，体高且长，健壮。

中架子：要求有稍大的架子，体较高且稍长，健壮。

小架子：骨架较小，健壮。

图5-37 架子牛骨架大小分级
1. 大架子 2. 中架子 3. 小架子

图5-38 架子牛肉厚度的分级
1. 大架子 2. 中架子 3. 小架子

各种架子牛的肉厚度分级要求：

1级：要求全身的肉厚、脊、背、腰、大腿和前腿厚且丰满。四肢位置端正，蹄方正，腿间宽，优质肉部位的比例高。

2级：整个身体较窄，胸、背、脊、腰、前后腿较窄，四肢靠近。

3级：全身及各部位厚度均比2级要差，见图5-38。

等外：因饲养管理较差或发生疾病造成的不健壮牛属此类。

2. 架子牛的运输

（1）加强运输管理，减少应激。将分散饲养于农牧户的架子牛，按照育肥牛选择要求选购后，集中运输。运前 2～3d 每头每天肌内注射维生素 A 25 万～100 万 IU，运前 2h 喂饮口服补液盐溶液 2 000～3 000mL，配方为氯化钠 3.5g，氯化钾 1.5g，碳酸氢钠 2.5g，葡萄糖 20g，加凉开水至 1 000mL。装车前还可按每千克体重肌内注射静松灵 0.2～0.3mg。运输途中不喂精饲料，只喂优质禾本科干草、食盐和适量饮水。冬季要注意保温，夏季要注意遮阳。

（2）要合理装载。汽车装载运输，每头牛根据体重大小保证活动面积。

> 汽车运输肉牛装载面积参考：体重 300kg 以下 0.7～0.8m²；300～350kg 1.0～1.1m²；400kg 1.2m²；500kg 1.3～1.5m²。
>
> 火车运输时，180kg 0.7～0.75m²；230kg 0.85～0.9m²；270kg 1.0～1.1m²；320kg 1.1～1.2m²；360kg 1.2～1.3m²；410kg 1.3～1.4m²；500kg 1.4～1.5m²。

（二）育肥组织

1. 营养需要特点 吊架子期，主要是各器官的发育和长骨架，不要求过高的增重，营养应以钙、磷等矿物质为重点，适当的蛋白质含量，不要求过高能量。

育肥阶段要充分利用肉牛补偿生长的特点，促进其肌肉和脂肪的沉积。在保证矿物质需要的前提下，采用高能量和足够的蛋白质营养。供应量要高于当时体重的维持需要和生长需要。要充分利用当地成本低廉、资源丰富、能长期稳定供应的饲料。其中育肥期不同阶段营养特点如下：

（1）1～20d，日粮中精饲料的比例要达到 45%～55%，粗蛋白质水平保持在 12%。

（2）21～50d，日粮精饲料比例提高到 65%～70%，粗蛋白质水平为 11%。

（3）51～90d，日粮中能量浓度要进一步提高，精饲料比例还可进一步加大，粗蛋白质含量降至 10%。

2. 育肥原则

（1）分群。一般将体重相差在 50kg 以内的育肥牛组成一个群体，见图 5 - 39。

（2）健胃。育肥前必须健胃，一般在驱虫 3d 后用健胃散健胃。先用大黄碳酸氢钠片每次 50～80 片，每天 2 次，连用 2～3d，然后用健胃散 250g/d，每天 2～3 次，连用 2～3d。

（3）注意牛的采食习性，尽量提高采食量。充分利用牛的争食习性，采用群饲方式喂牛。投料采用少给勤添。牛早晚采食旺盛，要注意多喂，喂量不足容易引起牛争食而顶撞斗架，减少采食量。为达到最大采食量，要注意夜饲。

图 5 - 39 架子牛分群育肥

（4）坚持"四定""一保"。"四定"是指整个育肥期要坚持定时上下槽、分阶段定精粗料比例、定牛位、定时刷拭。"一保"是指保证充足饮水。

（5）限制运动。小围栏或拴系饲养，缰绳长度 50～60cm，以减少牛的活动量，降低维持损耗，提高育肥效果。

（6）及时出栏。经 3～4 个月育肥，体重 450kg 以上，要及时出栏。若继续饲养，增重速度减慢，效益降低。

3. 快速育肥方法

（1）新购架子牛的饲养。对于长途运输的新到架子牛，首先更换缰绳，消毒牛体，然后提供清洁饮水（第一次限制为 15～20kg，切忌暴饮，第二次间隔 3～4h，水中掺些麦麸，第三次可自由饮水）。注射维生素 A 并口服补液盐溶液 2 000～3 000mL。休息 2h 后分群，饲喂粗饲料，最好是禾本科长干草，其次为玉米或高粱青贮，每天 2 次，每次采食 1h。逐渐增加喂量，4～5d 才能自由采食。混合精饲料由少到多，逐渐增加。

（2）分阶段育肥。架子牛育肥阶段可采用分段饲养的方法，根据生长发育特点及营养需要，快速育肥一般可分三个阶段，育肥期 3～4 个月。

①适应过渡期（20～30d）。主要是让牛适应过渡，熟悉育肥饲料和环境，进行驱虫健胃，锻炼采食精饲料的能力，尽快使精粗比达到 40：60，日粮粗蛋白质 12%。精饲料配方可参考：玉米 45%，麸皮 40%，饼类 10%，石粉 2%，尿素 2%，食盐 1%，每千克精饲料加 2 粒鱼肝油。日采食干物质 7kg，日增重一般可达 0.8～1kg。

②精饲料过渡期（50～60d）。牛完全适应各方面的条件，采食量增加，增重速度很快。日采食饲料干物质 8～9kg，精粗比为 60：40，日粮粗蛋白质水平 11%。精饲料配方可参考：玉米 59%，饼类 26%，麦麸 10%，食盐 1%，碳酸氢钠 1.5%，石粉 2.5%，每头每天 100g 预混料。日增重 1.3kg 左右。

③集中育肥期（20～30d）。增加饲喂次数，使干物质采食量达 10kg，精粗比为 70：30，日粮粗蛋白质水平为 10%。此期主要目的是增加脂肪沉积数量、改善肉的品质。精饲料组成中，可增加大麦喂量，配方可参考：玉米 65%，大麦 20%，饼类 10%，麦麸 5%。日喂食盐 30g、100g 预混料。日增重达 1.5kg 左右。

▮ 知识拓展

肉牛的补偿生长现象

在牛生长发育的某个阶段，饲料不足、生活环境突然变化或疾病会造成牛生长速度下降，甚至停止，一旦恢复高营养水平饲养或环境条件满足了牛生长发育需要，则生长速度比正常饲养时还快，经过一定时期的饲养仍能恢复到正常体重，这种特性称补偿生长。

但是补偿生长不是在任何情况下都能获得的。其特点是：

①生长受阻若发生在出生至 3 月龄或胚胎期，以后很难补偿。

②生长受阻时间越长，越难补偿，一般以 3 个月内，最长不超过 6 个月补偿效果较好。

③补偿能力与采食量有关，采食量越大，补偿能力越强。

④补偿生长虽能在饲养结束时达到所要求的体重，但因饲养期延长，总的饲料转化率比正常饲养时低。

📝 **案例一**

放牧＋舍饲育肥

我国牧区、山区可采用此法。

对 6 月龄末断乳的犊牛，7～12 月龄半放牧半舍饲，每天补饲玉米 0.5kg、生长素 20g、人工盐 25g、尿素 25g，补饲时间在 20：00 以后；13～15 月龄放牧；16～18 月龄经驱虫后，进行强度育肥，整天放牧，每天补喂精饲料 1.5kg、尿素 50g、生长素 40g、人工盐 25g，另外适当补饲青草。

一般青草期育肥牛日粮按干物质计算，料草比为 1：（3.5～4.0），饲料总量为体重的 2.5%，青饲料种类应在 2 种以上，混合精饲料应含有能量、蛋白质饲料和钙、磷、食盐等。每千克混合精饲料的养分含量为：干物质 894g、增重净能 1.089MJ、粗蛋白质 164g、钙 12g、磷 9g。强度育肥前期，每头牛每天喂混合精饲料 2kg，后期喂 3kg，精饲料日喂 2 次，粗饲料补饲 3 次，可自由采食。我国北方省份在 11 月以后进入枯草季节，继续放牧达不到育肥的目的，应转入舍内进行全舍饲育肥。

📝 **案例二**

氨化秸秆＋精饲料育肥

农区有大量作物秸秆，它们是廉价的饲料资源。化学、生物处理可提高其营养价值，改善适口性及消化率。经氨化处理后的秸秆粗蛋白质含量可提高 1～2 倍，有机物质消化率可提高 20%～30%，采食量可提高 15%～20%，其配方见表 5-6。

表 5-6 氨化秸秆＋精饲料育肥配方

时间（d）	氨化秸秆（kg）	干草（kg）	玉米面（kg）	豆饼（kg）	食盐（g）
1～10	4.0～5.0	4.0～5.0	2.0	0	40
11～80	5.0～6.0	4.0～5.0	2.0～2.5	0.5	40
81～100	5.0～6.0	4.0～5.0	4.0～4.5	0.5	40

📝 **案例三**

青贮饲料＋精饲料育肥

方案一： 以青贮玉米秸为主要粗饲料进行肉牛后期集中育肥，架子牛选择夏洛莱牛与黄牛杂一代公牛，年龄 2 岁，其日粮组成（干物质）为青贮玉米秸 55.56%、酒糟 10.66%、精饲料 33.78%，日粮粗蛋白质含量 10.39%，精饲料中另加专用饲料添加剂，埋植增重剂，试牛平均日增重 1.37kg。

方案二： 在以玉米青贮为主要粗饲料进行架子牛育肥时，任牛自由采食青贮玉米秸，每天每头喂占体重 1.6% 的精饲料，精饲料的组成是玉米 43.9%、棉籽饼 25.7%、麸皮

29.2%、骨粉 1.2%，另加食盐。

方案三： 李玉仁等用青贮玉米秸育肥鲁西牛，选择 1.5~2 岁、体重 342.5kg 的去势牛，每天每头均饲喂 5kg 精饲料（组成为每 100kg 含玉米 53.03kg、棉籽饼 16.1kg、麸皮 28.41kg、骨粉 1.51kg，食盐 0.95kg），青贮玉米秸自由采食，日增重平均 1.36kg。

📋 案例四

糟渣饲料＋精饲料育肥

糟渣类饲料包括酿酒、制粉、制糖的副产品，其中大多是提取了原料中的糖类后剩下的富含水分的残渣物质。这些糟渣类下脚料除了水分含量较高（70%~90%）之外，粗纤维、粗蛋白质、粗脂肪等的含量都较高，而无氮浸出物含量低，其粗蛋白质占干物质的 20%~40%。属于蛋白质饲料范畴，虽然粗纤维含量较高（多在 10%~20%），但其各种物质的消化率与原料相似，故按干物质计算，其能量价值与糠麸类相似。

方案一： 随着啤酒生产量的增大，啤酒糟的生产量急剧增加，利用其育肥肉牛效果很好，下面是蒋洪茂（1995）的试验配方（表 5-7）。

方案二： 以白酒糟为主的育肥饲料配方见表 5-8。

表 5-7　啤酒糟育肥肉牛配方（干物质，%）

饲料	前期	中期	后期
玉米	13	30	47.5
大麦	10	10	15
麸皮	10	10	5
棉籽饼	10	8	6
啤酒糟	25	20	10
粗料	30	20	15
食盐	0.5	0.5	0.5
矿物质添加剂	1.5	1.5	1.0

表 5-8　肉牛育肥期饲料配方（%）

饲料	1~20d	21~50d	51~90d
玉米	25	44	59.5
麦麸	4.5	8.5	7
棉籽饼	10	9	3.5
骨粉	0.3	0.3	
贝壳粉	0.2	0.2	
白酒糟	49	28	21
玉米秸粉	11	10	9

在肉牛饲料中添加莫能菌素 30mg/kg，日粮中添加 0.5% 的碳酸氢钠，每天每头喂 2 万 IU 维生素 A 及 50g 食盐。饲喂酒糟时保证优质新鲜。如在育肥过程中发现牛出现湿

疹、膝部关节红肿与腹部鼓胀等症状，应暂停喂酒糟，适当调整饲料，以调整其消化机能。

整个育肥过程中，粗饲料可根据当地资源选用，如以玉米青贮为主，或以酒糟为主，或以其他氨化秸秆为主。精饲料也应因地制宜，日粮配方可按肉牛饲养标准配制。在喂高精饲料日粮时，为防止酸中毒、提高增重效果，每头每天可添加3～5g商品瘤胃素（即莫能霉素，每克商品瘤胃素含纯品60mg）或占精饲料量1％～2％的碳酸氢钠。

除以上技术要领外，要提高架子牛易地育肥的经济效益，还应注意适度规模经营，及时上市屠宰，灵活掌握架子牛和肥牛的买卖差价等。

高档牛肉一般指标：

高效：每头出栏牛盈利≥500元。

多产：产犊率≥90％，产犊间隔≤13个月，产后首次发情时间≤60d。

快长：日增重≥700g，断奶重≥30％成年体重，18月龄重≥60％成年体重，宰前重≥400kg。

优胴：屠宰率≥60％，净肉率≥43％，胴体评分4～5分，脂肪评分4～3分。

肉美：肉色鲜红，脂肪白色，品味嫩、多汁、香，成分：水分含量55％，脂肪含量≤30％。

低耗：每千克增重耗精饲料≤4kg，耗饲草（干）3～4kg，每天饲养成本≤5元。

六、高档肉牛生产技术

（一）高档牛肉的基本要求

高档牛肉是指对育肥达标的优质肉牛经特定的屠宰和嫩化处理及部位分割加工后，生产出的特定优质部位牛肉，最高占胴体重的12％。在生产高档牛肉的同时，还可分割出优质切块，两者共占胴体比例为45％～50％。由于各国传统饮食习惯不同，高档牛肉的标准各异，但通常是指优质牛肉中的精选部分，见图5-40。综合国内外研究结果，高档牛肉至少应具备以下标准：

图5-40　高档牛肉

1. 活牛　健康无病的各类杂种牛或良种黄牛，年龄30月龄以内，宰前活重550～600kg；满膘（看不到骨头突出点），尾根下平坦无沟、背平宽，手触摸肩部、胸垂部、背腰部、上腹部、臀部有较厚的脂肪层。

2. 胴体　胴体外观完整，无损伤；胴体表面脂肪色泽洁白而有光泽，质地坚硬，覆盖率80％以上，12～13肋骨处脂肪厚度10～20mm，净肉率52％以上。

3. 肉质　肌纤维细嫩，大理石纹丰富，肌肉剪切值3.62kg以下；易咀嚼，不留残渣，不塞牙；完全解冻的肉块用手触摸时，手指易插进肉块深部，牛肉质地松软多汁。制作的食品不油腻、不干燥、鲜嫩可口。每条牛柳重2.0kg以上，每条西冷重5.0kg以上，每条眼肉重6.0kg以上。

（二）育肥牛的基本要求

生产普通高档牛肉，由于是通过育肥架子牛来实现，因此对架子牛的品种、类型、年龄、体重、性别的要求非常严格。只有这样才能保证高档优质牛肉生产的成功。

1. 品种要求 品种的选择是高档牛肉生产的关键之一。大量试验研究证明，我国的夏南牛、延黄牛及引入的国外专门化肉用品种安格斯、利木赞、夏洛莱、皮埃蒙特等与地方黄牛的杂交后代是生产高档牛肉最好的牛源。秦川牛、南阳牛、鲁西牛、晋南牛、延边牛也可作为生产高档牛肉的牛源。

2. 年龄与性别 生产高档牛肉最佳的开始育肥年龄为12~16月龄，30月龄以上不宜育肥生产高档牛肉。性别以去势公牛最好，因为去势公牛的胴体等级高于公牛，而又比母牛生长速度快。

3. 体重 要求育肥体重在300kg以上。

4. 其他 其他方面的要求以达到一般育肥肉牛的最高标准即可。

（三）育肥期和出栏体重

1. 育肥期 生产高档牛肉，育肥期不能过短，否则难以达到屠宰后的胴体要求。但育肥期过长又会使肉质变粗，达不到高档牛肉肉质要求。一般12月龄牛育肥期8~9个月，18月龄牛6~8个月，24月龄牛5~6个月。

2. 出栏体重 出栏体重应达550~600kg，否则胴体质量就达不到应有的级别，牛肉达不到优等或精选等级。故既要求适当的月龄，又要求一定的出栏体重，两者缺一不可。

（四）强度育肥

高档牛肉生产对饲料营养和饲养管理的要求较高。对饲料要进行优化搭配，尽量多样化、全价化，并正确使用各种饲料添加剂。1岁左右的架子牛可多用青贮饲料、干草和切碎的秸秆，当体重达300kg以上时逐渐加大混合精饲料的比例。育肥期必须采用高营养平衡日粮，以粗饲料为主的日粮难以生产出高档牛肉。所用饲料必须优质，不能潮湿发霉，也不允许虫蛀鼠咬。籽实类精饲料不能粉碎过细，青干草、青贮饲料必须正确调制，秸秆类必须氨化、揉碎。

如选择12月龄、体重300kg的牛进行育肥，按日增重1kg配制日粮，进行饲喂，育肥到18月龄以后，应酌情增加喂料量10%左右。每天饲喂2~3次、饮水3~4次。最后2个月要调整日粮，不喂含各种能加重脂肪组织颜色的草料，如大豆饼（粕）、黄玉米、南瓜、胡萝卜、青草等。多喂能使脂肪白而坚硬的饲料，如麦类、麦麸、麦糠、马铃薯和淀粉渣等，粗饲料最好用叶绿素、叶黄素含量较少的饲草，如玉米秸、谷草、干草等。并提高营养水平，增加饲喂次数，使日增重达到1.3kg以上。但高精饲料育肥时应防止发生酸中毒。

管理要细心，饲料、饮水要卫生，每天刷拭牛体、清洗食槽和水槽。严格防疫，注意牛体保健，防寒防暑。高档肉牛育肥舍见图5-41。

图5-41 高档肉牛育肥舍

（五）屠宰工艺

屠宰前先进行检疫，并停食24h，停水8h，称重。然后用清水冲淋洗净牛体，冬季要用20～25℃的温水冲淋。将经过宰前处理的牛牵到屠宰点，严格按操作规程屠宰。

屠宰的工艺流程是：电麻击昏→屠宰间倒吊→刺杀放血→电刺激（宰后30min内）→剥皮（去头、蹄和尾）→去内脏→胴体劈半→冲洗、修整、称重→检验→胴体分级编号→冷却（10℃，10～16h，使胴体温度降至15～16℃）。测定相关屠宰指标后进入下道工序。

（六）胴体嫩化、分割包装

1. 胴体嫩化　牛肉嫩度是高档牛肉的重要质量指标。嫩化处理（又称排酸或成熟）是提高牛肉嫩度的重要措施。其方法是将嫩化间用紫外线灯（每平方米不少于1W）照射20～30min，将胴体用次氯酸钠溶液消毒，在温度0～4℃、相对湿度80%～85%、风速0.2～0.3m/s的条件下吊挂7～9d（称吊挂排酸）。嫩化后的胴体表面形成一层"干燥膜"，如羊皮纸样感觉，pH 5.4～5.8，肉的横断面有汁流，切面湿润，有特殊香味，剪切值（专用嫩度计测定）平均达到3.62kg以下的标准。也可采用电刺激（15V，0.5Hz，5A）嫩化或酶处理嫩化。

2. 胴体分割包装　严格按照操作规程和程序，将胴体按不同档次和部位进行切块分割，精细修整。我国现阶段还没有统一的牛肉加工分割标准。目前较为普遍的是将胴体肉块分割为腱子肉、米龙、膝圆、臀肉、黄瓜条、西冷、牛柳、牛腩、眼肉、肋条肉、牛前、上脑、嫩肩肉、胸肉等（图5-42）。分割时，将半片胴体置于肉案上，按下列方法分离肉块并称重、记录：

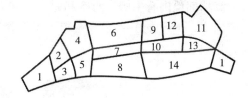

图5-42　胴体分割示意

1. 腱子肉　2. 米龙　3. 膝圆　4. 臀肉　5. 黄瓜条
6. 西冷　7. 牛柳　8. 牛腩　9. 眼肉　10. 肋条肉
11. 牛前　12. 上脑　13. 嫩肩肉　14. 胸肉

（1）腱子肉。亦称牛展，主要是前肢肉和后肢肉，分前牛腱和后牛腱两部分。前牛腱从肘关节至腕关节剥离骨头取精肉；后牛腱从后膝关节至跗关节剥离骨头取精肉。

（2）米龙。亦称针扒，又分小米龙和大米龙，前者主要是半腱肌，后者主要是股二头肌。分割时取下牛后腱子，小米龙肉块处于明显位置，按自然走向剥离。剥离小米龙后，即可完全暴露大米龙，顺肉块自然走向剥离，便可得到一块四方形肉块。

（3）膝圆。亦称和尚头、琳肉，主要为股四头肌。当大米龙、小米龙、臀肉取下后，见到一长方形肉块，沿此肉块周边的自然走向分割，即可得到一块完整的膝圆。

（4）臀肉。亦称尾龙扒，主要包括半膜肌、内收肌和股薄肌等。分割时把大米龙、小米龙剥离后便可见到一块肉，沿其边缘分割即可得到臀肉。也可沿着被切开的盆骨外缘，再沿本肉块边缘分割。

（5）黄瓜条。亦称会牛扒，主要包括臀中肌、臀深肌、股阔筋膜张肌。取出臀肉、米龙、膝圆后，前接里脊和牛腩的一块肉便是黄瓜条。

（6）西冷。亦称外脊，主要为背最长肌。分割时沿最后腰椎切下，再沿眼肌腹侧壁（距眼肌5～8cm）切下，在第12～13胸肋处切断胸椎。依次剥离胸、腰椎。

（7）牛柳。也称里脊，解剖学名为腰大肌。分割时先割去肾脂肪，再沿耻骨前下方把里脊剔出，然后由里脊头向里脊尾，依次剥离腰椎横突，取下完整的里脊。

（8）牛腩。主要是腹壁肌，分割时，自第 10～11 肋骨断体处至后腿肌肉前缘直线切下，上沿腰部外肌下缘切开，取精肉。

（9）眼肉。为背部肉的后半部，包括颈背棘肌、半棘肌和背最长肌。是沿脊椎骨背两侧 5～6 胸椎后部割下的净肉。分割时先剥离胸椎，抽出筋腱，在眼肌腹侧 8～10cm 处切下。

（10）肋条肉。亦称肋排，主要包括肋间内肌、肋间外肌等。可分为无骨肋排和带骨肋排，一般包括 4～7 根肋骨。

（11）牛前。亦称脖领肉。分割时，在最后一块颈椎处靠背最长肌前缘垂直切下，但不切到底，取上部精肉。

（12）上脑。为背部肉的前半部，主要包括背最长肌、斜方肌等。是沿脊椎骨背两侧 5～6 胸椎前部割下的净肉。分割时剥离胸椎，去除筋腱，在眼肌腹侧 6～8cm 处切下。

（13）嫩肩肉。又称牛前柳、辣椒条，主要是三角肌。分割时沿肋条肉横切面的前端继续向前分割，得到一圆锥形肉块，即为嫩肩肉。

（14）胸肉。亦称胸部肉或牛胸，主要包括胸横肌。分割时在剑状软骨处，随胸肉的自然走向剥离，修去部分脂肪即成完整的胸肉。

高档部位肉有牛柳、西冷和眼肉三块，均采用快速真空包装，每箱重量为 25kg，然后入库速冻，也可在 0～4℃冷藏柜中保存销售。臀肉、米龙、上脑、膝圆、腱子肉为优质肉块，见图 5-43。

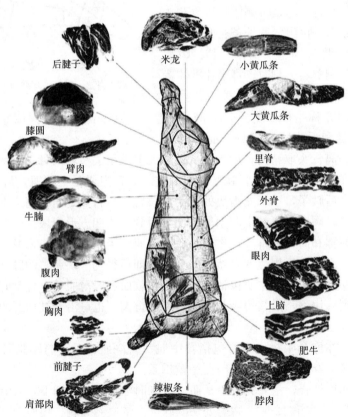

图 5-43　高档牛肉分割

■ 知识拓展

提高肉牛育肥效益的技术措施

1. 选好品种　我国专用肉牛品种少，不能满足各地肉牛生产所需要，所以育肥牛应主要选择国外优良肉用公牛如夏洛莱牛、利木赞牛、皮埃蒙特牛、西门塔尔牛、安格斯牛等与我国地方品种母牛的杂交后代，三元杂交后代效果更好。或者是我国优良的地方品种及相互杂交后代，利用其杂种优势提高育肥的效果。

2. 利用公牛育肥　研究表明，公牛的生长速度和饲料转化率明显高于去势公牛，并且胴体瘦肉率高，脂肪少。一般公牛的日增重比去势公牛高 14.4%，饲料利用率高 11.7%，因此 2 岁内出栏的肉牛以不去势为好。

3. 注意牛的体型和年龄选择　选去势牛时，以 3~6 月龄早去势的牛为好，这样可减少应激，加速骨骼雌化，出栏时出肉率高、肉质好。若是架子牛育肥，应选 1~2 岁牛进行育肥，这类牛生长快、肉质好、效益高。

4. 抓住育肥的有利季节　在四季分明的地区，春秋季节育肥效果最好，此时气候温和，牛采食量大，生长快。夏季炎热，不利于牛增重，因此肉牛育肥最好错过夏季。在牧区肉牛出栏以秋末为最佳。牛生长发育的适宜温度是 10~21℃，低于 5℃、高于 27℃对牛的生长发育有严重影响，所以冬季育肥要注意防寒，夏季要防暑，为肉牛创造良好的生活环境。

5. 合理搭配饲料　按照肉牛生长发育的生理阶段，合理确定日粮各营养含量，肌肉生长快的阶段增加蛋白质供应，脂肪生长快的阶段多供应能量，使营养供应与体重和各组织的增长同步。日粮中精饲料和粗饲料均应多样化，不仅可提高适口性，也有利于营养互补、提高增重。

6. 注意饲料形态和调制　要注意精、粗饲料加工调制。秸秆类饲料喂前应铡短或用揉搓机揉搓成 0.5~1cm 长的丝状，然后氨化处理。青贮原料切成 0.8~1.5cm 长后青贮。精饲料要压扁或粉碎，饲喂前将所用各类饲料充分拌匀。理想的育肥牛饲料应当有青贮饲料或糟渣类饲料，将这类饲料与其他饲料混合均匀拌成半干半湿状（含水量 40%~50%）效果最好。

7. 精心饲喂和管理　育肥前要驱虫健胃，预防疾病。平时要勤检查、细观察，发现异常及时处理。严禁饲喂发霉变质草料，饮水要卫生。勤刷拭，少运动，圈舍要勤换垫草，勤清粪便，勤消毒，保证育肥牛安全。饲喂最好采用围栏自由采食，换料时要有过渡期。供应充足清洁的饮水。

8. 合理使用营养性增重剂　在肉牛育肥中，应用营养性埋植增重剂效果明显。在牛耳背皮下埋植 500mg 赖氨酸埋植剂，在 90d 内平均日增重 1 360g，比不埋植牛日增重 1 180g 高 180g，高出 15%。

9. 调控瘤胃发酵、提高采食量

（1）使用碳酸氢钠、氧化镁等缓冲物质。它们能缓冲氢离子而提高纤维分解菌活性，维持瘤胃正常内环境，提高采食量。碳酸氢钠用量为精饲料量的 1%~2%。

（2）使用有机酸稳定瘤胃内环境。苹果酸等有机酸能刺激反刍动物新月形单胞菌活性，该菌群通过对乳酸的利用来调节瘤胃发酵。

（3）控制饲料养分在瘤胃的降解。通过使用糊化淀粉、过瘤胃蛋白质、过瘤胃脂肪等，减少营养物质在瘤胃的降解，可改善牛体葡萄糖营养状况，提高增重速度。

（4）利用离子载体改变瘤胃挥发性脂肪酸的比例和减少甲烷产生量。如莫能霉素和盐霉素等可使瘤胃乙酸、丁酸含量下降，丙酸含量提高，同时使甲烷产生量减少，从而提高了日增重和饲料转化率。莫能霉素钠预混剂每头每天 200～360mg，休药期 5d。

任务测试

1. 肉牛育肥前应做好哪些准备工作？
2. 肉牛育肥方式有哪些？
3. 叙述肉牛生长与增重规律。
4. 怎样生产小白牛肉和小牛肉？
5. 谈一谈补偿生长的意义与注意事项。
6. 怎样选购架子牛？
7. 如何组织架子牛育肥？
8. 高档牛肉生产有哪些基本要求？

任务四　肉牛产肉性能测定

任务导入

某肉牛育肥场王场长见到技术员小李正在忙着饲喂牛，就问了小李一个困扰了他很久的问题，牛场的经济效益是由肉牛的生产能力来决定的，从哪些方面才能评价肉牛生产能力呢？小李听后也陷入沉思，"是啊，我们整天忙于饲养管理场内的这些肉牛，究竟评价肉牛生产力的指标有哪些呢？"经过认真查询相关资料，小李发现肉牛生产力指标是衡量肉牛经济价值的重要指标，主要包括生产性能和胴体品质，其中要测定的性状主要有育肥性经济指标、产肉性能指标和肉质等。为什么要评价肉牛生产力？谈谈你对肉牛生产力指标的认识。

任务实施

一、肉牛生产力测定

（一）生长速度的评定

生长速度的评定指标主要有初生重、断乳重、断乳后增重、日增重和肉用指数等。

1. 初生重与断乳重　初生重指犊牛被毛擦干，在未哺乳前的实际重量。断乳重是指犊牛断乳时的体重。肉牛一般都随母哺乳，断乳时间很难一致。因此评定断乳重时，须校正到统一断乳时间，以便比较。另外，因断乳重除遗传因素外，受母牛泌乳力影响很大，故计算校正断乳重时还应考虑母牛年龄因素。

$$校正断乳重 = \frac{实际断乳重 - 初生重}{实际断乳天数} \times 校正断乳天数 \times 母牛年龄因素 + 初生重$$

式中，校正断乳天数多为 200d 或 210d；母牛年龄因素：2 岁为 1.15，3 岁为 1.10，4 岁为 1.05，5～10 岁为 1.00，11 岁以上为 1.05。

2. 断乳后增重　根据肉牛生长发育特点，断乳后至少应有 140d 的饲养期才能较充分地表现出增重的遗传潜力。因此为了比较断乳后的增重情况，应采用校正的 1 岁（365d）或 1.5 岁（550d）体重。

$$校正 365d 体重 = \frac{实际最后重 - 实际断乳重}{饲养天数} \times (365 - 饲养天数) + 实际断乳天数$$

$$校正 550d 体重 = \frac{实际最后重 - 实际断乳重}{饲养天数} \times (550 - 饲养天数) + 实际断乳天数$$

3. 平均日增重

$$平均日增重 = (期末重 - 初始重)/初始至期末的饲养天数$$

4. 肉用指数　指单位体高承载的活重量。即肉牛体重（kg）与体高（cm）的比。专门化肉牛最低肉用指数：公牛 5.6，母牛 3.9；优秀的纯肉用品种肉用指数：公牛 ≥6.6，母牛 ≥4.6。

（二）肉牛膘情评定

目测和触摸是评定肉牛育肥度的主要方法。目测主要观察牛体大小，体躯宽窄和深浅度，腹部状态，肋骨长度和弯曲程度以及垂肉、肩、背、腰角等部位的肥满程度。触摸是以手触测各主要部位的肉层厚薄和脂肪蓄积程度。通过育肥度评定，结合体重估测，可初步估计肉牛的产肉量。

肉牛育肥度评定可分 5 个等级，其标准见表 5-9。

表 5-9　肉牛宰前育肥度评定标准

等级	评定标准
特等	肋骨、脊骨和腰椎横突都不明显，腰角与臀端呈圆形，全身肌肉发达，肋骨丰满，腿肉充实，并向外突出和向下延伸
一等	肋骨、腰椎横突不显现，但腰角与臀端未圆，全身肌肉较发达，肋骨丰满，腿肉充实，但不向外突出
二等	肋骨不明显，尻部肌肉较多，腰椎横突不明显
三等	肋骨、脊骨明显可见，尻部如屋脊状，但不塌陷
四等	各部关节完全暴露，尻部塌陷

（三）屠宰测定

1. 屠宰测定项目

（1）宰前重。称取停食 24h、停水 8h 后临宰前体重。

（2）宰后重。称取屠宰放血后的重量或宰前重减去血重。

（3）血重。称取屠宰时放出血的重量。

（4）头重。称取从头骨后端与第一颈椎间割断后的头部重。

（5）皮重。称取剥下并去掉附着的脂肪后皮的重量。

（6）尾重。称取第 2 尾椎之后的全部尾重。

（7）蹄重。从腕关节割下前两蹄，跗关节割下后两蹄，分别称取前两蹄和后两蹄重。

（8）消化器官重。分别称取食管、胃、小肠、大肠、直肠的重量（无内容物）。

（9）生殖器官重。实测重量。

（10）其他内脏重。分别称取心、肝、肺、脾、肾、胰、气管、胆囊（带胆汁）、膀胱（空）的重量。

（11）胴体脂肪重。分别称取肾脂肪、盆腔脂肪、腹膜及胸膜脂肪重。

（12）非胴体脂肪重。分别称取网膜脂肪、肠系膜脂肪、胸腔脂肪、生殖器官脂肪重。

（13）胴体重。称取宰前重除去血、头、皮、尾、内脏器官、生殖器官、腕跗关节以下四肢重但带肾脏及周围脂肪的重量。

（14）净肉重。称取胴体剔骨后的全部肉重。

（15）骨重。称取胴体剔除肉后的全部重量。

（16）胴体长。自耻骨缝前缘至第1肋骨前缘的长度（图5-44）。

（17）胴体深。自第7胸椎棘突的体表至第7胸骨的体表垂直深度。

（18）胴体胸深。自第3胸椎棘突的胴体体表至胸骨下部体表的垂直深度。

（19）胴体后腿围。在股骨与胫腓骨连接处的水平围度。

（20）胴体后腿长。耻骨缝前缘至跗关节中点的长度。

（21）胴体后腿宽。去尾的凹陷处内侧至同侧大腿前缘的水平距离。

（22）大腿肌肉厚。大腿后侧胴体体表至股骨体中点的垂直距离。

（23）背脂厚。第5～6胸椎处的背部皮下脂肪厚。

（24）腰脂厚。第3腰椎处皮下脂肪厚。

（25）眼肌面积。12～13肋间背最长肌横切面积。用硫酸纸画出后，用求积仪求其面积。

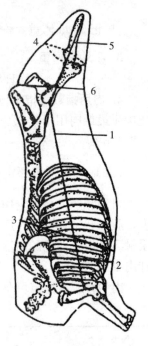

图5-44　胴体测量示意
1. 胴体长　2. 胴体胸深
3. 胴体深　4. 胴体后腿围
5. 胴体后腿长　6. 胴体后腿宽

2. 屠宰指标计算

（1）屠宰率。

$$屠宰率=\frac{胴体重}{宰前重}\times100\%$$

（2）净肉率。

$$净肉率=\frac{净肉重}{宰前重}\times100\%$$

（3）胴体产肉率。

$$胴体产肉率=\frac{净肉重}{胴体重}\times100\%$$

（4）肉骨比。

$$肉骨比=\frac{净肉重}{骨重}$$

3. 饲料转化率　饲料转化率有两种表示方法，即每增重1kg体重所消耗的饲料量或每千克饲料使牛的增重量。

饲料转化率=饲养期内消耗的饲料总量/饲养期内净增重

饲料转化率＝饲养期内净增重/饲养期内消耗的饲料总量

二、牛胴体的等级

胴体质量评定可在牛胴体冷却排酸后进行，以牛生理成熟度、眼肌面积和眼肌横切面处大理石纹为主要评定指标，以肉色和脂肪色为参考。

1. 生理成熟度　以门齿变化和脊椎骨横突末端软骨的骨质化程度为依据来判断生理成熟度。生理成熟度分为 A、B、C、D、E 5 个等级。生理成熟度的判断依据见表 5-10。

表 5-10　生理成熟度的判断依据

项目	A（24 月龄以下）	B（24~36 月龄）	C（36~48 月龄）	D（48~72 月龄）	E（72 月龄以上）
牙齿	无或出现第 1 对永久门齿	出现第 2 对永久门齿	出现第 3 对永久门齿	出现第 4 对永久门齿	永久门齿磨损较重
脊椎	明显分开	开始愈合	愈合但有轮廓	完全愈合	完全愈合
腰椎	未骨化	一点骨化	部分骨化	近完全骨化	完全骨化
胸椎	未骨化	未骨化	小部分骨化	大部分骨化	完全骨化

2. 眼肌面积　眼肌面积是评定肉牛产肉能力和瘦肉率的重要技术指标之一。眼肌面积越大，瘦肉量越多，胴体质量越好。

3. 大理石纹　对照大理石纹等级图片（其中大理石纹等级给出的是每级中花纹最低标准）确定眼肌横切面处大理石纹等级。大理石纹等级分为 7 个等级：1 级、1.5 级、2 级、2.5 级、3 级、3.5 级和 4 级。大理石纹极丰富为 1 级，丰富为 2 级，少量为 3 级，介于两级之间加 0.5 级，如介于极丰富与丰富之间为 1.5 级。花纹越丰富，牛肉嫩度越好。

4. 肉色　肉色是胴体质量等级评定的重要参考指标，评定时对照肉色等级图片来判断 12~13 肋间眼肌横切面颜色的等级。肉色等级按颜色由浅到深分为 9 个等级：1A、1B、2、3、4、5、6、7、8，其中肉色以 3、4 级最好。

5. 脂肪色　脂肪色也是胴体质量等级评定的参考指标，评定时对照脂肪色泽等级图片来判断 12~13 肋间眼肌横切面颜色的等级。脂肪色泽等级按颜色由浅到深分为 9 个等级：1、2、3、4、5、6、7、8、9，其中脂肪色以 1、2 级为最好。

■ 任务测试

1. 从哪些方面评价肉牛生产力？
2. 叙述牛胴体等级的评价方法。

■ 知识拓展

牛胴体的分割与等级

一、肉牛的屠宰

（一）屠宰牛选择

为了保证肉及肉制品质量，在肉牛屠宰前必须进行严格选择，准备屠宰的牛应符合下列条件：

1. 健康 待宰牛必须有良好的健康状况。屠宰病牛不仅违背卫生防疫法，同时鲜肉和加工产品都影响保存性，容易引起腐败。所以凡是待宰的牛都不得有病及外伤，更不允许有传染病。

2. 体重 应达到育肥要求的体重。小肥牛 300～350kg，肥牛 500～550kg。

3. 膘度 以市场需求为依据。膘度的确定主要根据背部、臀部以及下欣部内侧脂肪的厚度来判定。

(二) 宰前准备

运输或驱赶受到惊恐和环境改变等外界因素的刺激易使牛过度紧张而引起牛疲劳，破坏或抑制了正常的生理机能，使血液循环加速，体温上升，肌肉组织内毛细血管充满血液，造成屠宰时放血不全，影响肉的色泽和保存期。

(1) 牛运到屠宰场后，必须休息 0.5～1d，以消除疲劳。

(2) 肉牛屠宰前断食 24h，停水 8h。

(3) 宰前检查，确定健康状况良好后，准予屠宰。

(三) 屠宰流程及技术要点

正规的屠宰场机械化和自动化程度很高，流水作业，吊轨移动被宰牛和胴体，可减少污染并保证肉的质量。

1. 牛的清洗 待宰牛在进入通道过程中，用高压喷头清洗其四肢和腹下的粪草污物。清洗后的牛应达到四肢及腹下附着的粪草污物基本干净，不至于对后面工序造成污染。

2. 牛的屠宰

(1) 固定。打开翻转箱夹板，升起翻转箱栏门，将冲洗干净的牛赶入翻转箱内，然后将手动栏门落下关闭，按动翻转箱气动开关，牛腿被箱夹板夹紧，按动电动开关使翻转箱翻转大约 60°，固定牛头使其头平躺。要求固定后的牛头向南尾朝北，四蹄向西；牛腿及牛头固定一定要牢靠，以免发生人身伤亡。

(2) 放血。将被电 (70～110V) 击晕的牛后肢悬挂在吊车上，于颈下喉部切断血管、气管和食管。放血时间 6～8min，收集总血量的 60% 左右。要求屠宰刀必须锋利，放血要求动作迅速，每宰完一头牛结束，应将刀具进行消毒；应随时冲刷掉屠宰人员手上、围裙及地面上的血污。

(3) 松开牛腿，翻转箱回升到开始位置，翻转箱再翻转 25°，牛落到地面上，按电动开关使翻转箱回到开始位置。每宰完一头牛均应清洗翻转箱。

(4) 吊起沥血。在牛左后腿上拴上吊脚链，用电动葫芦吊起放到放血轨道上放血，放血后 10～12min 在沥血池沥血。牛腿一定要拴牢，防止吊脚链脱落；必须放净余血。

(5) 电刺激。牛放血后 10～12min 后施行低压电刺激，充分放血。电刺激还可以促进牛肉内部生化成熟的过程，提高保水能力，增加牛肉的香味。

(6) 切角、切头、切前后蹄、剥腿皮。

(7) 划胸线、剥皮、切除乳房。

(8) 切开直肠，剥臀部、背部皮。

(9) 切胸。

(10) 取内脏。

（11）胴体 1/2 分劈。

（12）兽医检查。

（13）整理。

二、胴体排酸嫩化（成熟）

牛经屠宰后，除去皮、头、蹄和内脏剩下的部分称胴体。胴体肌肉在一定温度下产生一系列变化，肉质变得柔软、多汁，并产生特殊的肉香，这一过程称为肉的排酸嫩化，也称肉的成熟。

1. 牛肉成熟的意义　刚屠宰的热鲜牛肉煮熟后是硬的，发干，滋味也不好，不易咀嚼，也不易消化，呈弱碱性或中性。在室温下放置几小时后完成成熟过程，这些性质就完全改变了。在肉的成熟过程中，由于酸的作用，胶原蛋白潮润而变柔软，在加热时容易成胶状，肉较易消化。如果不经过成熟过程，就需要耗费大量体内的能量来消化肉，而肉中的某些成分还会成为人体不可消化的物质被排出体外，造成能量损失和肉的浪费。

2. 牛肉的成熟方法　一般采用胴体成熟处理，将胴体劈半后吊挂在排酸间，于 $0 \sim 4 ℃$ 下放置 $7 \sim 9d$。在成熟过程中胴体质量损失 $2\% \sim 3\%$，为了减少损失，可用提高排酸间湿度的办法。为防止细菌繁殖污染胴体，必须增加消毒设施，如臭氧发生器等。肉成熟过程所需时间与温度有关。在 $0℃$ 和相对湿度 $80\% \sim 85\%$ 的条件下，$10d$ 左右达到肉成熟的最佳状态，在 $12℃$ 时需 $5d$，在 $18℃$ 时需 $2d$。但温度高也会引起蛋白质的分解和微生物的繁殖，容易使肉腐败变质。在工业生产条件下，通常把胴体放在 $2 \sim 4℃$ 排酸车间中，保持 $2 \sim 3d$ 使其适当成熟。用作生产肉制品的原料应尽量利用鲜肉，因成熟后的肉用于生产灌肠时结着力很差，影响产品的组织状态，所以不必进行成熟处理。

3. 肉成熟过程中主要生化反应　在肉成熟过程中，淀粉酶将肉中动物淀粉和葡萄糖变为乳酸，同时含磷的有机化合物分解，产生无机磷酸化合物，由于乳酸和磷酸的蓄积，肉便有了酸性反应。乳酸疏松地固着在各肌纤维束上的结缔组织上，所以肉就变得柔软、细嫩，容易咀嚼和消化。

4. 肉成熟的特征

（1）胴体表面形成一层"皮膜"，用手摸时能发出羊皮纸的沙沙声，皮膜能防止外界微生物侵入肉内繁殖。

（2）具有多汁性。

（3）肉有特殊香味。

（4）肉的组织状态有弹性。

（5）肉呈酸性反应。

（6）肉煮熟后柔软多汁，肉汤透明，具有肉和肉汤的特殊滋味和香味。

三、胴体分割

我国目前执行《牛胴体及鲜肉分割》（GB/T 27643—2011）的标准，具体要求如下：

1. 胴体　牛经宰杀放血后，除去皮、头、尾、内脏及生殖器（母牛去除乳房）后的躯体部分。

2. 二分体　将宰后的胴体沿脊柱中线纵向切成两片。

3. 四分体　在第 5 肋至第 7 肋或第 11 肋至 13 肋骨间将二分体切开后得到前、后两个部分。

4. 里脊　取自牛胴体腰部内侧带有完整里脊头的净肉。分割时先剥去肾周脂肪，然后沿耻骨前下方把里脊剔出，再由里脊头向里脊尾依次剥离腰椎横突，即可取下完整的里脊。

5. 外脊　取自牛胴体第 6 腰椎外横截至第 12～13 胸椎椎窝中间处垂直横截，沿背最长肌下缘切开的净肉，主要是背最长肌。分割时沿最后腰椎切下，再沿背最长肌腹壁侧（距背最长肌 5～8cm）切下，在第 12～13 胸肋处切断胸椎，依次剥离胸、腰椎。

6. 眼肉　取自牛胴体第 6 胸椎到第 12～13 胸椎间的净肉。前端与上脑相连，后端与外脊相连，主要包括背阔肌、背最长肌、肋间肌等。后端在第 12～13 胸椎间处，前端在第 6 胸椎处，分割时先剥离胸椎，抽出筋腱，在背最长肌腹侧距离为 8～10cm 处切下。

7. 上脑　取自牛胴体最后颈椎到第 6 胸椎间的净肉。前端在最后颈椎后缘，后端与眼肉相连，主要包括背最长肌、斜方肌等。其后端在第 6 胸椎处，与眼肉相连，前端在最后颈椎后缘，分割时剥离胸椎，去除筋腱，在背最长肌腹侧距离为 6～8cm 处切下。

8. 辣椒条　位于肩胛骨外侧，从肱骨头与肩胛骨结节处紧贴冈上窝取出的形如辣椒状的净肉，主要是冈上肌。

9. 胸肉　位于胸部，主要包括胸升肌和胸横肌等。在剑状软骨处，随胸肉的自然走向剥离，修去部分脂肪即为胸肉。

10. 臀肉　位于后腿外侧靠近股骨一端，主要包括臀中肌、臀深肌、股阔筋膜张肌等。在后腿外侧靠近股骨一端，沿着臀股四头肌边缘取下的净肉。

11. 米龙　位于臀外侧，主要包括半膜肌、股薄肌等。沿着股骨内侧从臀股二头肌与臀股四头肌边缘取下的净肉。

12. 牛霖（膝圆）　位于股骨前面及两侧，被阔筋膜张肌覆盖，主要是臀股四头肌。当米龙和臀肉取下后，能见到长圆形肉块，沿自然肉缝分割，得到一块完整的净肉。

13. 大黄瓜条　位于后腿外侧，沿半腱肌股骨边缘取下的长而宽大的净肉，主要是臀股二头肌。与小黄瓜条紧紧相连，剥离小黄瓜条后大黄瓜条就完全暴露，顺着肉缝自然走向剥离，便可得到一块完整的四方形肉块。

14. 小黄瓜条　位于臀部，沿臀股二头肌边缘取下的形如管状的净肉，主要是半腱肌。当牛腱子取下后，小黄瓜条处于最明显位置。分割时可按小黄瓜条的自然走向剥离。

15. 腹肉　位于腹部，主要包括肋间内肌、肋间外肌和腹外斜肌等。分无骨肋排和带骨肋排。一般包括 4～7 根肋骨。

16. 腱子肉　分前后两部分，牛前腱取自牛前小腿肘关节至腕关节外净肉，包括腕桡侧伸肌、指总伸肌、指内侧伸肌、指外侧伸肌和腕侧伸肌等；后牛腱取自牛后小腿膝关节至跟腱外净肉，包括腓肠肌、趾伸肌和趾伸屈肌等。前牛腱从尺骨端下刀，剥离骨头取下，后牛腱从胫骨端下刀，剥离骨头取下。

四、牛肉等级评定

1. 根据牛肉的部位分级

一级：腰部、背部、大腿等处的肉，质量最好。

二级：腹部、肩胛部和颈部的肉，质量较次。

三级：前颈和小腿部的肉，质量差。

2. 根据牛肉的鲜度分级　牛肉的鲜度分级见表 5-11。

表 5-11　牛肉胴体的鲜度分级标准

项目	一级鲜度	二级鲜度
色度	肌肉有光泽，红色均匀，脂肪洁白或淡黄	肌肉色稍暗，切面尚有光泽，脂肪缺乏光泽
黏度	外表风干或有风干膜，不黏手	外表干燥或黏手，新切面湿润
弹性	指压后的凹陷立即恢复	指压后的凹陷恢复速度慢，且不能完全恢复
气味	具有鲜牛肉的正常气味	稍有氨味或酸味
肉汤	透明澄清，脂肪团聚于表面，具特殊香味	稍混浊，脂肪呈滴状浮于表面，香味差或无鲜味

五、包装规格

（一）纸箱要求

牛分割肉采用纸箱包装，包装纸要求坚固、清洁、干燥、无毒、无异味、无破损，每箱净重 25kg，超过或不足者只准整块调换，不得切割整块肉。不同部位肉切忌混箱包装。牛胸、牛前、牛腩、牛碎肉四品目用大包装，每箱内套尼龙袋一个，其余品目均用小包装，每块应用薄膜包裹，平整排放，重量不限。每箱允许有 1~2 块添加肉，作为调整重量之用。装箱后送速冻间，在 -28℃下冷冻 36h 后放入冷藏间，在 -18℃下贮存。

（二）分割肉块包装规范

1. 西冷　将两端向中间轻微聚拢卷包，保持原肉形状。

2. 牛柳（里脊）　将里脊头拢紧，用无毒塑料薄膜包卷，牛柳过长可将尾端回折少许包卷。

3. 眼肉、上脑　用无毒塑料薄膜包卷，保持原肉形状。

4. 臀肉、膝圆、米龙、黄瓜条、牛前柳（辣椒条）　均用无毒塑料薄膜逐块顺着肌肉纤维卷包。

5. 牛腩　均将其肋骨迹线面向箱的底部，用无毒塑料薄膜与上层肉块隔开。

6. 牛胸　用无毒塑料薄膜分层隔开，摆放平整无空隙，底部与上部肉块的摆放方法均是带肋骨迹线的一面朝外。

7. 牛腱　用无毒塑料薄膜分层隔开，牛腱的腹面向箱底。

8. 牛前　用无毒塑料薄膜包装，带肌膜的一面朝外，装箱要求平整无空隙。

牛场的管理与经营

学习目标

1. 能制订牛场管理的相关制度。
2. 熟悉牛场的岗位设置，能够根据牛场规模合理设置奶牛场的岗位。
3. 熟悉奶牛场各项生产计划的制订方法，能够根据牛群规模制订生产计划。
4. 能够制订奶牛场的牛群周转计划。

牛场的管理和经营是养牛生产中的重要内容。管理是根据养牛生产的经营总目标，对企业生产全过程的经济活动进行计划、组织、控制、协调等工作。所谓经营就是企业根据国家政策，面对市场情况及内外部环境条件，确定生产方向和经营总目标，合理确定企业的产供销活动，以最少的投入获取最多的物质产出和最大的经济效益。管理和经营两者有机地结合，才能获得最大的经济效益。因此养牛工作者需要重视牛场的管理与经营。

任务一　牛场管理与组织制度

任务导入

一个牛场应该组建哪些机构，每个机构需要什么样的工作人员，需要多少人员？每个工作人员的工作范围、职责、权利是什么？如何对每个工作岗位进行管理和评价？学习本任务后同学们会一目了然。

任务实施

一、牛场管理的组织

企业合理地设立岗位、实行有效的激励制度，是保障牛场高效生产的前提和基础。

1. 设置组织机构　规模化牛场管理实行场长负责制，包括场长1人、副场长2人（负责行政和业务）、主任若干、班组长和质检员若干等。职能部门包括场部、财务室、生产部门、技术部门、加工车间、销售部门、车队及后勤部门等。生产部门工作包括奶牛生产、肉牛生产、饲料生产及相关产品加工等；后勤部门主要负责生产、生活方面物料供应、管理、维修等；销售部门负责产品的销售与市场信息的反馈；技术部门由场部直接领导，主要负责畜牧、兽医、饲料分析检测、产品检测等工作。

对于小规模牛场和个体养殖户，在机构设置上可以对部分工作进行合并，但是每项工作都必须有人负责，以保证牛场工作的顺利运转。

2. 管理岗位之间的组织关系

（1）牛场场长、副场长、财务部门主管和后勤部门主管组成牛场的管理团队，共同对牛场的管理和经营进行决策。

（2）牛场场长负责财务部门的垂直管理和对副场长的管理；副场长负责技术部门和生产部门、后勤部门等工作，根据岗位设置和场长授权开展工作。

（3）在牛场的组织机构设置中，每个人只有一个直接上级领导，并接受该领导的管理和考核。

（4）牛场中各岗位人数根据管理需要及时落实到位。

二、建立牛场管理制度

（一）建立养牛生产责任制

建立健全养牛生产责任制是强化牛场经营管理、提升生产管理水平、激励员工生产积极性的有效措施，是管理和经营好牛场的重要环节。建立生产责任制就是按牛场的各个工种性质不同，确定需要配备的人数和每个饲养管理人员的生产任务，做到分工明确、责任分明、奖惩兑现，达到充分合理地利用人力、物力，不断提高劳动生产率的目的。

（1）每个饲养管理人员分配的工作任务必须与其技术水平、体力状况相适应，并保持相对稳定，以便逐步走向专业化。

（2）工作定额要合理，做到责、权、利相结合，贯彻按劳分配原则，完成任务的质量与个人经济利益直接挂钩。

（3）每个工种、人员的职责要分明，同时也要注意各工种彼此间的密切联系和相互配合。

牛场生产责任制的形式可因地制宜，可以承包到人、到户、到组，实行包产。也可以实行定额管理，超产奖励，如"五定一奖"责任制。五定：一定饲养量，根据牛的种类、产量等，固定每人饲养管理牛的头数，做到定牛、定栏；二定产量，确定每组牛的产乳、产犊、犊牛成活率、后备牛增重指标；三定饲料，确定每组牛的饲料供应定额；四定肥料，确定每组牛垫草和积肥数量；五定报酬，根据饲养量、劳动强度和完成包产指标，确定合理的劳动报酬，超产奖励和减产赔偿。一奖，超产重奖。实践证明，在牛场特别是种畜场，推行超产奖励制优于承包责任制。

（二）牛场的规章制度

养牛场常见的规章制度一般有以下几种：一是岗位责任制度，每个工作人员都有其明确的职责范围，有利于工作的开展；二是建立分级管理、分级核算的经济体制，充分发挥各级组织特别是基层班组的主动性，有利于增产，降低生产成本；三是制订简明的养牛生产技术操作规程，保证各项工作有章可循，有利于监督检查；四是建立奖惩制度，赏罚分明。在上述规章制度中，养牛生产技术操作规程是核心。

1. 养牛生产技术操作规程　养牛生产技术操作规程是在不同生产用途、不同生长发育阶段饲养管理中总结出来的饲养技术、管理技术规定，以及相关设施设备使用和操作要求等。主要分以下各项：

（1）种公牛的饲养管理操作规程。包括种公牛饲养、管理，公牛的调教、运动，采精时间、次数，精液的检查、稀释、冷冻保存、运输或输精时间、方法及注意事项等。

（2）奶牛饲养管理操作规程。包括日粮配方、饲喂方法和次数，挤乳及乳房按摩，乳具的消毒处理，干乳方法和干乳牛的饲养管理及奶牛产前产后护理等。

（3）犊牛及育成牛的饲养管理操作规程。包括初生犊牛的处理，初乳哺喂的时间和方法，哺乳量与哺乳期，青粗饲料的给量，称重与运动，分群管理，不同阶段育成牛的饲养管理特点及开始配种年龄等。

（4）肉牛育肥饲养管理操作规程。包括育肥模式选择，育肥方案的制订，育肥牛的选择，育肥前的准备，育肥期饲料配方设计以及育肥阶段的管理安排等。

（5）牛乳处理室的操作规程。包括牛乳的消毒、冷却、保存与用具的刷洗、消毒等。

（6）饲料加工室的操作规程。包括对各种饲料粉碎加工的要求，饲料中异物的清除，饲料质量的检测，配合、分发饲料方法，饲料供应及保管等。

（7）防疫卫生的操作规程。包括防疫、检疫报告制度、定期进行消毒、清洁卫生工作等。

2. 主要技术岗位责任制度 明确牛场各个主要岗位责任是保证牛场工作有效开展的前提和基础。岗位职责的确定依据的是相应岗位的工作分工和工作任务。

（1）场长的主要职责。

①制订牛场的基本管理制度，参与并协助债权人制订牛场的经营计划、市场定位和发展计划，审查牛场基本建设和投资计划，制订牛场的年度预算方案、决算方案、利润分配方案。

②按照牛场的自然资源、生产条件以及市场需求情况，组织畜牧技术人员制订全场各项规章制度、技术操作规程、年度生产计划，掌握生产进度，提出增产措施和选育方案。

③负责全场员工的任免、调动、升降、奖惩，决定牛场的工资制度和奖励分配制度。

④负责召集员工会议，向员工和上级主管汇报工作，并自觉接受员工和上级主管的监督和检查。

⑤订立合同，对外签订经济合同，负责向债权人提供牛场经营情况和财务状况报告。

⑥遵守国家法律、法规和政策，依法纳税，服从国家有关机关的监督管理。

⑦负责检查全场各项规章制度、技术操作规程和生产计划的执行情况，对于违反规章、规程和不符合技术要求的事项有权制止和纠正。

⑧负责制订本场消毒防疫检疫和制订免疫程序，并行使总监督，对于生产中重大事故，要负责做出结论，并承担相应的责任。在发生传染病时，根据有关规定封锁或扑杀病牛。

⑨负责组织技术经验交流、技术培训和科学实验工作。

（2）畜牧技术人员的主要职责。

①根据牛场生产任务和饲料条件，拟定生产计划和牛群周转计划。

②按照各项畜牧技术规程，拟定牛的饲料配方和饲喂定额。

③制订选种选配方案，并对牛进行评分。

④填写牛群档案，认真做好各项技术记录，进行统计整理。

⑤总结生产经验，学习、应用新的科技知识。

⑥对生产中出现的技术事故，及时地向领导报告，并组织人员及时处理。

（3）兽医的职责。

①负责牛群卫生保健、疾病监控和治疗，贯彻防疫制度。

②贯彻"预防为主"的工作方针，建立每天现场检查牛群健康的制度，每次上槽巡视牛群，发现问题及时处理。

③认真细致地进行治病诊治，填写病历。

④与畜牧技术人员共同搞好牛群的饲养管理，预防疾病的发生。

⑤遵守国家有关规定，不使用任何禁用药品。严格执行药品存放的管理制度，严格执行发放规定。

（4）饲养员的职责。

①依章行事，为牛着想，体贴关爱牛，不得虐待、殴打牛。

②按照牛的饲料定额，定时、定量地喂牛，严格遵守上、下槽的时间，让牛吃饱吃好。

③喂料前做好料槽的清洁卫生，保证饲料质量。

④细心观察牛的食欲、粪便等情况，发现病情及时报告给兽医，并协助配种员做好牛的发情鉴定。

⑤保持牛体、牛舍的清洁卫生，按顺序对每一头牛进行刷拭。

⑥牛下槽后，清除粪便、清扫牛床，关灯关窗，然后方可离开牛舍。

（5）挤乳员的职责。

①遵守挤乳的操作规程，定时按顺序进行挤乳。

②挤乳前应检查挤乳用具是否齐全、清洁，真空泵的压力和脉动频率设置是否符合要求。

③按照挤乳要求，先热敷奶牛乳房、检查乳房情况，弃去前三把乳。

④挤完乳后，药浴乳头，清洗消毒挤乳用具。

⑤对牛乳或乳房有异常的情况，应及时报告给兽医人员。

■ 任务测试

1. 一个规范化牛场的组织机构中，需要设置哪些职能部门？

2. 简述"五定一奖"责任制。

3. 牛场畜牧技术人员的主要职责有哪些？

4. 牛场兽医技术人员的主要职责有哪些？

任务二　管理生产定额

■ 任务导入

牛场的生产定额内容很多，包括人员配备定额、劳动定额、饲料贮备定额、机械设备定额、物资贮备定额、产品定额和财务定额等。设置合理的生产定额可以有效地提高牛场的经营效益。

■ 任务实施

一、人员配备定额

人员配备定额指的是完成一定任务所需要配备的生产人员、技术人员和服务人员的标准。牛场应该根据自身情况合理安排定额，配备人员，以取得最高的生产效率。

牛场的人员包括管理人员、技术人员、生产人员、后勤服务人员等。奶牛场的具体人员配额如下：规模为 500 头的奶牛场，其中成年奶牛 300 头，拴系式饲养，管道式机械挤乳，平均产量 7 000kg，人员配备为：管理 4 人（场长 1 人，生产主管 1 人，会计 1 人，出纳 1 人），技术人员 5 人（人工授精员 2 人，统计 1 人，兽医 2 人），直接生产人员 40 人（饲养员 15 人，挤乳员 8 人，清洁工 4 人，接产员 2 人，轮休 2 人，饲料加工及运送 5 人，夜班 2 人，乳库及原料乳管理 2 人），间接生产人员 7 人（机修 3 人，仓库管理及锅炉工 1 人，保安 1 人，绿化 1 人，司机 1 人）。

二、牛场的劳动定额

劳动定额是指在一定技术和组织条件下，为生产出一定的合格产品或完成一定工作量所规定的必要劳动消耗量。劳动定额是计算产量、成本、劳动生产率等各项经济指标及编制生产、成本和劳动等各项计划的基础依据。

1. 奶牛场的劳动定额 管道式机械挤乳，挤乳员每人管 35～45 头奶牛；挤乳厅机械挤乳，每人管理 60～80 头奶牛。根据机械化程度、饲养条件及泌乳量在具体的牛场中可以适当增减挤乳员数量。

饲养员负责饲喂、清理饲槽、刷拭牛体和观察牛的采食、生长发育、发情等情况。每人管理成年母牛 50～60 头，或者犊牛 35～40 头（要求：2 月龄断乳，喂乳量 300kg，日增重700～740g，成活率不低于 95％），或者育成牛 60～70 头（日增重 700～800g，16 月龄体重350～400kg）。

2. 肉牛场的饲养定额 可以每人饲养 50～60 头，若采用 TMR 饲喂，劳动定额还可以提高 4～5 倍。

牛场的劳动组织分一班制和两班制两种。一班制是牛的饲喂、挤乳、刷拭、清除粪便等工作全由一名饲养人员负责。管理的牛头数根据生产条件和机械化程度确定，一般每人管8～12 头。工作时间长，责任明确，适宜于每天挤 2～3 次乳的小型牛场或奶牛专业户小规模生产。二班制则是牛舍内一昼夜工作由 2 名饲管人员共同管理，分为白天及晚上轮流作业，适于多次挤乳（4～5 次）的机械化程度高的大中型牛场，工作时间短，劳动强度大，但责任不明确。对产量有一定影响。

三、饲料定额

饲料定额是生产单位重量牛乳或增重所规定的饲料消耗标准，是确定饲料需要量、合理利用饲料、节约饲料和实行经济核算的重要依据。

在制订不同类型牛的饲料消耗定额时：首先，应查找其在饲养标准中对各种营养成分的需要量，参照不同饲料的营养价值确定日粮的配给量；其次，以日粮的配给量为基础，计算不同饲料在日粮中的占有量；然后，根据饲料占有量和牛的年饲养头数即可计算出年饲料的消耗定额；最后，由于各种饲料在实际生产中都有一定损耗，还需要加上一定损耗。

以奶牛为例，饲料定额制订为：成年母牛每头每天平均需要 7kg 的优质干草、25kg 玉米青贮；育成牛每头每天平均需要干草 4.5kg、玉米青贮 15kg。精饲料定额制订：成年母牛按照每产 4kg 乳增加 1kg 精饲料＋基础需要 2kg 供给；青年牛每头每天 3kg，犊牛每头每天 1.5kg。

四、成本定额

成本定额通常指生产单位乳量或增重所消耗的生产资料和所支付的劳动报酬的总和，一般分为产品总成本和产品单位成本。奶牛的生产成本主要是包括各年龄母牛群的饲养日成本和牛乳单位成本；而肉牛的生产成本则有饲养日成本、增重成本等。

牛群饲养日成本等于牛群饲养费用除以牛群饲养头日数。牛群饲养费用定额为构成饲养日成本的各项费用定额之和。牛群和产品的成本项目包括：工资和福利费用、饲料费、燃料费和动力费、牛医药费、固定资产折旧费、固定资产修理费、低值易耗品费、其他直接费用、共同生产费、企业管理费等。这些费用定额的制订可以参照历年的实际消耗及年度的生产条件和计划来确定。

■ 任务测试

1. 奶牛场中的饲养员劳动定额一般如何设置，有何要求？
2. 制订牛饲料定额的步骤有哪些？

任务三　管理生产计划

■ 任务导入

养牛场的生产计划主要包括配种产犊计划、牛群周转计划、饲料供应计划和产乳计划等。这些计划如何制订，制订这些计划的依据是什么？通过本任务的学习，你会得到答案。

■ 任务实施

一、制订配种产犊计划

合理组织配种产犊计划是完成育种、繁殖任务、调节牛乳产销的前提和基础，也是制订牛群周转计划和饲料供应计划的重要依据。制订本计划可以明确计划年度各月份参加配种的成年母牛（非头胎牛）和育成牛的头数及各月份分布，以便做到计划配种和生产。

1. 收集制订计划所需的资料

（1）上一年度母牛分娩、配种记录。

（2）牛场前年和上一年育成母牛的出生日期、发育等记录。

（3）计划年度内预计淘汰的成年母牛和育成母牛的头数及时间。

（4）牛场配种产犊类型、饲养管理条件及牛群生产性能、健康状况等条件。

（5）当地气候特点、饲料供应、鲜乳销售情况及牛场牛舍设施设备条件等。

2. 编制产犊计划

①将牛场2016年1月至2017年3月受胎的成年母牛和育成母牛头数编入表6-1中：

表6-1 牛场2016年1月至2017年3月配种受胎数（头）

月份	1	2	3	4	5	6	7	8	9	10	11	12	1	2	3
成年母牛	25	29	24	30	26	29	23	22	23	25	24	29	34	34	38
育成牛	5	3	2	0	3	1	5	6	0	2	2	2	4	5
合计	30	32	26	30	29	30	28	28	23	27	27	31	36	38	43

②而配种月份减3即为该牛的分娩月份，则2016年4—12月配种受胎的母牛于2017年1—9月产犊，2017年1—3月配种受胎的母牛于2017年10—12月产犊，如下表6-2所示：

表6-2 牛场2017年产犊数（头）

月份	1	2	3	4	5	6	7	8	9	10	11	12
成母牛	32	29	29	31	31	33	23	22	32	34	34	38
初产牛	4	4	3	5	5	4	2	3	2	2	4	5
合计	36	33	32	36	36	37	25	25	34	36	38	43

3. 编制配种计划

①成年母牛。2016年11月至2017年10月分娩的成年母牛按要求应该在产后60d（即2017年1—12月）开始配种，配种数字填入表6-3的"成年母牛"一行内。

②初产母牛。2016年10月至2017年9月产犊的初产母牛应该在产后90d（即2017年1—12月）开始配种，配种数字填入表6-3的"初产母牛"一行内。

③育成牛。2015年6月至2016年5月所生的育成母牛，到2017年1—12月年龄陆续达18月龄而参加配种，配种数字填入表6-3的"育成牛"一行内。

④2016年底配种未受胎的20头母牛，也安排在2017年1月配种，填入"1月复配牛"栏内。1月配种母牛总数减去当月受胎的母牛数（总数－总数×情期受胎率）计入2月的复配牛头数，以此类推即可得出2—12月的复配母牛头数。

⑤将上述各类母牛头数汇总，填入"合计"栏，即完成2017年全群配种产犊计划编制。

表6-3 牛场2017年配种计划（头）

月份	1	2	3	4	5	6	7	8	9	10	11	12
成母牛	29	31	32	29	29	31	31	33	23	22	32	34
初产母牛	5	3	6	4	4	3	5	5	4	2	3	2
育成牛	4	7	9	8	10	13	6	5	3	2	7	9

（续）

月份	1	2	3	4	5	6	7	8	9	10	11	12
复配牛	20	25	24	28	25	26	28	29	29	25	22	25
合计	68	66	71	69	68	73	70	72	59	51	64	70
预计情期受胎率（%）	63	64	61	64	62	62	58	59	58	57	61	63

二、制订牛群周转计划

牛群中，犊牛的出生、成长、转群、成年牛的病老淘汰、育肥牛的屠宰，以及牛的买进、卖出等因素，致使牛群结构不断发生变化，在一定时期内，牛群结构的这种变化称为牛群周转。牛群周转计划是牛场的再生产计划，是指导牛场生产和制订饲料计划、产品计划、劳动力计划等的依据。

编制牛群周转计划，首先应确定牛群规模，然后安排各类牛的比例，并确定更新补充各类牛的头数与淘汰出售头数。生产目的不同的牛场，牛群的组成结构也不同。一般以繁殖为主的成年奶牛群，牛群组成比例为繁殖母牛 60%～65%，育成后备母牛 20%～30%，犊母牛 8%左右。

1. 收集编制计划所需材料

（1）计划年初各类牛的存栏数。

（2）计划年末各类牛要求达到的头数和生产水平。

（3）上年 7—12 月各月出生的犊母牛头数及本年度配种产犊计划。

（4）计划年淘汰、出售和购入牛的数量和时间。

2. 编制牛群周转计划

（1）将月（年）初各类牛的头数分别填入表 6-4 的"月初"列中，计算各类牛年末应达到的比例头数，分别填入 12 月"月末"栏内。

（2）根据本年配种产犊计划，把各月将要繁殖的犊母牛头数（计划产犊头数×50%×成活率%）相应填入犊母牛栏的"转入"项目中。

（3）年满 6 月龄的犊母牛应转入育成母牛群中，则查出上一年 7—12 月各月所生犊母牛头数，分别填入犊母牛"转出"栏的 1—6 月项目中（一般这 6 个月犊母牛头数之和等于期初犊母牛的头数）。而本年 1—6 月所生犊母牛数则分别填入"转出"栏的 7—12 月项目中。

（4）将各月转出的犊母牛头数对应地填入育成母牛"转入"栏中。

（5）根据本年配种产犊计划，查出各月份分娩的育成母牛头数，对应地填入育成母牛"转出"及成年母牛"转入"栏中。

（6）合计犊母牛"转入"与"转出"总数。要想使年末达 14 头，期初头数与"增加"头数之和应等于"减少"头数与期末头数之和。则通过计算：（18＋44）－（40＋14）＝8，表明本年度犊母牛可出售或淘汰 8 头。为此，可根据犊母牛生长发育情况及该场饲养管理条件等，适当安排出售和淘汰时间。最后汇总各月份期初与期末头数，"犊母牛"一栏的周转计划即编制完成。

（7）按照同样方法，合计育成母牛和成年母牛"转入"与"转出"栏总头数，根据年末要求达到的头数，确定全年应出售和淘汰的头数。在确定出售、淘汰月份分布时，应根据市场对鲜乳和种牛的需要及本场饲养管理条件等情况确定。汇总各月期初及期末头数，即完成该场本年度牛群周转计划。

表 6 - 4　牛群周转计划

月份	犊母牛							育成母牛							成年母牛						
	月初	增加		减少			月末	月初	增加		减少			月末	月初	增加		减少			月末
		转入	购入	转出	死亡	淘汰			转入	购入	转出	死亡	淘汰			转入	购入	转出	死亡	淘汰	
1																					
2																					
3																					
4																					
5																					
6																					
7																					
8																					
9																					
10																					
11																					
12																					
合计																					

三、制订饲料供应计划

饲料是养牛生产必需的物质基础，养牛场必须每年制订饲料生产和供应计划。编制饲料计划需有牛群周转计划、各类牛群饲料定额等资料，并需要掌握当地的饲料种类的动态变化情况。按全年各类牛群的年饲养头日数（即年平均饲养头数×年饲养日数）分别乘以各种饲料的日消耗定额，即为牛群的饲料需要量。然后把各类牛群需要饲料分类汇总，再增加5%～10%的损耗量。

1. 确定平均饲养头数　根据牛群周转计划，确定年平均饲养头数。

年平均饲养头数＝年饲养头日数/365

2. 各种饲料需要量

（1）混合精饲料需要量。

成母牛年基础料需要量（kg）＝年平均饲养成年母牛头数×3×365

成年母牛产乳料年需要量（kg）＝全群全年总产乳量×0.3

育成牛年需要量（kg）＝年平均饲养育成牛头数×3×365

犊牛年需要量（kg）＝年平均饲养犊牛头数×1.5×365

（2）玉米青贮需要量。

成年母牛年需要量（kg）＝年平均饲养成年母牛头数×20×365

育成牛年需要量（kg）＝年平均饲养育成牛头数×15×365

（3）干草需要量。

成年母牛年需要量（kg）＝年平均饲养成年母牛头数×6×365

育成牛年需要量（kg）＝年平均饲养育成牛头数×4×365

犊牛年需要量（kg）＝年平均饲养犊牛头数×2×365

（4）矿物质饲料。一般按照混合精饲料的3%～5%配备。

四、制订产乳计划

产乳计划是奶牛场的主要生产计划之一，是制订牛乳供应计划、饲料计划、财务计划和劳动计酬的主要依据。制订奶牛场的产乳计划需要参考两个因素：一是牛群的数量、结构和产乳性能，二是市场对于牛乳的需求量。

奶牛场产乳计划的制订是比较复杂的。因为牛乳产量不仅取决于泌乳母牛的头数，而且受到母牛个体的品种、质量、年龄和饲养管理条件影响，同时和母牛的产犊时间、泌乳月份也有关系。

1. 编制产乳计划时必须掌握以下资料

（1）计划年初泌乳母牛的头数和去年母牛产犊时间。

（2）计划年成年母牛和后备母牛分娩的头数和时间。

（3）每头牛的年龄、胎次。奶牛的繁殖利用年限一般为10年左右，意味着每头奶牛一生约有10个泌乳期，而每个泌乳期的泌乳量也是不同的。一般来说，随着母牛的成年，泌乳量逐渐增加，在第5个泌乳期达到顶峰，此后随着母牛的衰老而下降（表6-5）。

表6-5　奶牛各胎次泌乳量变化比例

胎次	1	2	3	4	5	6	7	8	9
比例	0.77	0.87	0.94	0.98	1.0	1.0	0.92	0.91	0.80

（4）母牛的泌乳月。正常情况下，母牛分娩后泌乳量迅速上升，在第2～3个月达到最高，以后又逐渐下降，每个月下降10%左右（表6-6）。

表6-6　各泌乳月平均日产乳量分布

计划全泌乳期乳量	1月	2月	3月	4月	5月	6月	7月	8月	9月	10月
4 200	17	19	17	16	15	14	13	11	10	9
4 500	18	20	19	17	16	15	14	12	10	9
4 800	19	21	20	19	17	16	14	13	11	10
5 100	20	23	21	20	18	17	15	14	12	10
5 400	21	24	22	21	19	18	16	14	13	11
5 700	22	25	24	22	20	19	17	15	14	12
6 000	24	27	25	23	21	20	18	16	14	13
6 300	25	27	26	24	22	21	19	17	15	14
6 600	27	29	27	25	23	22	20	18	16	14

（续）

计划全泌乳期乳量	1月	2月	3月	4月	5月	6月	7月	8月	9月	10月
6 900	28	30	28	26	24	23	21	19	17	15
7 200	29	31	29	27	25	24	22	20	18	16
7 500	30	32	30	28	26	25	23	21	19	17
7 800	31	33	31	29	27	26	24	22	20	18
8 100	32	34	32	30	28	27	25	23	21	19
8 400	33	35	33	31	29	28	26	24	22	20
8 700	34	36	34	32	30	29	27	25	23	21
9 000	35	37	35	33	31	30	28	26	24	22

2. 编制方法　制订母牛个体产乳计划，然后根据个体产乳计划拟定全群年度产乳计划。

（1）查清母牛上一泌乳期的实际产乳量，然后校正为305d标准产量，将其定为上胎产乳量，对照表6-5中的比例推算出本胎产乳量。计算方法如下：

本胎次产乳量（预计）＝上胎产乳量/上胎比例×本胎比例×100%

（2）根据计算出的本胎次产乳量，对照表6-6确定本胎各泌乳月的计划日平均产乳量。

（3）将母牛各泌乳月的计划日平均产乳量乘以各月的实际泌乳日，可得月计划产乳量，依次可汇总出每头牛的年度计划产乳量、全群年度计划产乳量。

（4）将每头牛分别计算的产乳量汇总起来就是年产乳量计划。

若无本牛场统计数字或泌乳牛曲线资料，在拟定每牛各月产乳计划时，可参考表6-6和母牛的健康、产乳性能、产乳季节等情况拟定计划日产乳量，然后依次汇总出牛每月、全年和全群产乳计划。

■ **任务测试**

1. 如何制订牛场的配种计划？
2. 如何制订牛场的饲料供应计划？

任务四　牛场的经营

■ **任务导入**

牛场的养殖方式及经营模式多种多样，每种模式的特点是什么？请从下面的内容中找到答案。

■ **任务实施**

一、产业化经营的意义

（1）有利于产品开发，扩大竞争优势。龙头企业规模大，市场份额高，资金雄厚，研发能力强，开发高品质、有特色和品牌产品有利于增强企业竞争力。

（2）有利于社会化服务，促进行业发展。全方位、多层次、立体化的服务体系是养牛业可持续发展的重要保证。

（3）有利于稳定生产，促进区域产业结构调整。产业化体系中的龙头企业具有较强开拓市场的能力，由龙头企业带领农户闯市场，农产品有了稳定的销售渠道，可以有效降低市场风险，有利于带动农业的规模化生产和形成区域化布局。

（4）有利于创造更多的就业岗位，转移农村剩余劳力，增加农民的非农业收入。产业化经营有效拉长加工、贮藏、运输和销售等产业链条，增加农业附加值，使农业的整体效益得到显著提高。

二、牛场经营的模式

1. 农户家庭散养　农户家庭散养是当前我国奶牛养殖的主要形式，占奶牛养殖业的60％以上。农户家庭散养以农户为单元，养殖规模小，饲养管理粗放，技术水平较低，生产方式较为落后，原料乳质量无法保证，环境污染较为严重。

2. "公司＋农户"　以有实力的加工、销售公司为龙头，公司与农户在平等自愿的基础上签订合同，明确各自的权利和义务，结成松散式或紧密式的利益共同体。公司紧紧围绕产前、产中、产后各环节建立健全技术服务机制，按合同规定收购农户产品，形成生产、加工、销售完整的产业链。

"公司＋农户"的经营模式有效地克服了农户家庭散养的缺点，提高了农户饲养管理水平，改善了产品质量，稳定了农户的生产收益，缓解了环境污染的压力，有利于农户养殖规模的扩大和生产方式转变。其不足之处在于，由于公司和农户之间的实力悬殊，农户处于弱势地位，导致在签订合同时无法完全平等，利益分配主要由公司主导，难以保护农户的权益。

3. "协会（合作社）＋农户"　在专业协会（专业合作社）等一些具有专业特长、社会影响较大的组织下，开展技术交流、信息共享、互助合作等，提高农户生产技术水平，增强抵御风险的能力。

■ 任务测试

1. 简述牛场产业化经营的意义。
2. 牛场的经营模式有哪些？

参考文献

丑武江，2016. 养牛与牛病防治 [M]. 北京：中国农业大学出版社.

丁洪涛，2001. 畜禽生产 [M]. 北京：中国农业出版社.

丁洪涛，2008. 牛生产 [M]. 北京：中国农业出版社.

国家奶牛产业技术体系产业经济研究室，2013. 日本奶业规模化养殖及发展趋势 [J]. 中国畜牧杂志，49 (14)：49-54.

何东洋，2012. 牛高效生产技术 [M]. 苏州：苏州大学出版社.

蒋洪茂，1995. 优质牛肉生产技术 [M]. 北京：中国农业出版社.

蒋洪茂，2005. 肉牛无公害高效养殖 [M]. 北京：金盾出版社.

兰海军，2013. 养牛与牛病防治 [M]. 北京：中国农业大学出版社.

李德发，2001. 中国饲料大全 [M]. 北京：中国农业出版社.

李明，2009. 牛羊生产 [M]. 北京：中国农业出版社.

李胜利，刘玉满，毕研亮，等，2014. 2013年中国奶业回顾与展望 [J]. 中国奶牛 (5)：1-6.

刘继军，贾永全，2008. 畜牧场规划设计 [M]. 北京：中国农业出版社.

刘强，2007. 牛饲料 [M]. 2版. 北京：中国农业大学出版社.

刘卫东，赵云焕，2012. 畜禽环境控制与牧场设计 [M]. 2版. 郑州：河南科学技术出版社.

南京农业大学，2009. 家畜生理学 [M]. 3版. 北京：中国农业出版社.

全国畜牧总站体系建设与推广处，2014. 粪污处理主推技术（二）牛场粪污处理主推技术应用实例 [J]. 中国畜牧业 (14)：47-50.

任妮，王鸿英，孟庆江，等，2014. 规模化奶牛场的粪污处理模式 [J]. 中国乳业 (12)：37-40.

施正香，王盼柳，张丽，等，2016. 我国奶牛场粪污处理现状与综合治理技术模式分析 [J]. 中国畜牧杂志，52 (14)：62-66.

宋连喜，2011. 牛生产 [M]. 北京：中国农业大学出版社.

孙国强，2006. 养牛手册 [M]. 北京：中国农业出版社.

覃国森，丁洪涛，2006. 养牛与牛病防治 [M]. 北京：中国农业出版社.

王成章，王恬，2003. 饲料学 [M]. 北京：中国农业出版社.

王根林，2006. 养牛学 [M]. 2版. 北京：中国农业出版.

肖西山，付静涛，2010. 养牛与牛病防治 [M]. 北京：中国农业出版.

杨和平，2001. 牛羊生产 [M]. 北京：中国农业出版社.

岳文斌，2003. 动物繁殖新技术 [M]. 北京：中国农业出版社.

昝林森，2007. 牛生产学 [M]. 北京：中国农业出版社.

张登辉，冯会中，2015. 畜禽生产 [M]. 北京：中国农业出版社.

张申贵，2010. 牛的生产与经营 [M]. 2版. 北京：中国农业出版社.

张子仪，2000. 中国饲料学 [M]. 北京：中国农业出版社.

朱永毅，徐君，2013. 牛羊生产 [M]. 武汉：华中科技大学出版社.

图书在版编目（CIP）数据

牛的生产与经营 / 肖西山，刘召乾主编. —3 版.
—北京：中国农业出版社，2020.10
中等职业教育国家规划教材　全国中等职业教育教材
审定委员会审定　中等职业教育农业农村部"十三五"规划教材
ISBN 978-7-109-27385-6

Ⅰ.①牛…　Ⅱ.①肖…②刘…　Ⅲ.①养牛学—中等
专业学校—教材　Ⅳ.①S823

中国版本图书馆 CIP 数据核字（2020）第 186160 号

中国农业出版社出版

地址：北京市朝阳区麦子店街 18 号楼
邮编：100125
责任编辑：王宏宇　　文字编辑：张庆琼
版式设计：杜　然　　责任校对：赵　硕
印刷：中农印务有限公司
版次：2001 年 12 月第 1 版　　2020 年 10 月第 3 版
印次：2020 年 10 月第 3 版北京第 1 次印刷
发行：新华书店北京发行所
开本：787mm×1092mm　1/16
印张：12.25
字数：296 千字
定价：33.50 元